Michael Röhr

Kanonische Korrelationsanalyse

Michael Röhr

Kanonische Korrelationsanalyse

Theorie
Methodik
Anwendungen
BASIC-Programme

Akademie-Verlag Berlin 1987

Autor:

Dr. sc. phil. Michael Röhr
Handelshochschule Leipzig
Sektion Mathematik/Datenverarbeitung

ISBN 3-05-500226-1

Erschienen im Akademie-Verlag Berlin,
DDR-1086 Berlin, Leipziger Str. 3—4

Lizenznummer: 202 · 100/417/87
Printed in the German Democratic Republic
Gesamtherstellung: VEB Druckhaus „Maxim Gorki“, 7400 Altenburg
Lektor: Dr. Reinhard Höppner
LSV 1075
Bestellnummer: 763 6620 (6997)

02800

"In general, we may say that mathematical procedures are appropriately used when they serve to guide thought. If an attempt is made to utilize such routines as a substitute for thought, we may unwitting by arrive at and accept absurd conclusions."

GULLIKSEN [53], p. 351

Vorwort

Die multivariate statistische Datenanalyse nahm in den zurückliegenden Jahren eine bemerkenswerte Entwicklung. Dafür zeichnen nach meiner Auffassung mehrere Umstände verantwortlich. Zum einen muß man die enormen theoretischen Fortschritte der Mathematischen Statistik nennen, auf deren Ergebnisse sich die multivariate statistische Datenanalyse stützt. Daneben bieten hochleistungsfähige elektronische Rechner immer günstigere Voraussetzungen zur numerischen Bearbeitung solch großer Datenmengen, wie sie für multivariate statistische Datenanalysen gewöhnlich anfallen. Nicht zuletzt besitzen ihre Verfahren eine starke Anziehungskraft auf den sie nutzenden Wissenschaftler, gestatten sie es doch, komplexe Sachverhalte mittels komplexer Verfahren in ihrer Struktur zu untersuchen und zu beschreiben.

Die multivariate statistische Datenanalyse steht, wie die Bücher von AHRENS/LÄUTER [1] und LEBART/MORINEAU/FENÉLON [84] belegen, beim Akademie-Verlag in einer guten Tradition, so daß es sich anbot, dieses Spektrum durch einen Band über multivariate Korrelationsrechnung zu ergänzen. Dieses Buch wendet sich in erster Linie an Mediziner, Gesellschaftswissenschaftler (gedacht ist an Psychologen, Soziologen, Pädagogen) und Naturwissenschaftler (Biologen, Ökologen, Biometriker), die im Rahmen ihrer fachwissenschaftlichen Arbeit mit der Auswertung von (multivariaten) Daten konfrontiert werden. Die kanonische Korrelationsanalyse muß dort dann zum Einsatz kommen, wenn über den Zusammenhang von zwei Größen befunden werden soll, die beide komplexer Natur sind und somit durch mehrere Variablen abgebildet werden müssen. Die Darstellung des Materials erfolgte für den oben angesprochenen Leserkreis. Deshalb enthalten die mathematischen Teile stets nur relevante Ergebnisse ohne Beweise. Breiter angelegt sind die Ausführungen zur Methodik der Anwendung der kanonischen Korrelation. Sie sollen den Rahmen für eine sachgerechte und zielgerichtete Verwendung des Verfahrens, beginnend von der Planung bis hin zur Interpretation der Resultate, abstecken.

Bei der Anfertigung des Manuskripts erhielt ich von vielen Seiten Unterstützung. Ich möchte meinen Dank dem ehemaligen Direktor der Sektion Psychologie der Karl-Marx-Universität Leipzig, Prof. Dr. M. VORWERG, aussprechen, unter dessen weitsichtiger Leitung ich mich als Kooperationspartner in psychologischen Forschungen integriert und akzeptiert fühlte. Dank gilt den ehemaligen Studenten M. KARMANN, P. BLUMBERG, S. MICHALSKI, S. REISSMÜLLER und H. SCHMIDT, die mit mir in einem Zirkel ausgewählte

Probleme der kanonischen Korrelationsanalyse bearbeiteten. An die produktive, weil kollektive Arbeit in dieser Gruppe erinnere ich mich mit besonderer Freude. Rat, Kritik und Ideen zum Manuskript verdanke ich Dr. J. N. Tjurin von der Mechanisch-Mathematischen Fakultät der Moskauer Staatlichen Lomonossow Universität, der mich während mehrerer Studienaufenthalte betreute. Der jetzige Direktor der Sektion Psychologie der Karl-Marx-Universität Leipzig, Prof. Dr. H. Schröder, beriet mich in vielen Fragen der Ergebnisdeutung aus der Sicht des Psychologen. Das Manuskript wurde von Doz. Dr. V. Nollau begutachtet, dem ich für zahlreiche Anregungen und nützliche Hinweise Dank sage. Bedanken möchte ich mich auch bei allen Kollegen, die mir, bewußt der Tatsache, daß eine ausreichende Würdigung ihrer Untersuchungen hier nicht möglich sein wird, Daten und Interpretationen als Beispiele zur Verfügung stellten.
Die Zusammenarbeit mit dem Akademie-Verlag war sehr angenehm, wofür ich Dr. R. Höppner besonders danke, der mich stets sachkundig beriet und tatkräftig unterstützte.
An die Leser wende ich mich mit der Bitte, mich über Mängel im Text zu informieren. Vorschläge und kritische Bemerkungen werden dankbar entgegengenommen.

Leipzig, März 1986 Michael Röhr

Inhaltsverzeichnis

Teil 2: Anwendungsmethodik der kanonischen Korrelationsanalyse

Teil 3: Anwendungsbeispiele

Einleitung

Am 12. September 1935 trat der Inhaber des Lehrstuhls für Ökonometrie an der Columbia-Universität, Professor Harold Hotelling, vor der Amerikanischen Mathematischen Gesellschaft und dem Institut für Mathematische Statistik in Ann Arbor zu dem Thema "Relations between two sets of variates" auf. Damit, spätestens aber mit der Veröffentlichung des Vortrags in der Biometrika [65], war das multivariate statistische Verfahren begründet, das als kanonische Korrelationsanalyse in die Mathematische Statistik eingehen sollte. Diese Abhandlung stellte die dritte fundamentale Arbeit dar, die Hotelling binnen kurzer Zeit publizierte und mit denen er sich unter die bedeutendsten mathematischen Statistiker des Jahrhunderts einreihte. Gegenstand der ersten Arbeit [63] war die Ableitung der Hauptkomponentenanalyse. Die beiden anderen [64], [65] hatten die kanonische Korrelationsanalyse zum Gegenstand. In "The most predictable criterion" steht noch die regressionsanalytische Betrachtung im Vordergrund, d. h. die Frage nach der bestmöglichen Vorhersage einer Menge von Kriterien. "Relations between two sets of variates" widmet sich der korrelationsstatistischen Frage, welche Abhängigkeiten zwischen zwei Variablenbereichen bestehen.

Fünfzig Jahre nach der Entstehung der multivariaten Korrelationsrechnung soll im folgenden eine Bilanz gezogen werden, welche Entwicklung Hotellings geniale Idee genommen hat und welcher Stand ihrer praktischen Umsetzung erreicht wurde. Der Versuch einer Einschätzung führt auf ein — zumindest vordergründig — widersprüchliches Bild.

Aus *theoretischer Sicht*, d. h. im Rahmen der Mathematik bzw. der Mathematischen Statistik,

- zählt die kanonische Korrelationsanalyse zu den älteren Verfahren;
- erfordert die Definition ihres Modells und die Ableitung seiner wesentlichen Eigenschaften wenig Aufwand. Farrell [38] beispielsweise benötigt zur Ableitung der Theorie ganze drei Seiten seines Buches;
- existieren im Zusammenhang mit der kanonischen Korrelationsanalyse keine ungelösten Probleme.

Von der *praktischen Seite*, d. h. bei ihrem Einsatz im Umfeld datenorientierter (d. h. experimenteller oder empirisicher) Forschungen,

- wird die kanonische Korrelationsanalyse zu den modernen statistischen Methoden gerechnet. In der deutschsprachigen Literatur finden sich erst

seit etwa zehn Jahren Ansätze ihres Einsatzes. Im englischsprachigen Raum setzte die Anwendung fünf Jahre früher ein;
- erfordern die Berechnungen erheblichen numerischen Aufwand;
- existieren hinsichtlich der Modalitäten ihres Einsatzes ebenso offene Fragen wie im Hinblick auf die Interpretation der Resultate.

Alles in allem ist nicht zu übersehen, daß die potentiellen Möglichkeiten der kanonischen Korrelationsanalyse in der bisherigen praktischen Anwendung nicht in vollem Umfang zum Tragen gekommen sind und das, obwohl zu methodischen Einzelfragen durchaus beachtliche Ergebnisse vorliegen. Was offensichtlich fehlt, ist ein Bindeglied zwischen mathematisch-statistischer Theorie einerseits und Forschungspraxis der Disziplinen, die sich im Erkenntnisprozeß statistischer Hilfsmittel bedienen, andererseits. Aus diesem methodologischen Defizit hinsichtlich einer effektiven und sachgerechten Anwendung der kanonischen Korrelationsanalyse leitet sich die Zielstellung dieses Buches ab. Es soll der Versuch unternommen werden, eine Einsatzmethodik der kanonischen Korrelationsanalyse auszuarbeiten. Ausgangspunkte derartiger Bemühungen können nur die relevanten Fakten aus der mathematisch-statistischen Theorie und die Anforderungen praktischer Forschungsarbeit sein. In Präzisierung dieser Aufgabenstellung sollen unter dem Begriff der Einsatzmethodik verbindliche Aussagen zu den folgenden methodischen Hauptproblemen getroffen werden:

- Definition typischer Aufgabenklassen für die Anwendung der kanonischen Korrelationsanalyse. Die Spezifik solcher Klassen muß ihren Ausdruck in Modifikationen des Modells der kanonischen Korrelation finden;
- Bereitstellung mathematisch-statistischer Größen und Verfahren zur Vorbereitung und Fundierung der Interpretation kanonischer Lösungen;
- Ableitung von Vorschriften zur Durchführung einer objektiven Interpretation der Analyseergebnisse;
- Ausarbeitung einfach zu handhabender Rechnerprogramme zur Realisierung der Datenanalyse.

Mit dieser Einsatzmethodik wird die Absicht verfolgt, eine klare Zielorientierung sowie ein umfassendes methodisches Instrumentarium zur Anwendung der kanonischen Korrelationsanalyse in empirischen oder experimentellen Forschungen bereitzustellen. Es soll ein Beitrag geleistet werden, „Bewußtheit" für den Umgang mit der kanonischen Korrelationsanalyse zu begründen bzw. weiterzuentwickeln, um sachlich nicht zu rechtfertigende Verwendungen auszuschließen. Modernität, Popularität oder Machbarkeit (infolge verfügbarer Rechentechnik einschließlich entsprechender Programme) dürfen keine Gründe ihres Einsatzes sein!

Durch ein methodenbewußtes Herangehen läßt sich möglicherweise einer Entwicklung vorbeugen, die andere Verfahren der Datenanalyse genommen haben. Übertriebener Erwartung bei ihrer Einführung in die praktische Forschungsarbeit folgte nicht selten eine gewisse Ernüchterung, die ihrerseits erst zu einer umfassenden methodischen Besinnung führte. Deshalb werden im weiteren die Möglichkeiten der kanonischen Korrelationsanalyse als statistisches

Analyseverfahren ausführlich dargestellt, ohne Grenzen und Probleme zu verschweigen.
Mit seiner strategischen Linie ordnet sich das Buch in das Gebiet ein, daß seit den Arbeiten von W. W. Cooley und P. R. Lohnes unter der Bezeichnung „multivariate statistische Datenanalyse" den Charakter einer eigenständigen Disziplin annahm. Datenanalyse allgemein meint dabei die Anwendung (im Sinn der Umsetzung) gewisser mathematischer Modelle, Denkweisen bzw. Resultate in Wissenschaften, in denen experimentelle/empirische Forschungsmethoden eingesetzt werden und demzufolge Daten anfallen. Erfolgt der Rückbezug auf die Mathematische Statistik, führt das zur sogenannten statistischen Datenanalyse. Multivariat soll bedeuten, daß die Zielgröße (das Kriterium, die Effektgröße) dem Wesen nach vektoriell ist, d. h. aus mindestens zwei Komponenten bestehen muß. Multivariates Herangehen und multivariate Auswertung ergeben sich zwingend aus einer Vielzahl von Fragestellungen in „datenorientierten" Wissenschaften wie Psychologie, Medizin, Soziologie, Ökologie oder Biologie. Dort interessierende Phänomene sind oft komplexer Natur und unterliegen vielseitigen Wechselbeziehungen, so daß univariate Konzepte a priori zu wesentlichen Reduzierungen der theoretischen Modelle zwingen würden. Auch Reihen mehrerer univariater Analysen liefern kein Äquivalent in der Beschreibung einer komplexen Wirkungsstruktur. Die Bedeutung der kanonischen Korrelationsanalyse liegt nun gerade darin, daß sie eine multivariate Korrelationsrechnung ermöglicht und damit den Horizont der Korrelationsanalyse über den Rahmen der einfachen und multiplen Fälle hinaus erweitert. Cooley/Lohnes [27] demonstrierten ihre Auffassung von Datenanalyse anhand der breiten Palette der multivariaten statistischen Verfahren, darunter auch der kanonischen Korrelationsanalyse. Hier soll das für die kanonische Korrelationsanalyse allein, dafür aber in größerer Detailliertheit, erfolgen. Dabei wird sich allerdings der Kreis zu den weiteren multivariaten statistischen Verfahren in einer anderen Weise schließen. Die kanonische Korrelationsanalyse erweist sich als „universelles" Verfahren der multivariaten statistischen Datenanalyse, das solche Methoden wie mehrdimensionale Varianz- und Kovarianzanalyse, Diskriminanzanalyse, mehrdimensionale Regressionsanalyse oder Hauptkomponentenanalyse als Sonderfälle einschließt.
Den einleitenden Bemerkungen entsprechend wurde das Material für dieses Buch zusammengestellt, geordnet und der Zielstellung entsprechend in drei Teile gegliedert. Diese Trennung berührt in keiner Weise die Einheit und Zusammengehörigkeit der in ihnen behandelten Probleme unter dem Begriff der multivariaten statistischen Datenanalyse, selbst dann nicht, wenn vom Umfang her die Darstellung des dritten Teils kürzer sein wird. Im ersten Teil „Theorie" werden die Modelle der kanonischen (Kapitel 1), der partiellen kanonischen und der semipartiellen kanonischen Korrelation (Kapitel 2) vorgestellt und deren Grundgleichungen abgeleitet. Der Nachweis der Universalität der kanonischen Korrelationsanalyse (Kapitel 3) beschließt die mehr theoretisch orientierten Betrachtungen. Der zweite Teil „Anwendungsmethodik" gibt einen Überblick über die methodischen Hilfsmittel und Verfahren,

die zum Umfeld der kanonischen Korrelationsanalyse zu zählen sind (Kapitel 4). Diese Techniken stellen Ergänzungen zur Theorie der kanonischen Korrelationsanalyse dar. Ihre Entstehung setzte mit Beginn der Verfügbarkeit von Computern ein. Bei den nun zunehmenden Anwendungen des Modells der kanonischen Korrelation traten Interpretationsprobleme zutage, die die Entwicklung der methodischen Hilfen eminent beschleunigten. Die Klasseneinteilung der mittels kanonischer Korrelationsanalyse zu lösenden Aufgaben wird im Kapitel 5 entwickelt. Jeder der Klassen Prädiktion, Datenreduktion und Deskription ist ein Paragraph gewidmet. Zur Orientierung der jeweils erforderlichen Modellmodifikationen werden Beziehungen zu den Methoden für Prädiktion (Regressionsanalyse), Datenreduktion (Hauptkomponentenanalyse) und Deskription (Faktoranalyse) im Fall nur einer Variablenmenge gesucht. Fragen der rechtentechnischen Realisierung der Datenanalyse (Kapitel 6) schließen diese methodischen Überlegungen ab.
Für die beiden ersten Teile wurde versucht, das vorliegende und inzwischen umfängliche Schrifttum vollständig zu berücksichtigen.
Im dritten Teil „Anwendungsbeispiele“ werden mögliche Einsatzgebiete der behandelten Modelle vorgestellt, indem einige reale Untersuchungen (in aller Kürze) skizziert werden. Für die kanonische Korrelation (Kapitel 7) finden sich dabei Fallstudien zu den drei vorgeschlagenen Aufgabenklassen. Die Wahlmöglichkeiten für Beispiele der Anwendung der kanonischen Korrelationsanalyse mit Residualvariablen (Kapitel 8) und der Redundanzanalyse (Kapitel 9) sind erheblich eingeschränkt, da diese Modelle bislang kaum zum Einsatz gelangten.
Die Ausführungen des Paragraphen 6.2 und die Programme in Kapitel 13 vermitteln dem Leser Anregungen, der die Verarbeitung mittels Kleinrechner selbst durchführen will.
Der abschließende vierte Teil bringt eine Zusammenstellung der für das Studium des Buches erforderlichen mathematischen Grundbegriffe (Kapitel 10) einschließlich Auszügen aus statistischen Tabellen, die für Signifikanztests benötigt werden (Kapitel 11). Daneben werden die Listen von BASIC-Programmsegmenten angegeben, mit deren Hilfe die Datenanalyse für die vorgestellten Orthogonalisierungsverfahren praktisch vorgenommen werden kann (Kapitel 13).
Unabhängig davon, mit welcher Zielstellung und mit welchen Voraussetzungen die Lektüre aufgenommen wird, sollte Kapitel 10 den Ausgangspunkt bilden, um sich mit der Terminologie und Symbolik (Paragraphen 10.1 bis 10.3) vertraut zu machen. Zum Verständnis der theoretischen Ableitungen erforderliche mathematische Grundlagen bilden den Inhalt der Paragraphen 10.4 und 10.5. Einem Leser, der sich entschlossen hat, das Modell der kanonischen Korrelation zur Datenanalyse im Rahmen seiner wissenschaftlichen Untersuchungen einzusetzen, sei empfohlen, Kapitel 1 bis zum Abschnitt 1.2.3 zur Kenntnis zu nehmen und anschließend Teil 2 zu studieren. Soll die Datenverarbeitung in einem Rechenzentrum auf Großrechner erfolgen, enthält Paragraph 6.1 die notwendigen Hinweise.

Wer gewohnt ist, sich ein subjektiv neues Verfahren am Beispiel zu erschließen, findet an den wie hier durch Kleindruck markierten Stellen die jeweiligen Ergebnisse für ein formales Demonstrationsbeispiel. Die dazu verwendeten Daten stammen von BORTZ [12]; sie werden in Paragraph 1.2 vollständig aufgeführt. Die Darstellungen sind so ausführlich, daß der Lösungsweg nachvollziehbar und in der Regel sogar die Nachrechnung von Hand möglich ist.

Interessieren den Leser allgemeiner die Beziehungen zwischen Methoden der (multivariaten) statistischen Datenanalyse und kanonischer Korrelationsanalyse, finden sich dafür in Kapitel 3 ausführliche Erörterungen. Voraussetzung zum Verständnis dieser Ergebnisse ist allerdings ein gründliches Studium von Kapitel 1 (bis einschließlich Abschnitt 1.2.3).
Wer beabsichtigt, die Problematik in ihrer vollen Breite und mit einer gewissen Vollständigkeit kennenzulernen, muß in der Reihenfolge der Gliederung mindestens bis zu Kapitel 6 vorgehen.
Beenden wir die einleitenden Bemerkungen mit einem Beispiel, das verdeutlichen soll, wozu die kanonische Korrelationsanalyse „eigentlich gut ist":
In einigen psychologischen Theorien wird eine Beziehung zwischen Tätigkeitszielen und der Zufriedenheit mit diesen Tätigkeiten postuliert. Neben Persönlichkeitsvariablen und Merkmalen der Tätigkeitssituation werden Wertorientierungen in derartigen Theorien als Determinanten der Zufriedenheit mit der Tätigkeit bewertet. In empirischen Untersuchungen jedoch ließ sich dieser theoretisch angenommene Zusammenhang nicht nachweisen. KRAMPEN befaßte sich mit dieser Problematik, ausgehend von einer multivariaten Konzeption. Von mehreren seiner gleichartigen Analysen[1] wählen wir hier zur Demonstration eine aus. In dieser wird eine Stichprobe von Fachhochschülern untersucht, d. h., es wird über „Studieren" als eine spezifische Form der Tätigkeit reflektiert. Demzufolge wird eine Aussage über die Abhängigkeit zwischen subjektiver Studienzufriedenheit und Studienzielen angestrebt. Unter Studienzielen, d. h. konkreten, auf das Studium bezogenen Zielsetzungen, werden bei KRAMPEN Zielpräferenzen und Wertorientierungen verstanden. Studienzufriedenheit soll die Aspekte Arbeitsinhalt, Arbeitsbedingungen, Entwicklungsmöglichkeiten und soziales Umfeld (Kollegen, Leiter/Vorgesetzter) umfassen. KRAMPEN vermutet, daß eine zu allgemeine Erfassung und zu globale Operationalisierung von Zielen und Zufriedenheit Ursachen waren, daß der empirische Nachweis einer stochastischen Abhängigkeit bisher mißlang. Deshalb wurde versucht, die Erhebung konkret und differenziert auf im Studium relevante Aspekte der Zielsetzungen bzw. Zufriedenheit zu orientieren.

---

[1] KRAMPEN, G.: Über die Beziehung von Berufszufriedenheit und beruflichen Wertorientierungen bei Lehrern. Psych. u. Praxis **22** (1978), 49–57.
—: Über den Zusammenhang von subjektiver Studienzufriedenheit und Studienzielen bei Fachhochschülern. Z. exp. ang. Psych. **26** (1979), 288–304.
—: Berufszufriedenheit und Zielorientierungen von Lehrern: Interdependenzanalyse zweier motivationaler Variablenkomplexe. Psych. u. Praxis **25** (1981), 45–55.

So dienten zehn Merkmalen X_i der Operationalisierung des Bereichs „Studienzufriedenheit". Diese Merkmale X_i, $i = 1, \ldots, 10$, stellen (siebenstufige) Schätzskalen u. a. zu folgenden Teilfragen dar: Zufriedenheit mit dem Vorlesungsangebot, mit dem Inhalt der Lehrveranstaltungen oder mit den Berufsaussichten.

Fünfzehn Variablen Y_j wurden zur Erfassung des Bereichs „Studienziele" eingeführt. Ihnen entsprachen (gleichfalls siebenstufige) Schätzskalen, u. a. zu Fragen wie „Die Ausbildung soll ein breites Wissen vermitteln", „Die Lehrveranstaltungen sollen engen Bezug zur beruflichen Praxis haben" oder „Ich soll möglichst gute Noten erreichen". Die Untersuchungspersonen hatten die persönliche Wichtigkeit der einzelnen Variablen Y_j, $j = 1, \ldots, 15$, einzuschätzen.

Die traditionellen Korrelationstechniken liefern mit 300 einfachen (45 Werte $r_{X_{i_1}X_{i_2}}$, 105 Werte $r_{Y_{j_1}Y_{j_2}}$, 150 Werte $r_{X_iY_j}$) und 25 multiplen (10 Werte $R_{X_i.Y_1\ldots Y_{15}}$, 15 Werte $R_{Y_j.X_1\ldots X_{10}}$) Korrelationskoeffizienten eine nicht mehr überschaubare Menge an Einzelinformationen.

Krampen findet anhand der zwei signifikanten kanonischen Korrelationskoeffizienten $R^{(1)}_{X_1\ldots X_{10}.Y_1\ldots Y_{15}} := r_1 = 0.50$ und $R^{(2)}_{X_1\ldots X_{10}.Y_1\ldots Y_{15}} := r_2 = 0.34$ heraus, daß eine stochastische Abhängigkeit zwischen Studienzufriedenheit und Studienzielen besteht.

1. Das Modell der kanonischen Korrelation

Eine umfassende theoretische Ableitung der kanonischen Korrelationsanalyse gibt ANDERSON [3], dessen Herleitungen sich durch die

— Exaktheit in der mathematischen Behandlung;
— Unterscheidung von kanonischer Korrelationsanalyse in der Grundgesamtheit und in der Stichprobe;
— Untersuchung unterschiedlicher Datenmodelle (Abweichungs-, Standardvariablen)

auszeichnen.
Im folgenden wird die Theorie in Anlehnung an TIMM [141] in einer kompakteren Form dargestellt.
Bei der Behandlung der kanonischen Korrelationsanalyse in der Stichprobe werden die Datenmodelle Abweichungs- und Standardvariablen ausführlicher untersucht und zueinander in Beziehung gesetzt. Dabei wird die Schätztheorie nicht nur für den Normalfall beschrieben. Berücksichtigung finden daneben Ergebnisse zu speziellen Schätzproblemen von KHATRI [74] und MÜLLER [101] für den Fall von Multikollinearitäten zwischen den erhobenen Variablen.

1.1. Kanonische Korrelationsanalyse in der Grundgesamtheit

Zur Darstellung der theoretischen Zusammenhänge des Modells der kanonischen Korrelation verwenden wir zentrierte Zufallsvariablen. In Paragraph 1.2 wird gezeigt, daß damit keine Einschränkung der Gültigkeit des Modells vorgenommen wird. Sei $\begin{pmatrix} \boldsymbol{X}^\circ \\ \boldsymbol{Y}^\circ \end{pmatrix}$ ein $(p + q)$-dimensionaler Zufallsvektor mit den Komponenten X_i°, $i = 1, \ldots, p$, bzw. Y_j°, $j = 1, \ldots, q$, und der positiv definiten Varianz-Kovarianz-Matrix $\boldsymbol{\Sigma}^\circ$. Für die Variablenzahlen p und q gelte $p \leqq q$. Infolge der Partitionierung des Zufallsvektors hat $\boldsymbol{\Sigma}^\circ$ die Gestalt (10.5):

$$\boldsymbol{\Sigma}^\circ = \begin{pmatrix} \boldsymbol{\Sigma}_{XX} & \boldsymbol{\Sigma}_{XY} \\ \boldsymbol{\Sigma}_{YX} & \boldsymbol{\Sigma}_{YY} \end{pmatrix}$$

Gewünscht ist eine Aussage über die (stochastische) Abhängigkeit von $\boldsymbol{X}$ und $\boldsymbol{Y}$. Dazu sind ein quadratisches Schema

$$\mathbf{A} = \begin{pmatrix} \alpha_{11} & \cdots & \alpha_{1m} & \cdots & \alpha_{1p} \\ \vdots & & \vdots & & \vdots \\ \alpha_{i1} & \cdots & \alpha_{im} & \cdots & \alpha_{ip} \\ \vdots & & \vdots & & \vdots \\ \alpha_{p1} & \cdots & \underbrace{\alpha_{pm}}_{:= \boldsymbol{\alpha}_m} & \cdots & \alpha_{pp} \end{pmatrix} \tag{1.1}$$

von p^2 Zahlen α_{im} *und* ein rechteckiges Schema

$$_p\mathbf{B} = \begin{pmatrix} \beta_{11} & \cdots & \beta_{n1} & \cdots & \beta_{1p} \\ \vdots & & \vdots & & \vdots \\ \beta_{j1} & \cdots & \beta_{jn} & \cdots & \beta_{jp} \\ \vdots & & \vdots & & \vdots \\ \beta_{q1} & \cdots & \underbrace{\beta_{qn}}_{:= \boldsymbol{\beta}_n} & \cdots & \beta_{qp} \end{pmatrix} \tag{1.2}$$

von qp Zahlen β_{jn} gesucht, so daß die Linearkombinationen

$$U_m = \boldsymbol{\alpha}_m^{\mathsf{T}} \boldsymbol{X}^\circ = \sum_{i=1}^{p} \alpha_{im} X_i^\circ, \quad m = 1, \ldots, p, \tag{1.3}$$

und

$$V_n = \boldsymbol{\beta}_n^{\mathsf{T}} \boldsymbol{Y}^\circ = \sum_{j=1}^{q} \beta_{jn} Y_j^\circ, \quad n = 1, \ldots, p, \tag{1.4}$$

über drei Eigenschaften verfügen:

E1. U_m, V_n sind standardisierte Zufallsvariablen;

E2. für $m = n$ korrelieren U_m und V_n maximal, während sie für $m \neq n$ unkorreliert sind;

E3. U_{m_1}, U_{m_2} sind für $m_1 \neq m_2$, $m_1, m_2 = 1, \ldots, p$, unkorreliert; ebenso V_{n_1}, V_{n_2} für $n_1 \neq n_2$, $n_1, n_2 = 1, \ldots, p$.

Die Aufgabe besteht nun darin, Ausdrücke abzuleiten, die die Bestimmung der Zahlen α_{im} und β_{jn} ermöglichen, wobei die obigen Forderungen erfüllt sein müssen. Dazu werden zwei beliebige Linearkombinationen $U = \boldsymbol{\alpha}^{\mathsf{T}} \boldsymbol{X}^\circ$ der Komponenten des Zufallsvektors $\boldsymbol{X}^\circ$ und $V = \boldsymbol{\beta}^{\mathsf{T}} \boldsymbol{Y}^\circ$ der Komponenten von $\boldsymbol{Y}^\circ$ betrachtet. Für die Wahl der Gewichtsvektoren $\boldsymbol{\alpha}$ und $\boldsymbol{\beta}$ besteht — infolge der Invarianz der Korrelation von U und V gegenüber skalaren Multiplikationen der zu korrelierenden Variablen — eine gewisse Freizügigkeit. Man fordert $\boldsymbol{\alpha}$ und $\boldsymbol{\beta}$ so, daß U und V die Varianz Eins haben. Mit (10.2) bedeutet das

$$\mathsf{D}^2 U = \boldsymbol{\alpha}^\mathsf{T} \boldsymbol{\Sigma}_{XX} \boldsymbol{\alpha} := 1 \quad \text{und} \quad \mathsf{D}^2 V = \boldsymbol{\beta}^\mathsf{T} \boldsymbol{\Sigma}_{YY} \boldsymbol{\beta} := 1. \tag{1.5}$$

Unter Verwendung von (10.1) ergibt sich

$$\mathsf{E}U = \boldsymbol{\alpha}^\mathsf{T} \mathsf{E}X^\circ = \boldsymbol{\alpha}^\mathsf{T} \boldsymbol{o}_p = 0 = \mathsf{E}V,$$

d. h., E1 ist erfüllt. Für die Korrelation von U und V selbst gilt mit (10.3)

$$\operatorname{corr}(U, V) = \operatorname{cov}(U, V) = \boldsymbol{\alpha}^\mathsf{T} \boldsymbol{\Sigma}_{XY} \boldsymbol{\beta}. \tag{1.6}$$

Diese Gleichung ist der Spezialfall der allgemeinen Korrelationsformel

$$\operatorname{corr}(U, V) = \frac{\operatorname{cov}(U, V)}{\sqrt{\mathsf{D}^2 U}\sqrt{\mathsf{D}^2 V}} = \frac{\boldsymbol{\alpha}^\mathsf{T} \boldsymbol{\Sigma}_{XY} \boldsymbol{\beta}}{\sqrt{\boldsymbol{\alpha}^\mathsf{T} \boldsymbol{\Sigma}_{XX} \boldsymbol{\alpha}}\sqrt{\boldsymbol{\beta}^\mathsf{T} \boldsymbol{\Sigma}_{YY} \boldsymbol{\beta}}} \tag{1.7}$$

für standardisierte Zufallsvariablen. Da Linearkombinationen U und V gesucht sind, die maximal korrelieren, besteht das algebraische Problem darin, $\boldsymbol{\alpha}$ und $\boldsymbol{\beta}$ so zu bestimmen, daß der Wert von (1.6) unter den Nebenbedingungen (1.5) maximal wird.

Unter Verwendung der Lagrangeschen Multiplikatoren $\lambda/2$ und $\mu/2$ ergibt das den Ansatz

$$\psi(\boldsymbol{\alpha}, \boldsymbol{\beta}, \lambda, \mu) = \boldsymbol{\alpha}^\mathsf{T} \boldsymbol{\Sigma}_{XY} \boldsymbol{\beta} - \frac{\lambda}{2} (\boldsymbol{\alpha}^\mathsf{T} \boldsymbol{\Sigma}_{XX} \boldsymbol{\alpha} - 1) - \frac{\mu}{2} (\boldsymbol{\beta}^\mathsf{T} \boldsymbol{\Sigma}_{YY} \boldsymbol{\beta} - 1). \tag{1.8}$$

Die Ableitungen von ψ nach $\boldsymbol{\alpha}$ und $\boldsymbol{\beta}$ sind

$$\frac{\partial \psi}{\partial \boldsymbol{\alpha}} = \boldsymbol{\Sigma}_{XY} \boldsymbol{\beta} - \lambda \boldsymbol{\Sigma}_{XX} \boldsymbol{\alpha} := \boldsymbol{o}_p \tag{1.9}$$

und

$$\frac{\partial \psi}{\partial \boldsymbol{\beta}} = \boldsymbol{\Sigma}_{YX} \boldsymbol{\alpha} - \mu \boldsymbol{\Sigma}_{YY} \boldsymbol{\beta} := \boldsymbol{o}_q. \tag{1.10}$$

Dies sind p bzw. q Gleichungen, aus denen zusammen mit den Nebenbedingungen (1.5) in der Gestalt $\varphi_1(\boldsymbol{\alpha}, \boldsymbol{\beta}) = \boldsymbol{\alpha}^\mathsf{T} \boldsymbol{\Sigma}_{XX} \boldsymbol{\alpha} - 1 = 0$ und $\varphi_2(\boldsymbol{\alpha}, \boldsymbol{\beta}) = \boldsymbol{\beta}^\mathsf{T} \boldsymbol{\Sigma}_{YY} \boldsymbol{\beta} - 1 = 0$ die $p + q + 2$ Unbekannten $\alpha_i, i = 1, \ldots, p, \beta_j, j = 1, \ldots, q$, λ und μ bestimmbar sind. Die ihrer Ermittlung zugrunde liegenden Formeln ergeben sich auf folgende Weise: Nach Linksmultiplikation von (1.9) mit $\boldsymbol{\alpha}^\mathsf{T}$ bzw. von (1.10) mit $\boldsymbol{\beta}^\mathsf{T}$ gilt

$$\boldsymbol{\alpha}^\mathsf{T} \boldsymbol{\Sigma}_{XY} \boldsymbol{\beta} - \lambda \boldsymbol{\alpha}^\mathsf{T} \boldsymbol{\Sigma}_{XX} \boldsymbol{\alpha} = 0 = \boldsymbol{\beta}^\mathsf{T} \boldsymbol{\Sigma}_{YX} \boldsymbol{\alpha} - \mu \boldsymbol{\beta}^\mathsf{T} \boldsymbol{\Sigma}_{YY} \boldsymbol{\beta},$$

so daß infolge (1.5)

$$\lambda = \mu = \boldsymbol{\alpha}^\mathsf{T} \boldsymbol{\Sigma}_{XY} \boldsymbol{\beta} := \varrho. \tag{1.11}$$

Die Verwendung von (1.11) in (1.9) und (1.10) führt auf

$$-\varrho \mathbf{\Sigma}_{XX}\boldsymbol{\alpha} + \mathbf{\Sigma}_{XY}\boldsymbol{\beta} = \boldsymbol{o}_p \tag{1.12}$$

und

$$\mathbf{\Sigma}_{YX}\boldsymbol{\alpha} - \varrho \mathbf{\Sigma}_{YY}\boldsymbol{\beta} = \boldsymbol{o}_q. \tag{1.13}$$

Multiplikation von (1.12) mit ϱ und Linksmultiplikation von (1.13) mit $\mathbf{\Sigma}_{XY}\mathbf{\Sigma}_{YY}^{-1}$ sowie Addition dieser beiden Zwischenresultate führt auf

$$-\varrho^2 \mathbf{\Sigma}_{XX}\boldsymbol{\alpha} + \mathbf{\Sigma}_{XY}\mathbf{\Sigma}_{YY}^{-1}\mathbf{\Sigma}_{YX}\boldsymbol{\alpha} = \boldsymbol{o}_p$$

oder

$$(\mathbf{\Sigma}_{XY}\mathbf{\Sigma}_{YY}^{-1}\mathbf{\Sigma}_{YX} - \varrho^2 \mathbf{\Sigma}_{XX})\,\boldsymbol{\alpha} = \boldsymbol{o}_p. \tag{1.14}$$

Der Ausdruck (1.14) stellt ein verallgemeinertes Eigenwertproblem dar, dessen Eigenwerte ϱ_m^2, $m = 1, \ldots, p$, sind. Die dazugehörigen Eigenvektoren $\boldsymbol{\alpha}_m$, $m = 1, \ldots, p$, ergeben die gesuchten Elemente von (1.1). Nach (10.18) gelten für $\mathbf{A}$ die Eigenschaften

$$\mathbf{A}^{\mathsf{T}}\mathbf{\Sigma}_{XY}\mathbf{\Sigma}_{YY}^{-1}\mathbf{\Sigma}_{YX}\mathbf{A} = \mathbf{\Lambda}_1 = \mathrm{Dg}\,(\varrho_m^2)$$

und

$$\mathbf{A}^{\mathsf{T}}\mathbf{\Sigma}_{XX}\mathbf{A} = \boldsymbol{I}_p. \tag{1.15}$$

Die letzte Gleichung belegt die Eigenschaft E3 für die Linearkombinationen U_m.

Multipliziert man dagegen (1.12) von links mit $\mathbf{\Sigma}_{YX}\mathbf{\Sigma}_{XX}^{-1}$ und (1.13) mit ϱ und addiert die erhaltenen Zwischenergebnisse, findet man

$$-\varrho^2 \mathbf{\Sigma}_{YY}\boldsymbol{\beta} + \mathbf{\Sigma}_{YX}\mathbf{\Sigma}_{XX}^{-1}\mathbf{\Sigma}_{XY}\boldsymbol{\beta} = \boldsymbol{o}_q$$

oder

$$(\mathbf{\Sigma}_{YX}\mathbf{\Sigma}_{XX}^{-1}\mathbf{\Sigma}_{XY} - \varrho^2 \mathbf{\Sigma}_{YY})\,\boldsymbol{\beta} = \boldsymbol{o}_q. \tag{1.16}$$

Der Ausdruck (1.16) stellt seinerseits wieder ein verallgemeinertes Eigenwertproblem dar, dessen Eigenwerte ϱ_n^2, $n = 1, \ldots, q$, sind. Die dazugehörigen Eigenvektoren $\boldsymbol{\beta}_n$ bilden die Matrix $\mathbf{B}$. Die ersten $p \leqq q$ dieser Vektoren sind die gesuchten Elemente von (1.2). Wie oben folgen aus der Theorie verallgemeinerter Eigenwertprobleme die Eigenschaften

$$\mathbf{B}^{\mathsf{T}}\mathbf{\Sigma}_{YX}\mathbf{\Sigma}_{XX}^{-1}\mathbf{\Sigma}_{XY}\mathbf{B} = \mathbf{\Lambda}_2 = \mathrm{Dg}\,(\varrho_n^2)$$

und

$$\mathbf{B}^{\mathsf{T}}\mathbf{\Sigma}_{YY}\mathbf{B} = \boldsymbol{I}_q. \tag{1.17}$$

Mit (1.14) und (1.16) ist die Bestimmung der unbekannten Konstanten α_{im} und β_{jn} abgeschlossen.

Wir verabreden folgende Definitionen: Die Linearkombinationen U_m, V_n heißen *kanonische Variablen.* Das m-te Paar (U_m, V_m) kanonischer Variablen heißt *m-te kanonische Dimension*. Die Komponenten α_{im} von $\boldsymbol{\alpha}_m$ bzw. β_{jn} von $\boldsymbol{\beta}_n$ heißen *kanonische Gewichte*. Die Quadratwurzel ϱ_m des Eigenwerts ϱ_m^2 heißt *m-ter kanonischer Korrelationskoeffizient*.

Im Zusammenhang mit diesen Grundüberlegungen sind einige weitergehende Eigenschaften von Interesse.

1. Rao [108] zeigt, daß die nichtverschwindenden Eigenwerte von (1.14) und (1.16) übereinstimmen. Das bedeutet

$$\boldsymbol{\Lambda}_2 = \begin{pmatrix} \boldsymbol{\Lambda}_1 & \boldsymbol{O} \\ \boldsymbol{O} & \boldsymbol{O}_{q-p} \end{pmatrix},$$

2. Chen [21] weist nach, daß die Hinzunahme neuer Elemente zu dem einen und/oder anderen Zufallsvektor niemals zu einer Verkleinerung der Werte der kanonischen Korrelationskoeffizienten führen kann.
3. Linksmultiplikation von (1.13) mit $\boldsymbol{\Sigma}_{YY}^{-1}$ ergibt für $m = 1, \ldots, p$

$$\boldsymbol{\Sigma}_{YY}^{-1}\boldsymbol{\Sigma}_{YX}\boldsymbol{\alpha}_m - \varrho_m\boldsymbol{\beta}_m = \boldsymbol{o}_q, \tag{1.18}$$

so daß

$$\boldsymbol{\beta}_m = \frac{1}{\varrho_m}\boldsymbol{\Sigma}_{YY}^{-1}\boldsymbol{\Sigma}_{YX}\boldsymbol{\alpha}_m \tag{1.19}$$

eine weitere Berechnungsmöglichkeit der gesuchten Zahlen von (1.2) darstellt, die insofern einfacher als (1.16) ist, da sie keine Lösung eines verallgemeinerten Eigenwertproblems erfordert.
4. Seien $\boldsymbol{U} = \mathbf{A}^{\mathrm{T}}\boldsymbol{X}^\circ$ und $\boldsymbol{V} = \mathbf{B}^{\mathrm{T}}\boldsymbol{Y}^\circ$ die Vektoren der kanonischen Variablen. Im Ergebnis einer kanonischen Korrelationsanalyse wird dann die Varianz-Kovarianz-Matrix $\boldsymbol{\Sigma}^\circ$ von $\begin{pmatrix}\boldsymbol{X}^\circ\\ \boldsymbol{Y}^\circ\end{pmatrix}$ in die Varianz-Kovarianz-Matrix $\boldsymbol{\Sigma}^*$ von $\begin{pmatrix}\boldsymbol{U}\\ \boldsymbol{V}\end{pmatrix}$ transformiert. Die $(p+q)\times(p+q)$-Matrix $\boldsymbol{\Sigma}^*$ ist eine Korrelationsmatrix mit der *kanonischen Gestalt*

$$\boldsymbol{\Sigma}^* = \begin{pmatrix} \boldsymbol{I}_p & \boldsymbol{\Lambda}^{1/2} \\ (\boldsymbol{\Lambda}^{1/2})^{\mathrm{T}} & \boldsymbol{I}_q \end{pmatrix} = \left(\begin{array}{c|cc} \boldsymbol{I}_p & \boldsymbol{\Lambda}_1^{1/2} & \boldsymbol{O} \\ \hline (\boldsymbol{\Lambda}_1^{1/2})^{\mathrm{T}} & \boldsymbol{I}_p & \boldsymbol{O} \\ \boldsymbol{O} & \boldsymbol{O} & \boldsymbol{I}_{q-p} \end{array}\right).$$

Die $p \times q$-Matrix $\boldsymbol{\Lambda} = (\boldsymbol{\Lambda}_1 \quad \boldsymbol{O})$ ist dabei eine Quasi-Diagonalmatrix. Die kanonische Form von $\boldsymbol{\Sigma}^*$ belegt direkt die Erfüllung der Eigenschaften E 1 bis E 3 durch die kanonischen Variablen.

1.2. Kanonische Korrelationsanalyse in der Stichprobe

Seien $N > p + q$ $(p+q)$-dimensionale Meßwertvektoren $\boldsymbol{w}_l$ gegeben.

Beispiel: Es seien $N = 10$ fünfdimensionale Meßwertvektoren $\boldsymbol{w}_l$ in den $p = 2$ Variablen X_i und den $q = 3$ Variablen Y_j gegeben. Die bei Bortz [12] eingeführten Bezeichnungen der Zufallsvektoren mußten hier vertauscht werden, um die Relation $p \leqq q$ zu erfüllen.

$$\boldsymbol{w}_1 = \begin{pmatrix}108\\18\\14\\2\\5\end{pmatrix}, \quad \boldsymbol{w}_2 = \begin{pmatrix}98\\17\\15\\2\\3\end{pmatrix}, \quad \boldsymbol{w}_3 = \begin{pmatrix}101\\22\\12\\2\\3\end{pmatrix}, \quad \boldsymbol{w}_4 = \begin{pmatrix}111\\23\\10\\3\\4\end{pmatrix},$$

$$\boldsymbol{w}_5 = \begin{pmatrix}113\\19\\12\\2\\6\end{pmatrix}, \quad \boldsymbol{w}_6 = \begin{pmatrix}95\\19\\11\\3\\3\end{pmatrix}, \quad \boldsymbol{w}_7 = \begin{pmatrix}96\\15\\16\\3\\4\end{pmatrix}, \quad \boldsymbol{w}_8 = \begin{pmatrix}105\\21\\13\\4\\4\end{pmatrix},$$

$$\boldsymbol{w}_9 = \begin{pmatrix}92\\17\\13\\2\\5\end{pmatrix}, \quad \boldsymbol{w}_{10} = \begin{pmatrix}118\\19\\15\\3\\4\end{pmatrix}.$$

Zur Berechnung der Abweichungs- und Standardmatrizen werden die empirischen Mittelwerte und Standardabweichungen benötigt. Aus den Originaldaten ergeben sich die Werte

$$\bar{x}_1 = 103.7, \quad \bar{x}_2 = 19.0, \quad \bar{y}_1 = 13.1, \quad \bar{y}_2 = 2.6, \quad \bar{y}_3 = 4.1$$

sowie

$$s_{X_1} = 8.7, \quad s_{X_2} = 2.4, \quad s_{Y_1} = 1.9, \quad s_{Y_2} = 0.7, \quad s_{Y_3} = 1.0.$$

1.2.1. Datenmodell Abweichungsvariablen

Mit den Vektoren $\boldsymbol{w}_l^\circ = \begin{pmatrix}\boldsymbol{x}_l^\circ\\ \boldsymbol{y}_l^\circ\end{pmatrix}$ sind die Schätzungen der unbekannten Parameter $\boldsymbol{\mu}$ und $\boldsymbol{\Sigma}^\circ$

$$\hat{\boldsymbol{\mu}} = \begin{pmatrix}\boldsymbol{o}_p\\ \boldsymbol{o}_q\end{pmatrix} \quad \text{und} \quad \hat{\boldsymbol{\Sigma}}^\circ := \boldsymbol{S} = \begin{pmatrix}\boldsymbol{S}_{XX} & \boldsymbol{S}_{XY}\\ \boldsymbol{S}_{XY}^{\mathsf{T}} & \boldsymbol{S}_{YY}\end{pmatrix},$$

Darin bedeuten

$$\boldsymbol{S}_{XX} = \frac{1}{N-1}\,\boldsymbol{X}^\circ\boldsymbol{X}^{\circ\mathsf{T}} \quad \text{bzw.} \quad \boldsymbol{S}_{YY} = \frac{1}{N-1}\,\boldsymbol{Y}^\circ\boldsymbol{Y}^{\circ\mathsf{T}} \tag{1.20}$$

und

$$\boldsymbol{S}_{XY} = \frac{1}{N-1}\,\boldsymbol{X}^\circ\boldsymbol{Y}^{\circ\mathsf{T}}.$$

$\boldsymbol{X}^\circ$ und $\boldsymbol{Y}^\circ$ sind Abweichungsmatrizen.

Beispiel (Fortsetzung): Aus den Originaldaten ergeben sich die 2×10-Abweichungsmatrix X° und die 3×10-Abweichungsmatrix Y°:

$$X^\circ = \begin{pmatrix} 4.3 & -5.7 & -2.7 & 7.3 & 9.3 & -8.7 & -7.7 & 1.3 & -11.7 & 14.3 \\ -1 & -2 & 3 & 4 & 0 & 0 & -4 & 2 & -2 & 0 \end{pmatrix}$$

$$Y^\circ = \begin{pmatrix} 0.9 & 1.9 & -1.1 & -3.1 & -1.1 & -2.1 & 2.9 & -0.1 & -0.1 & 1.9 \\ -0.6 & -0.6 & -0.6 & 0.4 & -0.6 & 0.4 & 0.4 & 1.4 & -0.6 & 0.4 \\ 0.9 & -1.1 & -1.1 & -0.1 & 1.9 & -1.1 & -0.1 & -0.1 & 0.9 & -0.1 \end{pmatrix}$$

Es wird davon ausgegangen, daß gilt:

$$\operatorname{rg}(S_{XX}) = p \quad \text{und} \quad \operatorname{rg}(S_{YY}) = q. \tag{1.21}$$

Die Schätzungen $\hat{\varrho}_m := r_m$, $m = 1, \ldots, p$, der kanonischen Korrelationskoeffizienten ϱ_m sind die Quadratwurzeln der Eigenwerte r_m^2 des Eigenwertproblems

$$(S_{XY}S_{YY}^{-1}S_{YX} - r_m^2 S_{XX})\, a_m^\circ = o_p. \tag{1.22}$$

Die Schätzungen $\hat{\alpha}_m^\circ := a_m^\circ$ der kanonischen Gewichte ergeben sich aus den Eigenvektoren von (1.22). Das Eigenwertproblem (1.22) ist wegen der Voraussetzungen (1.21) problemlos lösbar. Zunächst wird die B-Matrix S_{XX} des verallgemeinerten Eigenwertproblems faktorisiert; $S_{XX} = F_X F_X^\top$. Zu dieser Faktorisierung stehen mehrere Verfahren zur Auswahl (vgl. Abschnitt 10.4.3). Die Faktorisierung ermöglicht eine Transformation des verallgemeinerten in ein einfaches Eigenwertproblem, dessen A-Matrix

$$F_X^{-1}S_{XY}S_{YY}^{-1}S_{YX}(F_X^{-1})^\top \tag{1.23}$$

offensichtlich symmetrisch ist. Nach der Lösung dieses symmetrischen einfachen Eigenwertproblems schließt die Rücktransformation der Eigenvektoren die Berechnungen ab. Die Schätzungen $\hat{\beta}_m^\circ := b_m^\circ$ der kanonischen Gewichte β_m°, $m = 1, \ldots, p$, berechnen sich gemäß (1.19) aus

$$b_m^\circ = \frac{1}{r_m} S_{YY}^{-1} S_{YX} a_m^\circ.$$

Die Eigenvektoren a_m° bilden die Spalten von $\hat{A}^\circ := A^\circ$; die Vektoren b_m° die von ${}_p\hat{B}^\circ := {}_pB^\circ$. Die Eigenwerte r_m^2 stellen die Hauptdiagonalelemente von $\hat{\Lambda}_1 := L_1$ dar.

Wird aus bestimmten Gründen die vollständige Matrix B° benötigt, sind die Schätzungen b_n° der kanonischen Gewichte β_n°, $n = 1, \ldots, q$, aus

$$(S_{YX}S_{XX}^{-1}S_{XY} - r_n^2 S_{YY})\, b_n^\circ = o_q \tag{1.24}$$

zu ermitteln. Die ersten p der Eigenwerte r_n^2, $n = 1, \ldots, q$, stimmen mit den Eigenwerten r_m^2 von (1.22) überein. Die $(q - p)$ verbleibenden Eigenwerte r_n^2 haben sämtlich den Wert Null.

Die obigen Überlegungen gelten ebenso für das Datenmodell Originalvariablen. Zu modifizieren sind die Schätzung für den Mittelwert $\boldsymbol{\mu}$ und die Berechnungsformeln (1.20).

Beispiel (Fortsetzung): Unter Verwendung der Abweichungsmatrizen $\boldsymbol{X}°$ und $\boldsymbol{Y}°$ ergibt sich aus (1.20) die Varianz-Kovarianz-Matrix[1]:

$$\boldsymbol{S} = \begin{pmatrix} 75.12 & 9.44 & -1.41 & 0.87 & 3.14 \\ & 6.00 & -3.56 & 0.44 & -0.44 \\ & & 3.66 & -0.07 & -0.01 \\ & & & 0.49 & -0.18 \\ & & & & 0.99 \end{pmatrix}.$$

Für das verallgemeinerte Eigenwertproblem (1.22) werden die inverse Matrix $\boldsymbol{S}_{YY}^{-1}$ und das dreigliedrige Matrixprodukt berechnet:

$$\boldsymbol{S}_{YY}^{-1} = \begin{pmatrix} 0.27 & 0.04 & 0.01 \\ & 2.19 & 0.40 \\ & & 1.08 \end{pmatrix},$$

$$\boldsymbol{S}_{XY}\boldsymbol{S}_{YY}^{-1}\boldsymbol{S}_{YX} = \begin{pmatrix} 14.86 & 0.84 \\ & 3.86 \end{pmatrix}.$$

Zur Bestimmung der $\boldsymbol{A}$-Matrix (1.23) ist $\boldsymbol{S}_{XX}$ zu faktorisieren. Von den drei dafür zur Verfügung stehenden Verfahren kommt hier die Dekomposition-Methode zum Einsatz: Es ergibt sich

$$\boldsymbol{P} = \begin{pmatrix} 0.99 & -0.13 \\ 0.13 & 0.99 \end{pmatrix} \quad \text{und} \quad \boldsymbol{\Delta} = \begin{pmatrix} 76.39 & 0 \\ & 4.73 \end{pmatrix},$$

so daß

$$\boldsymbol{F}_X = \boldsymbol{P}\boldsymbol{\Delta}^{1/2} = \begin{pmatrix} 8.66 & -0.29 \\ 1.16 & 2.16 \end{pmatrix}.$$

Damit ergibt sich die $\boldsymbol{A}$-Matrix des transformierten einfachen Eigenwertproblems zu

$$\boldsymbol{F}_X^{-1}\boldsymbol{S}_{XY}\boldsymbol{S}_{YY}^{-1}\boldsymbol{S}_{YX}(\boldsymbol{F}_X^{-1})^{\mathsf{T}} = \begin{pmatrix} 0.19 & -0.03 \\ & 0.81 \end{pmatrix},$$

---

[1] Von symmetrischen (und Diagonal-) Matrizen werden nur die Elemente in und oberhalb der Hauptdiagonalen aufgeführt.

Die formale Lösung des einfachen Eigenwertproblems ergibt

$$\boldsymbol{L}_1^\circ = \begin{pmatrix} 0.81 & 0 \\ & 0.19 \end{pmatrix} \quad \text{und} \quad \boldsymbol{Q}^\circ = \begin{pmatrix} 0.05 & 1.00 \\ -1.00 & 0.05 \end{pmatrix},$$

woraus sich die Diagonalmatrix der kanonischen Korrelationskoeffizienten

$$(\boldsymbol{L}_1^\circ)^{1/2} = \begin{pmatrix} 0.90 & 0 \\ & 0.44 \end{pmatrix}$$

und durch die Rücktransformation (10.27) die Matrix der kanonischen Gewichte für den X-Bereich

$$\boldsymbol{A}^\circ = \boldsymbol{P}\boldsymbol{\Delta}^{-1/2}\boldsymbol{Q}^\circ = \begin{pmatrix} 0.07 & 0.11 \\ -0.45 & 0.04 \end{pmatrix}$$

ableiten.

Mit $\boldsymbol{S}_{YY}^{-1}\boldsymbol{S}_{YX} = \begin{pmatrix} -0.32 & -0.96 \\ 3.09 & 0.65 \\ 3.73 & -0.34 \end{pmatrix}$ berechnen sich nach (1.19) die kanonischen Gewichte für den Y-Bereich

$${}_2\boldsymbol{B}^\circ = \begin{pmatrix} 0.46 & -0.17 \\ -0.10 & 0.83 \\ 0.45 & 0.90 \end{pmatrix}.$$

Die vollständige Matrix der kanonischen Gewichte des Y-Bereichs wird aus der Lösung von (1.24) bestimmt:

$$\boldsymbol{B}^\circ = \begin{pmatrix} 0.46 & -0.17 & 0.18 \\ -0.10 & 0.83 & 1.22 \\ 0.45 & 0.90 & -0.26 \end{pmatrix}.$$

Unter Beachtung der 4. Eigenschaft von Paragraph 1.1 erhält man eine weitere Möglichkeit der Berechnung der kanonischen Korrelationskoeffizienten. Dazu sind nach (1.3) und (1.4) die Standardmatrizen $\boldsymbol{U}$ und $\boldsymbol{V}$ der Werte in den kanonischen Variablen U_m, $m = 1, 2$, und V_n, $n = 1, 2, 3$, zu berechnen. Es ergeben sich die 10×2-Datenmatrix

$$\boldsymbol{U}^\top = \begin{bmatrix} 0.742 & 0.433 \\ 0.526 & -0.707 \\ -1.543 & -0.177 \\ -1.327 & 0.963 \\ 0.623 & 1.023 \\ -0.583 & -0.957 \\ 1.300 & -1.007 \\ -0.821 & 0.223 \\ 0.124 & -1.367 \\ 0.958 & 1.573 \end{bmatrix}$$

und die 10×3-Datenmatrix

$$V^{\mathsf{T}} = \begin{pmatrix} 0.880 & 0.163 & -0.809 \\ 0.440 & -1.809 & -0.109 \\ -0.944 & -1.308 & -0.643 \\ -1.514 & 0.759 & -0.035 \\ 0.409 & 1.399 & -1.425 \\ -1.504 & -0.310 & 0.403 \\ 1.252 & -0.241 & 1.031 \\ -0.230 & 1.090 & 1.721 \\ 0.419 & 0.330 & -0.987 \\ 0.791 & -0.074 & 0.853 \end{pmatrix}.$$

Es bestätigt sich, daß die 2×3-Matrix $L^{1/2} = \frac{1}{N-1} UV^{\mathsf{T}}$ quasidiagonal ist:

$$L^{1/2} = \begin{pmatrix} 0.90 & 0 & 0 \\ 0 & 0.44 & 0 \end{pmatrix}.$$

Die Zerlegung dieser Matrix führt schließlich auf die Diagonalmatrix $(L_1^{\circ})^{1/2}$ der kanonischen Korrelationskoeffizienten und eine Nullmatrix O des Typs $p \times (q - p) = 2 \times 1$.

1.2.2. Datenmodell Standardvariablen

Beispiel (Fortsetzung): Aus den Originaldaten oder den Abweichungsmatrizen X° und Y° berechnet man die 2×10-Standardmatrix $X^{=}$ und die 3×10-Standardmatrix $Y^{=}$:

$$X^{=} = \begin{pmatrix} 0.50 & -0.66 & -0.31 & 0.84 & 1.07 & -1.00 & -0.89 & 0.15 & -1.35 & 1.65 \\ -0.41 & -0.82 & 1.23 & 1.63 & 0 & 0 & -1.63 & 0.82 & -0.82 & 0 \end{pmatrix},$$

$$Y^{=} = \begin{pmatrix} 0.47 & 0.99 & -0.58 & -1.62 & -0.58 & -1.10 & 1.52 & -0.05 & -0.05 & 0.99 \\ -0.86 & -0.86 & -0.86 & 0.57 & -0.86 & 0.57 & 0.57 & 2.00 & -0.86 & 0.57 \\ 0.91 & -1.11 & -1.11 & -0.10 & 1.91 & -1.11 & -0.10 & -0.10 & 0.91 & -0.10 \end{pmatrix}.$$

Die kanonischen Gewichte und Korrelationskoeffizienten werden nun aus der Schätzung $\hat{\Sigma}^{=} := R$ der Varianz-Kovarianz-Matrix $\Sigma^{=} = P$ abgeleitet. Für R gilt die Partitionierung (10.6):

$$\begin{pmatrix} R_{XX} & R_{XY} \\ R_{YX} & R_{YY} \end{pmatrix}.$$

Seien $\boldsymbol{S}_X = \text{Dg}\,(\boldsymbol{S}_{XX})$ und $\boldsymbol{S}_Y = \text{Dg}\,(\boldsymbol{S}_{YY})$ die Diagonalmatrizen der Varianzen von X_i und Y_i. Unter Verwendung von (10.7) folgt aus (1.22):

$$\boldsymbol{S}_X^{1/2}(\boldsymbol{R}_{XY}\boldsymbol{R}_{YY}^{-1}\boldsymbol{R}_{YX} - r_m^2\boldsymbol{R}_{XX})\,\boldsymbol{S}_X^{1/2}\boldsymbol{a}_m^\circ = \boldsymbol{o}_p$$

oder

$$(\boldsymbol{R}_{XY}\boldsymbol{R}_{YY}^{-1}\boldsymbol{R}_{YX} - r_m^2\boldsymbol{R}_{XX})\,\boldsymbol{a}_m^= = \boldsymbol{o}_p. \tag{1.25}$$

Die Schätzungen r_m der kanonischen Korrelationskoeffizienten sind die Quadratwurzeln der Eigenwerte r_m^2 von (1.25). Die Schätzungen $\boldsymbol{a}_m^=$ der kanonischen Gewichte für $\boldsymbol{X}^=$ sind die Eigenvektoren von (1.25). Die Schätzungen $\boldsymbol{b}_m^=$ der kanonischen Gewichte für $\boldsymbol{Y}^=$ berechnen sich aus

$$\boldsymbol{b}_m^= = \frac{1}{r_m}\boldsymbol{R}_{YY}^{-1}\boldsymbol{R}_{YX}\boldsymbol{a}_m^=.$$

Die Eigenvektoren $\boldsymbol{a}_m^=$ bilden die Spalten von $\boldsymbol{A}^=$; die Vektoren $\boldsymbol{b}_m^=$ die von ${}_p\boldsymbol{B}^=$.

Aus (1.25) liest man ab, daß die Schätzungen r_m der kanonischen Korrelationskoeffizienten gegenüber der Skalentransformation von Abweichungs- zu Standardvariablen (und umgekehrt) invariant sind. Die kanonischen Gewichte unterscheiden sich lediglich durch eine Transformation mit $\boldsymbol{S}_X^{1/2}$ bzw. $\boldsymbol{S}_Y^{1/2}$.

Beispiel (Fortsetzung): Unter Verwendung der Standardmatrizen $\boldsymbol{X}^=$ und $\boldsymbol{Y}^=$ oder indirekt aus der Varianz-Kovarianz-Matrix $\boldsymbol{S}$ mittels (10.7) und (10.8) erhält man die Korrelationsmatrix

$$\boldsymbol{R} = \begin{pmatrix} 1.00 & 0.45 & -0.09 & 0.14 & 0.36 \\ & 1.00 & -0.76 & 0.26 & -0.18 \\ & & 1.00 & -0.05 & -0.01 \\ & & & 1.00 & -0.26 \\ & & & & 1.00 \end{pmatrix}.$$

Das dreigliedrige Matrixprodukt für (1.25) hat die Gestalt

$$\boldsymbol{R}_{XY}\boldsymbol{R}_{YY}^{-1}\boldsymbol{R}_{YX} = \begin{pmatrix} 0.20 & 0.04 \\ & 0.64 \end{pmatrix}.$$

Zur Faktorisierung von $\boldsymbol{R}_{XX}$ wird hier die Cholesky-Methode herangezogen:

$$\boldsymbol{F}_X = \begin{pmatrix} 1.00 & 0 \\ 0.44 & 0.90 \end{pmatrix}, \qquad \boldsymbol{F}_X^{-1} = \begin{pmatrix} 1.00 & 0 \\ -0.50 & 1.12 \end{pmatrix}.$$

$\boldsymbol{A}$-Matrix (einfaches Eigenwertproblem):

$$\boldsymbol{F}_X^{-1}\boldsymbol{R}_{XY}\boldsymbol{R}_{YY}^{-1}\boldsymbol{R}_{YX}(\boldsymbol{F}_X^{-1})^\mathsf{T} = \begin{pmatrix} 0.20 & -0.05 \\ & 0.81 \end{pmatrix}.$$

Lösung (einfaches Eigenwertproblem):

$$\boldsymbol{L}_1^{=} = \begin{pmatrix} 0.81 & 0 \\ & 0.19 \end{pmatrix}, \qquad \tilde{\boldsymbol{Q}} = \begin{pmatrix} 0.09 & 1.00 \\ -1.00 & 0.09 \end{pmatrix}.$$

Kanonische Korrelationskoeffizienten:

$$(\boldsymbol{L}_1^{=})^{1/2} = \begin{pmatrix} 0.90 & 0 \\ & 0.44 \end{pmatrix}.$$

Kanonische Gewichte X-Bereich:

$$\boldsymbol{A}^{=} = (\boldsymbol{F}_X^{-1})^{\mathsf{T}} \tilde{\boldsymbol{Q}} = \begin{pmatrix} 0.58 & 0.95 \\ -1.11 & 0.10 \end{pmatrix}.$$

Kanonische Gewichte Y-Bereich:

$$_2\boldsymbol{B}^{=} = \begin{pmatrix} 0.88 & -0.32 \\ -0.07 & 0.58 \\ 0.45 & 0.90 \end{pmatrix}.$$

Mit $\boldsymbol{S}_X = \begin{pmatrix} 75.12 & 0 \\ & 6.00 \end{pmatrix}$ lassen sich die kanonischen Gewichte des X-Bereichs auch mittels Skalentransformation bestimmen:

$$\boldsymbol{A}^{=} = \boldsymbol{S}_X^{1/2} \boldsymbol{A}^{\circ} = \begin{pmatrix} 0.58 & 0.95 \\ -1.11 & 0.10 \end{pmatrix}.$$

1.2.3. Mehrstufen-Prozedur

Muller [100] entwickelte einen Ansatz zum Verständnis der kanonischen Korrelationsanalyse als eine Drei-Schritt-Prozedur. Diese Idee wird hier in ihren Grundzügen dargestellt. Sie ermöglicht einen Einblick in die Logik der kanonischen Korrelationsanalyse. Seien

$$\boldsymbol{S}_{XX} = \boldsymbol{F}_X \boldsymbol{F}_X^{\mathsf{T}} \quad \text{und} \quad \boldsymbol{S}_{YY} = \boldsymbol{F}_Y \boldsymbol{F}_Y^{\mathsf{T}} \tag{1.26}$$

Faktorisierungen von $\boldsymbol{S}_{XX}$ und $\boldsymbol{S}_{YY}$.
Im ersten Schritt wird von $\boldsymbol{X}$ und $\boldsymbol{Y}$ zu transformierten Variablen $\boldsymbol{X}^* = \boldsymbol{P}_X \boldsymbol{X}$ und $\boldsymbol{Y}^* = \boldsymbol{P}_Y \boldsymbol{Y}$ übergegangen. Mit (10.2) gilt

$$\mathsf{D}^2 \boldsymbol{X}^* = \boldsymbol{P}_X \boldsymbol{S}_{XX} \boldsymbol{P}_X^{\mathsf{T}} = \boldsymbol{P}_X \boldsymbol{F}_X \boldsymbol{F}_X^{\mathsf{T}} \boldsymbol{P}_X^{\mathsf{T}}. \tag{1.27}$$

Die Forderung $\mathsf{D}^2 \boldsymbol{X}^* := \boldsymbol{I}_p$ impliziert die Unkorreliertheit und Standardisierung der Variablen X_i^*. Aus $\boldsymbol{P}_X \boldsymbol{F}_X \boldsymbol{F}_X^{\mathsf{T}} \boldsymbol{P}_X^{\mathsf{T}} = \boldsymbol{I}_p$ folgt $\boldsymbol{P}_X = \boldsymbol{F}_X^{-1}$. Analog gilt $\boldsymbol{P}_Y = \boldsymbol{F}_Y^{-1}$ für $\boldsymbol{Y}^*$.

Im zweiten Schritt werden die Kreuzkorrelationen zwischen $\boldsymbol{X}^*$ und $\boldsymbol{Y}^*$ ermittelt: Es ergibt sich die $p \times q$-Matrix

$$\boldsymbol{S}_{X^*Y^*} = \operatorname{cov}(\boldsymbol{X}^*, \boldsymbol{Y}^*) = \boldsymbol{F}_X^{-1}\boldsymbol{S}_{XY}(\boldsymbol{F}_Y^{-1})^\mathsf{T}. \tag{1.28}$$

Im abschließenden dritten Schritt wird die Matrix $\boldsymbol{S}_{X^*Y^*}\boldsymbol{S}_{Y^*X^*}$ faktorisiert:

$$(\boldsymbol{S}_{X^*Y^*}\boldsymbol{S}_{Y^*X^*} - r_m^2\boldsymbol{I}_p)\,\boldsymbol{a}_m^* = \boldsymbol{o}_p.$$

Unter Verwendung von (1.28) folgt daraus

$$\left(\boldsymbol{F}_X^{-1}\boldsymbol{S}_{XY}(\boldsymbol{F}_Y^{-1})^\mathsf{T}\,\boldsymbol{F}_Y^{-1}\boldsymbol{S}_{YX}(\boldsymbol{F}_X^{-1})^\mathsf{T} - r_m^2\boldsymbol{I}_p\right)\boldsymbol{a}_m^* = \boldsymbol{o}_p.$$

Bei Beachtung von (1.24) ergibt sich direkt die Matrix (1.23) des transformierten einfachen Eigenwertproblems der kanonischen Korrelationsanalyse. Durch einfache Matrizenoperationen findet sich abschließend mit

$$(\boldsymbol{S}_{XY}\boldsymbol{S}_{YY}^{-1}\boldsymbol{S}_{YX} - r^2\boldsymbol{S}_{XX})\,(\boldsymbol{F}_X^{-1})^\mathsf{T}\,\boldsymbol{a}_m^* = \boldsymbol{o}_p$$

das verallgemeinerte Eigenwertproblem (1.22) der kanonischen Korrelationsanalyse. Die Formeln besagen, daß sich eine kanonische Korrelationsanalyse auch mittelbar ausführen läßt. Dazu ist von den Ursprungsvariablen $\boldsymbol{X}$, $\boldsymbol{Y}$ zu neuen unkorrelierten Variablen $\boldsymbol{X}^*$, $\boldsymbol{Y}^*$, sogenannten Komponenten (vgl. Abschnitt 3.1.2), überzugehen. Sodann liefert die Dekomposition der Gramschen Matrix der Kreuzkorrelationen zwischen den Komponenten direkt die Schätzungen r_m^2 der Quadrate der kanonischen Korrelationskoeffizienten. Die Schätzungen $\boldsymbol{a}_m^\circ$ der kanonischen Gewichte berechnen sich aus den Eigenvektoren $\boldsymbol{a}_m^*$ der obigen Dekomposition gemäß $\boldsymbol{a}_m^\circ = (\boldsymbol{F}_X^{-1})^\mathsf{T}\,\boldsymbol{a}_m^*$. Die Ermittlung der Schätzungen $\boldsymbol{b}_m^\circ$ erfolgt über die Gleichungen $\boldsymbol{b}_m^* = \dfrac{1}{r_m}\boldsymbol{S}_{Y^*X^*}\boldsymbol{a}_m^*$ und $\boldsymbol{b}_m^\circ = (\boldsymbol{F}_Y^{-1})^\mathsf{T}\,\boldsymbol{b}_m^*$.

Beispiel (Fortsetzung):

Faktor (Dekomposition-Methode):

$$\boldsymbol{F}_Y = \begin{pmatrix} 1.91 & 0.00 & 0.01 \\ -0.04 & 0.31 & 0.63 \\ -0.01 & -0.97 & 0.20 \end{pmatrix}.$$

Invertierung der Faktoren:

$$\boldsymbol{F}_X^{-1} = \begin{pmatrix} 0.11 & 0.01 \\ -0.06 & 0.46 \end{pmatrix}, \qquad \boldsymbol{F}_Y^{-1} = \begin{pmatrix} 0.52 & -0.01 & 0.00 \\ 0.00 & 0.30 & -0.93 \\ 0.03 & 1.45 & 0.46 \end{pmatrix}.$$

Dreigliedriges Matrixprodukt:

$$\boldsymbol{F}_X^{-1}\boldsymbol{S}_{XY}(\boldsymbol{F}_Y^{-1})^\mathsf{T} = \begin{pmatrix} -0.11 & -0.29 & 0.31 \\ -0.80 & 0.40 & -0.01 \end{pmatrix}.$$

$\boldsymbol{A}$-Matrix (einfaches Eigenwertproblem):

$$\boldsymbol{S}_{X^*Y^*}\boldsymbol{S}_{Y^*X^*} = \begin{pmatrix} 0.19 & -0.03 \\ & 0.81 \end{pmatrix}.$$

Lösung (einfaches Eigenwertproblem):

$$\mathrm{Dg}\,(r_m^2) = \begin{pmatrix} 0.81 & 0 \\ & 0.19 \end{pmatrix}, \qquad \boldsymbol{A}^* = \begin{pmatrix} 0.05 & 1.00 \\ -1.00 & 0.05 \end{pmatrix},$$

Kanonische Gewichte X-Bereich:

$$(\boldsymbol{F}_X^{-1})^\top \boldsymbol{A}^* = \begin{pmatrix} 0.07 & 0.11 \\ -0.45 & 0.04 \end{pmatrix}.$$

Kanonische Gewichte Y-Bereich:

$$(\boldsymbol{F}_Y^{-1})^\top \boldsymbol{S}_{Y^*X^*}\boldsymbol{A}^*\,\mathrm{Dg}\,(r_m^{-1}) = \begin{pmatrix} 0.46 & -0.17 \\ -0.10 & 0.83 \\ 0.45 & 0.90 \end{pmatrix}.$$

1.2.4. Spezielle Schätzprobleme

Bei der Lösung von (1.22) entstehen Probleme, erstens wenn $\boldsymbol{S}_{XX}$ singulär ist und zweitens, wenn $\boldsymbol{S}_{XX}$ zwar regulär, $\boldsymbol{S}_{YY}$ aber fast singulär $(\det(\boldsymbol{S}_{YY}) \approx 0)$ oder echt singulär $(\det(\boldsymbol{S}_{YY}) = 0)$ ist. Dies bedeutet, daß innerhalb der Variablen X_i und/oder Y_j Multikollinearitäten auftreten. Im Fall $\det(\boldsymbol{S}_{YY}) \approx 0$ kann $\boldsymbol{S}_{YY}^{-1}$ noch berechnet werden, ist aber numerisch instabil. Im zweiten Fall existiert $\boldsymbol{S}_{YY}^{-1}$ überhaupt nicht. Ursache dieser Schwierigkeiten ist letztlich eine im Hinblick auf die mathematisch-statistische Weiterverarbeitung ungünstige Zusammenstellung der Zufallsvektoren $\boldsymbol{X}$ und $\boldsymbol{Y}$ durch den Untersucher. Die Wahl der Elemente der Variablenstichprobe hat zur Folge, daß gilt:

$$\mathrm{rg}\,(\boldsymbol{S}_{XX}) = p^* \leqq p \quad \text{und/oder} \quad \mathrm{rg}\,(\boldsymbol{S}_{YY}) = q^* < q. \tag{1.29}$$

Treten in der praktischen Arbeit derartige Fälle ein, gibt es drei Möglichkeiten ihrer Behandlung.

1.2.4.1. Modifikation der Variablenstichprobe

Man versucht, sich mittels inhaltlich begründbarer Streichungen von Komponenten der Vektoren $\boldsymbol{X}$ und $\boldsymbol{Y}$ nichtsinguläre Teilmatrizen von $\boldsymbol{S}$ zu verschaffen. Seien $p' < p$ und $q' < q$ die Zahlen der Elemente in den modifizierten Variablenstichproben. Ziel ist,

$$\mathrm{rg}\,(\boldsymbol{S}_{X'X'}) = p' \quad \text{und/oder} \quad \mathrm{rg}\,(\boldsymbol{S}_{Y'Y'}) = q' \tag{1.30}$$

zu erreichen, um die Schätztheorie von Abschnitt 1.2.1. anwenden zu können. Nachteile dieses Vorgehens sind:

— Zwang, eine theoriegeleitet ermittelte Variablenmenge aus formalen Gründen zu reduzieren;
— Willkürlichkeit der Selektion, verbunden mit der Ungewißheit über deren Wirksamkeit, d. h. über die Erfüllung der Bedingung (1.30).

Im weiteren reduzieren wir das Schätzproblem der kanonischen Korrelationsanalyse auf die Ermittlung der kanonischen Korrelationskoeffizienten r_m.

1.2.4.2. Verallgemeinerte inverse Matrizen

Sei $\boldsymbol{R}$ eine symmetrische Matrix der Ordnung p und $\operatorname{rg}(\boldsymbol{R}) = p^* \leqq p$. Die symmetrische $p \times p$-Matrix $\boldsymbol{R}^+$ heißt *Moore-Penrose-Inverse von* $\boldsymbol{R}$, genau dann, wenn gilt

$$\boldsymbol{R}\boldsymbol{R}^+\boldsymbol{R} = \boldsymbol{R} \tag{1.31}$$

und

$$(\boldsymbol{R}\boldsymbol{R}^+)^\top = \boldsymbol{R}\boldsymbol{R}^+, \quad (\boldsymbol{R}^+\boldsymbol{R})^\top = \boldsymbol{R}^+\boldsymbol{R}, \quad \boldsymbol{R}^+\boldsymbol{R}\boldsymbol{R}^+ = \boldsymbol{R}^+.$$

$\boldsymbol{R}^+$ ist eindeutig bestimmt. Ist die $p \times p^*$-Matrix $\boldsymbol{F}$ ein Faktor von $\boldsymbol{R}$, so gilt nach KHATRI [74]

$$\boldsymbol{R}^+ = \boldsymbol{F}(\boldsymbol{F}^\top\boldsymbol{F})^{-2}\boldsymbol{F}^\top. \tag{1.32}$$

Die symmetrische $p \times p$-Matrix $\boldsymbol{R}^-$ heißt *g-Inverse von* $\boldsymbol{R}$ genau dann, wenn $\boldsymbol{R}\boldsymbol{R}^-\boldsymbol{R} = \boldsymbol{R}$ gilt. $\boldsymbol{R}^-$ ist nicht eindeutig bestimmt. Wegen (1.31) ist z. B. $\boldsymbol{R}^+$ stets auch g-Inverse von $\boldsymbol{R}$.

1.2.4.3. Echte Singularitäten

Im Fall der multiplen Korrelation hat q in (10.6) den Wert Eins, weswegen gilt:

$$\hat{\boldsymbol{\Sigma}}^= := \boldsymbol{R} = \begin{pmatrix} \boldsymbol{R}_{XX} & \boldsymbol{r}_{XY} \\ \boldsymbol{r}_{YX} & r_{YY} \end{pmatrix}.$$

Ausgehend vom Datenmodell Standardvariablen beweisen TUCKER/COOPER/MEREDITH [144]: Sei $\boldsymbol{R}^+ = \begin{pmatrix} \boldsymbol{R}^+_{XX} & \boldsymbol{r}^+_{XY} \\ \boldsymbol{r}^+_{YX} & r^+_{YY} \end{pmatrix}$ die Moore-Penrose-Inverse von $\boldsymbol{R}$ und $\boldsymbol{Q} = \boldsymbol{R}^+\boldsymbol{R}$. Dann gilt für den (empirischen) multiplen Korrelationskoeffizienten

$$\hat{\varrho}_{Y.X_1\ldots X_p} := R_{Y.X_1\ldots X_p} = \begin{cases} 1 & , \text{ wenn } q_{p+1,p+1} < 1, \\ \sqrt{1-(r^+_{YY})^{-1}}, & \text{wenn } q_{p+1,p+1} = 1. \end{cases}$$

Für die kanonische Korrelation gilt (10.6) in seiner allgemeinen Form mit $p > 1$ und $q > 1$. KHATRI [74] zeigt, wie die Schätzprobleme der multiplen und kanonischen Korrelation unter Benutzung der g-Inversen $\boldsymbol{R}^-$ zu lösen sind. In den folgenden Darlegungen verwenden wir allerdings die Moore-Penrose-Inverse $\boldsymbol{R}^+$. Dies hat nach MULLER [101] den Vorteil, daß auch die kanonischen Gewichte eindeutig bestimmt sind. Wegen (1.29) gibt es p^* kanonische Korrelationskoeffizienten r_m. Für das Datenmodell Standardvariablen gelten zwei Theoreme.

1. *Sei* $\boldsymbol{R}^+ = \begin{pmatrix} \boldsymbol{R}^+_{XX} & \boldsymbol{R}^+_{XY} \\ \boldsymbol{R}^+_{YX} & \boldsymbol{R}^+_{YY} \end{pmatrix}$ *die Moore-Penrose-Inverse von* $\boldsymbol{R}$ *und* $\boldsymbol{Q} = \boldsymbol{R}\boldsymbol{R}^+$ $= \begin{pmatrix} \boldsymbol{Q}_{11} & \boldsymbol{Q}_{12} \\ \boldsymbol{Q}_{21} & \boldsymbol{Q}_{22} \end{pmatrix}$. *Dann ist*

$$\hat{\varrho}_m := r_m = 1\,, \quad m = 1, \ldots, p^* - t\,, \quad \textit{und} \quad t = p - \operatorname{rg}\left[\begin{pmatrix} \boldsymbol{Q}_{11} - \boldsymbol{I}_p \\ \boldsymbol{Q}_{21} \end{pmatrix}\right].$$

   Dieser Satz macht somit eine Aussage über die Zahl der kanonischen Korrelationskoeffizienten, die gleich Eins sind.

2. *Unter den obigen Voraussetzungen und* $p^* = t$ *gibt es* p^* *Eigenwerte* $l_m \neq 0$, $m = 1, \ldots, p^*$, *von* $\boldsymbol{R}_{XX}\boldsymbol{R}^+_{XX}$. *Es gilt:*

$$\hat{\varrho}_m := r_m + 1 - (l_m)^{-1}.$$

Dieser Satz ermöglicht die Schätzung der kanonischen Korrelationskoeffizienten für den Fall, daß keine Eins-Korrelation vorhanden ist.

1.2.4.4. Komponenten-Scores

Die dritte Möglichkeit der Behandlung echter Singularitäten besteht in einer Modifizierung der Mehrstufen-Prozedur von Abschnitt 1.2.3. Seien nun

$$\boldsymbol{S}_{XX} = \boldsymbol{F}_X \boldsymbol{F}_X^{\mathsf{T}} \quad \text{und} \quad \boldsymbol{S}_{YY} = \boldsymbol{F}_Y \boldsymbol{F}_Y^{\mathsf{T}} \tag{1.33}$$

die Faktorisierungen von $\boldsymbol{S}_{XX}$ und $\boldsymbol{S}_{YY}$. Die Transformation in die Komponenten $\boldsymbol{X}^*$ und $\boldsymbol{Y}^*$ für die Teilvektoren $\boldsymbol{X}$ und $\boldsymbol{Y}$ erfolgen mittels der $p^* \times p$-Matrix $\boldsymbol{P}_X = (\boldsymbol{F}_X^{\mathsf{T}}\boldsymbol{F}_X)^{-1}\,\boldsymbol{F}_X^{\mathsf{T}}$ und der $q^* \times q$-Matrix $\boldsymbol{P}_Y = (\boldsymbol{F}_Y^{\mathsf{T}}\boldsymbol{F}_Y)^{-1}\,\boldsymbol{F}_Y^{\mathsf{T}}$. Daß es sich bei den neuen Variablen tatsächlich um Komponenten handelt, sei am X-Bereich demonstriert. (1.27) hat nun die Gestalt

$$\mathsf{D}^2\boldsymbol{X}^* = (\boldsymbol{F}_X^{\mathsf{T}}\boldsymbol{F}_X)^{-1}\,\boldsymbol{F}_X^{\mathsf{T}}\boldsymbol{S}_{XX}\boldsymbol{F}_X(\boldsymbol{F}_X^{\mathsf{T}}\boldsymbol{F}_X)^{-1}.$$

Unter Berücksichtigung von (1.33) folgt dann unmittelbar $\mathsf{D}^2\boldsymbol{X}^* = \boldsymbol{I}_{p^*}$. Die Kreuzkorrelationen zwischen den Komponenten sind in der $p^* \times q^*$-Matrix

$$\boldsymbol{S}_{X^*Y^*} = \operatorname{cov}(\boldsymbol{X}^*, \boldsymbol{Y}^*) = (\boldsymbol{F}_X^{\mathsf{T}}\boldsymbol{F}_X)^{-1}\,\boldsymbol{F}_X^{\mathsf{T}}\boldsymbol{S}_{XY}\boldsymbol{F}_Y(\boldsymbol{F}_Y^{\mathsf{T}}\boldsymbol{F}_Y)^{-1} \tag{1.34}$$

enthalten. Die Dekomposition der Gramschen Matrix der Kreuzkorrelationen ergibt (im Fall der X-Komponenten)

$$(\boldsymbol{S}_{X^*Y^*}\boldsymbol{S}_{Y^*X^*} - r_m^2\boldsymbol{I}_{p^*})\,\boldsymbol{a}_m^* = \boldsymbol{o}_{p^*}.$$

Nach Einsetzen von (1.34) und Berücksichtigung von (1.32) gilt

$$\left((\boldsymbol{F}_X^\top\boldsymbol{F}_X)^{-1}\,\boldsymbol{F}_X^\top\boldsymbol{S}_{XY}\boldsymbol{S}_{YY}^+\boldsymbol{S}_{YX}\boldsymbol{F}_X(\boldsymbol{F}_X^\top\boldsymbol{F}_X)^{-1} - r_m^2\boldsymbol{I}_{p^*}\right)\boldsymbol{a}_m^* = \boldsymbol{o}_{p^*}.$$

Die Lösung dieses einfachen Eigenwertproblems ergibt die p^* Schätzwerte r_m^2 der Quadrate der kanonischen Korrelationskoeffizienten.
Zur Berechnung der kanonischen Gewichte $\boldsymbol{a}_m$ ist eine Rücktransformation vorzunehmen, die (5.30) angibt.

2. Die Modelle der „teilweisen" kanonischen Korrelation

Unter dieser Bezeichnung werden zwei miteinander verwandte Ansätze zusammengefaßt: das Modell der partiellen kanonischen Korrelation und das Modell der semipartiellen kanonischen Korrelation. Die theoretische Ableitung der partiellen kanonischen Korrelationsanalyse geht auf Roy/Whittlesey [121], Hooper [62] und Rao/Slater [110] zurück.

Beginnen wir mit einigen Begriffsbildungen. Rao [108] definiert die partielle Korrelation zwischen X und Y als die Korrelation zwischen den Fehlern, die man durch Substraktion der entsprechenden Regressionen bezüglich $\boldsymbol{Z}$ von X und Y erhält. $\boldsymbol{Z}$ ist dabei ein r-dimensionaler Vektor von auszupartialisierenden Variablen Z_k. Solche Zufallsvariablen Z_k, $k = 1, \ldots, r$, sind dadurch gekennzeichnet, daß sie möglicherweise die Abhängigkeit zwischen X und Y beeinflussen. Eine derartige Wirkung ist zu berücksichtigen. Das erfolgt, indem der Einfluß dieser weiteren Zufallsvariablen auf die stochastische Abhängigkeit von X und Y ausgeschaltet wird. Demnach stellt die *partielle einfache Korrelation bezüglich* $\boldsymbol{Z}$ die einfache Korrelation zweier Fehlervariablen $E^X := X \mid \boldsymbol{Z}$ und $E^Y := Y \mid \boldsymbol{Z}$ dar[1]. Als *partielle multiple Korrelation bezüglich* $\boldsymbol{Z}$ bezeichnet man die multiple Korrelation zwischen der Fehlervariablen E^Y und dem Zufallsvektor $\boldsymbol{E}^X = (E_1^X, \ldots, E_p^X)^\mathsf{T} := \boldsymbol{X} \mid \boldsymbol{Z}$ der Fehlervariablen $E_i^X := X_i \mid \boldsymbol{Z}, i = 1, \ldots, p$.

In Erweiterung dieser Festlegungen spricht man von *partieller kanonischer Korrelation bezüglich* $\boldsymbol{Z}$ als kanonische Korrelation zweier Zufallsvektoren $\boldsymbol{E}^X$ und $\boldsymbol{E}^Y = (E_1^Y, \ldots, E_q^Y)^\mathsf{T} := \boldsymbol{Y} \mid \boldsymbol{Z}$ von Fehlervariablen E_i^X und $E_j^Y := Y_j \mid \boldsymbol{Z}$, $j = 1, \ldots, q$. Diese Festlegungen sind heuristisch, reichen aber für die hier folgenden Erörterungen aus. Exakte Definitionen werden in der statistischen Fachliteratur gegeben, so z. B. für die partielle einfache Korrelation bei Nollau [103].

Die Begründung der semipartiellen kanonischen Korrelationsanalyse erarbeiteten Cooley/Lohnes [27]. Wie die Bezeichnung aussagt, nimmt dieses Modell eine Mittelstellung zwischen kanonischer und partieller kanonischer Korrelation ein.

Man spricht von *semipartieller kanonischer Korrelation* $\boldsymbol{Z}$ *aus* $\boldsymbol{X}$ als der Korrelation der Vektoren $\boldsymbol{E}^X$ von Fehlervariablen E_i^X und $\boldsymbol{Y}$ von Ausgangsvaria-

---

1 Das Symbol „|" steht hierin für „unter (regressionsanalytischer) Berücksichtigung von".

blen Y_j. In analoger Weise existiert die semipartielle kanonische Korrelation $\boldsymbol{Z}$ aus $\boldsymbol{Y}$ zwischen den Vektoren $\boldsymbol{X}$ und $\boldsymbol{E}^Y$.
r heißt die *Ordnung* der partiellen bzw. semipartiellen kanonischen Korrelation. Im Fall der linearen Regression gilt für zentrierte Zufallsvektoren:

$$\boldsymbol{E}^X = \boldsymbol{X}^\circ - \mathbf{B}_X^\mathsf{T}\boldsymbol{Z}^\circ = \boldsymbol{X}^\circ - \boldsymbol{\Sigma}_{XZ}\boldsymbol{\Sigma}_{ZZ}^{-1}\boldsymbol{Z}^\circ$$

und

$$\boldsymbol{E}^Y = \boldsymbol{Y}^\circ - \mathbf{B}_Y^\mathsf{T}\boldsymbol{Z}^\circ = \boldsymbol{Y}^\circ - \boldsymbol{\Sigma}_{YZ}\boldsymbol{\Sigma}_{ZZ}^{-1}\boldsymbol{Z}^\circ .$$

$\mathbf{B}_X$ und $\mathbf{B}_Y$ sind Matrizen partieller Regressionskoeffizienten. In der Darstellungsweise folgen wir im weiteren der Arbeit von Timm/Carlson [142].

2.1. Partielle kanonische Korrelationsanalyse in der Grundgesamtheit

Sei $\begin{pmatrix}\boldsymbol{X}^\circ\\ \boldsymbol{Y}^\circ\\ \boldsymbol{Z}^\circ\end{pmatrix}$ ein $(p+q+r)$-dimensionaler Zufallsvektor mit den Komponenten X_i°, $i = 1, \ldots, p$, Y_j°, $j = 1, \ldots, q$, bzw. Z_k°, $k = 1, \ldots, r$, und der positiv definiten Varianz-Kovarianz-Matrix

$$\boldsymbol{\Sigma}^\circ = \begin{pmatrix}\boldsymbol{\Sigma}_{XX} & \boldsymbol{\Sigma}_{XY} & \boldsymbol{\Sigma}_{XZ}\\ \boldsymbol{\Sigma}_{YX} & \boldsymbol{\Sigma}_{YY} & \boldsymbol{\Sigma}_{YZ}\\ \boldsymbol{\Sigma}_{ZX} & \boldsymbol{\Sigma}_{ZY} & \boldsymbol{\Sigma}_{ZZ}\end{pmatrix}.$$

Es gelte $p \leqq q$. Für die Varianz-Kovarianz-Matrix $\boldsymbol{\Sigma}_E$ des Zufallsvektors $\boldsymbol{E} = \begin{pmatrix}\boldsymbol{E}^X\\ \boldsymbol{E}^Y\end{pmatrix}$ der Fehlervariablen gilt nach Anderson [3]:

$$\boldsymbol{\Sigma}_E = \begin{pmatrix}\boldsymbol{\Sigma}_{X.Z,X.Z} & \boldsymbol{\Sigma}_{X.Z,Y.Z}\\ \boldsymbol{\Sigma}_{Y.Z,X.Z} & \boldsymbol{\Sigma}_{Y.Z,Y.Z}\end{pmatrix}$$

$$= \begin{pmatrix}\boldsymbol{\Sigma}_{XX} - \boldsymbol{\Sigma}_{XZ}\boldsymbol{\Sigma}_{ZZ}^{-1}\boldsymbol{\Sigma}_{ZX} & \boldsymbol{\Sigma}_{XY} - \boldsymbol{\Sigma}_{XZ}\boldsymbol{\Sigma}_{ZZ}^{-1}\boldsymbol{\Sigma}_{ZY}\\ \boldsymbol{\Sigma}_{YX} - \boldsymbol{\Sigma}_{YZ}\boldsymbol{\Sigma}_{ZZ}^{-1}\boldsymbol{\Sigma}_{ZX} & \boldsymbol{\Sigma}_{YY} - \boldsymbol{\Sigma}_{YZ}\boldsymbol{\Sigma}_{ZZ}^{-1}\boldsymbol{\Sigma}_{ZY}\end{pmatrix} \qquad (2.1)$$

$\boldsymbol{\Sigma}_E$ ist die Varianz-Kovarianz-Matrix des Zufallsvektors $\begin{pmatrix}\boldsymbol{X}\\ \boldsymbol{Y}\end{pmatrix}$ unter der Bedingung $\boldsymbol{Z} = \boldsymbol{z}$.
Die weiteren Ableitungen folgen in allen Einzelheiten dem Vorgehen von Paragraph 1.1. Der einzige Unterschied besteht in der Verwendung von Fehlervariablen $\boldsymbol{E}^X$ und $\boldsymbol{E}^Y$ anstelle von $\boldsymbol{X}^\circ$ und $\boldsymbol{Y}^\circ$. Es sind also zwei Matrizen (1.1) und (1.2) von Zahlen gesucht, so daß die Linearkombinationen

$$U_m = \boldsymbol{\alpha}_m^\mathsf{T}\boldsymbol{E}^X = \sum_{i=1}^{p} \alpha_{im}E_i^X, \quad m = 1, \ldots, p, \qquad (2.2)$$

und

$$V_n = \boldsymbol{\beta}_n^{\mathsf{T}} \boldsymbol{E}^Y = \sum_{j=1}^{q} \beta_{jn} E_j^Y, \quad n = 1, \ldots, p,$$

die Forderungen E1 bis E3 von S. 18 hinsichtlich Standardisierung und Korreliertheit erfüllen:

$$\mathsf{D}^2 U = \boldsymbol{\alpha}^{\mathsf{T}} \boldsymbol{\Sigma}_{X.Z,X.Z} \boldsymbol{\alpha} := 1, \quad \mathsf{D}^2 V = \boldsymbol{\beta}^{\mathsf{T}} \boldsymbol{\Sigma}_{Y.Z,Y.Z} \boldsymbol{\beta} := 1 \tag{2.3}$$

Wegen $\mathsf{E}\boldsymbol{E}^X = \boldsymbol{o}_p$ und $\mathsf{E}\boldsymbol{E}^Y = \boldsymbol{o}_q$ gilt $\mathsf{E}U = \mathsf{E}V = 0$, so daß U und V standardisierte Zufallsgrößen sind.

$$\operatorname{corr}(U, V) = \operatorname{cov}(U, V) = \boldsymbol{\alpha}^{\mathsf{T}} \boldsymbol{\Sigma}_{X.Z,Y.Z} \boldsymbol{\beta}. \tag{2.4}$$

Das algebraische Problem besteht wiederum darin, $\boldsymbol{\alpha}$ und $\boldsymbol{\beta}$ so zu bestimmen, daß die Größe (2.4) unter Beachtung der Nebenbedingungen (2.3) maximal wird. Es ergeben sich:

$$(\boldsymbol{\Sigma}_{X.Z,Y.Z} \boldsymbol{\Sigma}_{Y.Z,Y.Z}^{-1} \boldsymbol{\Sigma}_{Y.Z,X.Z} - \varrho^2 \boldsymbol{\Sigma}_{X.Z,X.Z}) \boldsymbol{\alpha} = \boldsymbol{o}_p \tag{2.5}$$

und

$$(\boldsymbol{\Sigma}_{Y.Z,X.Z} \boldsymbol{\Sigma}_{X.Z,X.Z}^{-1} \boldsymbol{\Sigma}_{X.Z,Y.Z} - \varrho^2 \boldsymbol{\Sigma}_{Y.Z,Y.Z}) \boldsymbol{\beta} = \boldsymbol{o}_q. \tag{2.6}$$

(2.5) und (2.6) stellen verallgemeinerte Eigenwertprobleme dar, deren Eigenwerte ϱ_m^2, $m = 1, \ldots, p$, und ϱ_n^2, $n = 1, \ldots, q$, sind. Die nichtverschwindenden Eigenwerte beider Eigenwertprobleme stimmen überein. Weiter gilt $\varrho_{p+1}^2 = \ldots = \varrho_n^2 = 0$. Die Eigenvektoren $\boldsymbol{\alpha}_m$ von (2.5) ergeben die gesuchten Elemente von (1.1). Die ersten $p \leqq q$ der Eigenvektoren $\boldsymbol{\beta}_n$ von (2.6) sind die unbekannten Elemente von (1.2).

Die Linearkombinationen U_m, V_n heißen *partielle kanonische Variablen*. Das m-te Paar (U_m, V_m) partieller kanonischer Variablen nennt man *m-te partielle kanonische Dimension*. Die Komponenten α_{im} von $\boldsymbol{\alpha}_m$ bzw. β_{jn} von $\boldsymbol{\beta}_n$ heißen *kanonische Gewichte* (der Fehlervariablen E_i^X bzw. E_j^Y). Die Quadratwurzel ϱ_m des Eigenwerts ϱ_m^2, $m = 1, \ldots, p$, heißt *m-ter partieller kanonischer Korrelationskoeffizient bezüglich* $\boldsymbol{Z}$.

2.2. Semipartielle kanonische Korrelationsanalyse $\boldsymbol{Z}$ aus $\boldsymbol{X}$ in der Grundgesamtheit

Unter den Voraussetzungen von Paragraph 2.1 ergibt sich die Varianz-Kovarianz-Matrix $\boldsymbol{\Sigma}_E$ des Zufallsvektors $\boldsymbol{E} = \begin{pmatrix} \boldsymbol{E}^X \\ \boldsymbol{Y}^\circ \end{pmatrix}$ zu

$$\boldsymbol{\Sigma}_E = \begin{pmatrix} \boldsymbol{\Sigma}_{X.Z,X.Z} & \boldsymbol{\Sigma}_{X.Z,Y} \\ \boldsymbol{\Sigma}_{Y,X.Z} & \boldsymbol{\Sigma}_{YY} \end{pmatrix}$$

$$= \begin{pmatrix} \boldsymbol{\Sigma}_{XX} - \boldsymbol{\Sigma}_{XZ} \boldsymbol{\Sigma}_{ZZ}^{-1} \boldsymbol{\Sigma}_{ZX} & \boldsymbol{\Sigma}_{XY} - \boldsymbol{\Sigma}_{XZ} \boldsymbol{\Sigma}_{ZZ}^{-1} \boldsymbol{\Sigma}_{ZY} \\ \boldsymbol{\Sigma}_{YX} - \boldsymbol{\Sigma}_{YZ} \boldsymbol{\Sigma}_{ZZ}^{-1} \boldsymbol{\Sigma}_{ZX} & \boldsymbol{\Sigma}_{YY} \end{pmatrix}.$$

Bei Berücksichtigung der bekannten Forderungen E 1 bis E 3 entsteht für die unbekannten Gewichte α_{im} der Linearkombination $U_m = \boldsymbol{\alpha}_m^{\mathsf{T}} \boldsymbol{E}^X$ bzw. β_{jn} von $V_n = \boldsymbol{\beta}_n^{\mathsf{T}} \boldsymbol{Y}^\circ$ mit der Maximumbedingung für $\operatorname{corr}(U, V) = \boldsymbol{\alpha}^{\mathsf{T}} \boldsymbol{\Sigma}_{X.Z,Y} \boldsymbol{\beta}$ der Ansatz

$$\psi(\boldsymbol{\alpha}, \boldsymbol{\beta}; \lambda, \mu) = \boldsymbol{\alpha}^{\mathsf{T}} \boldsymbol{\Sigma}_{X.Z,Y} \boldsymbol{\beta} - \frac{\lambda}{2} (\boldsymbol{\alpha}^{\mathsf{T}} \boldsymbol{\Sigma}_{X.Z,X.Z} \boldsymbol{\alpha} - 1) - \frac{\mu}{2} (\boldsymbol{\beta}^{\mathsf{T}} \boldsymbol{\Sigma}_{YY} \boldsymbol{\beta} - 1),$$

dessen Bearbeitung auf

$$(\boldsymbol{\Sigma}_{X.Z,Y} \boldsymbol{\Sigma}_{YY}^{-1} \boldsymbol{\Sigma}_{Y,X.Z} - \varrho^2 \boldsymbol{\Sigma}_{X.Z,X.Z}) \boldsymbol{\alpha} = \boldsymbol{o}_p \tag{2.7}$$

und

$$(\boldsymbol{\Sigma}_{Y,X.Z} \boldsymbol{\Sigma}_{X.Z,X.Z}^{-1} \boldsymbol{\Sigma}_{X.Z,Y} - \varrho^2 \boldsymbol{\Sigma}_{YY}) \boldsymbol{\beta} = \boldsymbol{o}_q \tag{2.8}$$

führt.

(2.7) und (2.8) sind verallgemeinerte Eigenwertprobleme mit den Eigenwerten ϱ_m^2, $m = 1, \ldots, p$, und ϱ_n^2, $n = 1, \ldots, q$, sowie den Eigenvektoren $\boldsymbol{\alpha}_m$ und $\boldsymbol{\beta}_n$, die die gesuchten Koeffizienten der Linearkombinationen U_m und V_n bilden. Die von Null verschiedenen Eigenwerte von (2.7) und (2.8) stimmen überein. Das m-te Paar (U_m, V_n) von Linearkombinationen nennt man *m-te semipartielle kanonische Dimension*. Die Komponenten α_{im} von $\boldsymbol{\alpha}_m$ bzw. β_{jm} von $\boldsymbol{\beta}_m$ heißen *kanonische Gewichte* (der m-ten semipartiellen kanonischen Dimension). Die Quadratwurzel ϱ_m des Eigenwerts ϱ_m^2, $m = 1, \ldots, p$, heißt *m-ter semipartieller kanonischer Korrelationskoeffizient $\boldsymbol{Z}$ aus $\boldsymbol{X}$*.

Analog erfolgen Ableitung und Definitionen für das Modell der semipartiellen kanonischen Korrelationen $\boldsymbol{Z}$ aus $\boldsymbol{Y}$.

2.3. Partielle und semipartielle kanonische Korrelationsanalyse in der Stichprobe

Seien $\begin{pmatrix} \boldsymbol{x}_l^\circ \\ \boldsymbol{y}_l^\circ \\ \boldsymbol{z}_l^\circ \end{pmatrix}$, $l = 1, \ldots, N > p + q + r$ $(p + q + r)$-dimensionale Meßwertvektoren gegeben. Für das Datenmodell Abweichungsvariablen wird die Varianz-Kovarianz-Matrix $\boldsymbol{\Sigma}^\circ$ geschätzt durch

$$\hat{\boldsymbol{\Sigma}}^\circ := \boldsymbol{S} = \begin{pmatrix} \boldsymbol{S}_{XX} & \boldsymbol{S}_{XY} & \boldsymbol{S}_{XZ} \\ \boldsymbol{S}_{YX} & \boldsymbol{S}_{YY} & \boldsymbol{S}_{YZ} \\ \boldsymbol{S}_{ZX} & \boldsymbol{S}_{ZY} & \boldsymbol{S}_{ZZ} \end{pmatrix}.$$

Die darin vorkommenden Teil-Matrizen $\boldsymbol{S}$ werden nach (1.20) entsprechenden Formeln berechnet. Einsetzen dieser Größen in (2.1) und danach in (2.5) und (2.6) ergibt verallgemeinerte Eigenwertprobleme, deren Lösung ohne Probleme nach den in Abschnitt 10.4.3 beschriebenen Methoden vollzogen werden kann. Im Ergebnis werden die Quadrate der Schätzwerte r_m der partiellen

kanonischen Korrelationskoeffizienten sowie der kanonischen Gewichte $\boldsymbol{a}_m^\circ$ und $\boldsymbol{b}_n^\circ$ der partiellen Variablen erhalten.
Für das Datenmodell Standardvariablen bildet die Schätzung

$$\hat{\boldsymbol{\Sigma}}^= := \boldsymbol{R} = \begin{pmatrix} \boldsymbol{R}_{XX} & \boldsymbol{R}_{XY} & \boldsymbol{R}_{XZ} \\ \boldsymbol{R}_{YX} & \boldsymbol{R}_{YY} & \boldsymbol{R}_{YZ} \\ \boldsymbol{R}_{ZX} & \boldsymbol{R}_{ZY} & \boldsymbol{R}_{ZZ} \end{pmatrix}$$

der Varianz-Kovarianz-Matrix $\boldsymbol{\Sigma}^=$ den Ausgangspunkt der Berechnungen. Unter Verwendung von $\boldsymbol{R}$- anstelle der $\boldsymbol{S}$-Teil-Matrizen in (2.5) bzw. (2.6) ergeben sich die Quadrate der Schätzwerte r_m der partiellen kanonischen Korrelationskoeffizienten sowie der kanonischen Gewichte $\boldsymbol{a}_m^=$ und $\boldsymbol{b}_n^=$ der partiellen Variablen. Auf den Zusammenhang zwischen den Resultaten beider Datenmodelle werden wir in Paragraph 3.4 näher eingehen.
Für die semipartielle kanonische Korrelationsanalyse gelten die gleichen Überlegungen, bezogen auf die Eigenwertprobleme (2.7) und (2.8). Es treten bei der numerischen Lösung dieser Eigenwertprobleme keinerlei neuartige Probleme auf.
Ein anderes Herangehen wählen Cooley/Lohnes [27], die die Matrix $\boldsymbol{R}$ der Ausgangskorrelationen bereinigen. Die sich dabei ergebende bereinigte Korrelationsmatrix wird als Ausgangspunkt der Berechnungen der partiellen bzw. semipartiellen kanonischen Korrelationskoeffizienten verwendet. Auf Einzelheiten wird in Paragraph 6.1 näher eingegangen.

3. Verwandte Analyseverfahren

Das Modell der kanonischen Korrelation bildet Linearkombinationen, die über eine Reihe von Orthogonalitätseigenschaften verfügen. Am deutlichsten kommen diese in der kanonischen Form der Varianz-Kovarianz-Matrix $\mathbf{\Sigma}^*$ der kanonischen Variablen $\begin{pmatrix} \boldsymbol{U} \\ \boldsymbol{V} \end{pmatrix}$ auf S. 21 zum Ausdruck. Es existieren weitere statistische Modelle, die auf dem Konzept orthogonaler Linearkombinationen beruhen. Die hier interessierenden Orthogonalisierungsverfahren sind die Hauptkomponenten- und die Redundanzanalyse. Der Vollständigkeit halber wird auch das der kanonischen Korrelationsanalyse sehr ähnliche Modell der linearen Charakteristika vorgestellt, obwohl es praktisch wenig Bedeutung besitzt. In den erforderlichen Ableitungen orientieren wir uns an der bei der kanonischen Korrelation erprobten Methodik, d. h., es werden die Modelle in der Grundgesamtheit und in der Stichprobe sowie unterschiedliche Datenmodelle betrachtet.

Die kanonische Korrelationsanalyse nimmt unter den statistischen Methoden auch deshalb eine exponierte Stellung ein, weil sich eine Reihe anderer Verfahren als Spezialfälle aus ihr deduzieren läßt. In einer grundlegenden Arbeit faßt KNAPP [75] Resultate über die Äquivalenz von einfacher Korrelation und t-Test (LACHENBRUCH [81]) und über die multiple Regression als allgemeines Verfahren der statistischen Datenanalyse (COHEN [24]) zusammen. Diese Gedanken sollen vervollständigt und zu einem gewissen Abschluß gebracht werden.

3.1. Das Modell der Hauptkomponenten

Die Hauptkomponentenanalyse wurde von HOTELLING [63] entwickelt und dient der Analyse von Abhängigkeitsstrukturen, die zwischen den Elementen X_i, $i = 1, \ldots, p$, eines Zufallsvektors $\boldsymbol{X}$ bestehen. Im Unterschied zur kanonischen Korrelationsanalyse ist der Zufallsvektor also nicht partitioniert. Ziel ist es, eine größere Zahl korrelierter Zufallsvariablen X_i auf eine kleinere Anzahl zunächst hypothetischer und unkorrelierter Variablen (Linearkombinationen von $\boldsymbol{X}$) zu reduzieren.

3.1.1. Hauptkomponentenanalyse in der Grundgesamtheit

Sei $\boldsymbol{X}^=$ ein p-dimensionaler Zufallsvektor mit den Komponenten $X_i^=$, $i = 1, \ldots, p$, und der positiv definiten Varianz-Kovarianz-Matrix $\boldsymbol{P}_{XX}$. Zu bestimmen ist ein quadratisches Schema

$$\boldsymbol{\Pi} = \begin{pmatrix} \pi_{11} & \cdots & \pi_{1m} & \cdots & \pi_{1p} \\ \vdots & & \vdots & & \vdots \\ \pi_{i1} & \cdots & \pi_{im} & \cdots & \pi_{ip} \\ \vdots & & \vdots & & \vdots \\ \pi_{p1} & \cdots & \underbrace{\pi_{pm}}_{:= \boldsymbol{\pi}_m} & \cdots & \pi_{pp} \end{pmatrix}, \tag{3.1}$$

von p^2 Zahlen π_{im}, so daß die Linearkombinationen

$$U_m = \boldsymbol{\pi}_m^\mathsf{T} \boldsymbol{X}^= = \sum_{i=1}^{p} \pi_{im} X_i^=, \quad m = 1, \ldots, p,$$

unter Beachtung der Normierungsbedingung

$$\boldsymbol{\pi}_m^\mathsf{T} \boldsymbol{\pi}_m = 1, \qquad m = 1, \ldots, p, \tag{3.2}$$

für den Gewichtsvektor $\boldsymbol{\pi}_m$ über zwei Eigenschaften verfügen:

E1. U_m besitzt maximale Varianz;
E2. U_{m_1}, U_{m_2} sind für $m_1 \neq m_2$, $m_1, m_2 = 1, \ldots, p$, unkorreliert.

Betrachten wir eine beliebige Linearkombination $U = \boldsymbol{\pi}^\mathsf{T} \boldsymbol{X}^=$ der Komponenten von $\boldsymbol{X}^=$. Nach (10.2) gilt für die Varianz der Linearkombination U

$$\mathsf{D}^2 U = \boldsymbol{\pi}^\mathsf{T} \mathbf{P}_{XX} \boldsymbol{\pi}. \tag{3.3}$$

Das algebraische Problem besteht darin, $\boldsymbol{\pi}$ so zu bestimmen, daß der Ausdruck (3.3) unter der Nebenbedingung (3.2) maximal wird. Mit Hilfe des Lagrangeschen Multiplikators λ ergibt das:

$$\psi(\boldsymbol{\pi}; \lambda) = \boldsymbol{\pi}^\mathsf{T} \mathbf{P}_{XX} \boldsymbol{\pi} - \lambda(\boldsymbol{\pi}^\mathsf{T} \boldsymbol{\pi} - 1) \text{ mit der Ableitung}$$

$$\frac{\partial \psi}{\partial \boldsymbol{\pi}} = 2\mathbf{P}_{XX} \boldsymbol{\pi} - 2\lambda \boldsymbol{\pi} := \boldsymbol{o}_p. \tag{3.4}$$

In Verbindung mit der Nebenbedingung (3.2) in der Form $\varphi(\boldsymbol{\pi}) = \boldsymbol{\pi}^\mathsf{T} \boldsymbol{\pi} - 1 = 0$ liegen somit $p + 1$ Gleichungen in den Unbekannten π_i, $i = 1, \ldots, p$, und λ vor. Folgende Ableitungen sind zu ihrer Bestimmung erforderlich:
Linksmultiplikation von (3.4) mit $\boldsymbol{\pi}^\mathsf{T}$ ergibt

$$\lambda = \boldsymbol{\pi}^\mathsf{T} \mathbf{P}_{XX} \boldsymbol{\pi} = \mathsf{D}^2 U. \tag{3.5}$$

Die Umformung von (3.4) führt schließlich auf:

$$(\mathbf{P}_{XX} - \lambda \boldsymbol{I}_p)\,\boldsymbol{\pi} = \boldsymbol{o}_p. \tag{3.6}$$

(3.6) stellt ein einfaches Eigenwertproblem dar, dessen Eigenwerte λ_m, $m = 1, \ldots, p$, sind. Wegen (3.5) geben diese die Varianzen der einzelnen Linearkombinationen an. Die dazugehörigen Eigenvektoren $\boldsymbol{\pi}_m$ sind die gesuchten Elemente von (3.1). Für $\boldsymbol{\Pi}$ gelten nach (10.12) die Beziehungen

$$\boldsymbol{\Pi}^{\mathrm{T}}\mathbf{P}_{XX}\boldsymbol{\Pi} = \boldsymbol{\Lambda} = \mathrm{Dg}\,(\lambda_m) \tag{3.7}$$

und

$$\boldsymbol{\Pi}^{\mathrm{T}}\boldsymbol{\Pi} = \boldsymbol{I}_p,$$

so daß die Linearkombinationen U über die Eigenschaften E1 und E2 verfügen.
Die Linearkombination U_m heißt *m-te Hauptkomponente von* $\boldsymbol{X}^=$. Die Komponenten π_{im} von $\boldsymbol{\pi}_m$ heißen *m-te Hauptkomponentengewichte.*
Sei $\boldsymbol{U} = \boldsymbol{\Pi}^{\mathrm{T}}\boldsymbol{X}^=$ der Vektor der Hauptkomponenten U_m.
Im Ergebnis einer Hauptkomponentenanalyse wird die Varianz-Kovarianz-Matrix $\mathbf{P}_{XX}$ von $\boldsymbol{X}^=$ in die Varianz-Kovarianz-Matrix $\mathbf{P}^*_{XX}$ von $\boldsymbol{U}$ transformiert: $\mathbf{P}^*_{XX} = \boldsymbol{\Lambda}$. Aus (3.7) folgt direkt $\mathbf{P}_{XX} = \boldsymbol{\Pi\Lambda\Pi}^{\mathrm{T}} = \boldsymbol{\Pi\Lambda}^{1/2}(\boldsymbol{\Pi\Lambda}^{1/2})^{\mathrm{T}}$, d. h. $\boldsymbol{F} := \boldsymbol{\Pi\Lambda}^{1/2}$ ist Faktor für eine Faktorisierung von $\mathbf{P}_{XX}$.

3.1.2. Standardisierte Hauptkomponenten

Van de Geer [147] leitet ein Modell ab, das dem Modell der Hauptkomponenten aufs engste verwandt ist. Unter den Voraussetzungen von Abschnitt 3.1.1 sei ein quadratisches Schema

$$\boldsymbol{\Xi} = \underbrace{\begin{pmatrix} \xi_{11} & \cdots & \xi_{1m} & \cdots & \xi_{1p} \\ \vdots & & \vdots & & \vdots \\ \xi_{i1} & \cdots & \xi_{im} & \cdots & \zeta_{ip} \\ \vdots & & \vdots & & \vdots \\ \xi_{p1} & \cdots & \xi_{pm} & \cdots & \xi_{pp} \end{pmatrix}}_{\text{Spalte } m\; := \boldsymbol{\xi}_m} \tag{3.8}$$

von p^2 Zahlen ξ_{im}, zu bestimmen, so daß die Linearkombinationen

$$V_m = \boldsymbol{\xi}_m^{\mathrm{T}}\boldsymbol{X}^= = \sum_{i=1}^{p} \xi_{im} X_i^=, \qquad m = 1, \ldots, p,$$

über drei Eigenschaften verfügen:

E1. V_m sind standardisierte Zufallsvariablen;
E2. V_m tragen maximal zur Gesamtvarianz $\mathrm{D}^2\boldsymbol{X}^= = \mathrm{tr}\,(\mathbf{P}_{XX}) = p$ von $\boldsymbol{X}^=$ bei;
E3. V_{m_1}, V_{m_2} sind für $m_1 \neq m_2$, $m_1, m_2 = 1, \ldots, p$, unkorreliert.

Betrachten wir eine beliebige Linearkombination $V = \boldsymbol{\xi}^\mathsf{T}\boldsymbol{X}^=$ der Elemente von $\boldsymbol{X}^=$. Nach (10.2) gilt

$$\mathsf{D}^2 V = \boldsymbol{\xi}^\mathsf{T}\mathbf{P}_{XX}\boldsymbol{\xi} := 1. \tag{3.9}$$

Mit (10.1) folgt $\mathsf{E}V = \mathsf{E}\boldsymbol{\xi}^\mathsf{T}\boldsymbol{X}^= = \boldsymbol{\xi}^\mathsf{T}\boldsymbol{o}_p = 0$, d. h., E1 ist erfüllt.
Für den Beitrag D_V^2 von V zur Gesamtvarianz von $\boldsymbol{X}^=$ in E2 ist zunächst in einer Vorüberlegung ein Formelausdruck zu finden. Es wird folgender Ansatz gemacht:

Der p-dimensionale Vektor $\mathsf{corr}\,(\boldsymbol{X}^=, V) = \mathsf{cov}\,(\boldsymbol{X}^=, V) = \mathbf{P}_{XX}\boldsymbol{\xi}$ enthält die Korrelationen zwischen den Variablen $X_i^=$, $i = 1, \ldots, p$, und der Linearkombination V. Deshalb stellt

$$\boldsymbol{\xi}^\mathsf{T}\mathbf{P}_{XX}\mathbf{P}_{XX}\boldsymbol{\xi} \tag{3.10}$$

als Summe der Quadrate der Korrelationskoeffizienten den Varianzbeitrag von V dar.
Da eine Linearkombination gesucht ist, die maximal zur Gesamtvarianz $\mathsf{D}^2\boldsymbol{X}^=$ beiträgt, besteht das algebraische Problem darin, $\boldsymbol{\xi}$ so zu bestimmen, daß die Größe (3.10) bei Beachtung der Nebenbedingung (3.9) maximal wird. Unter Verwendung des Lagrangeschen Multiplikators μ ergibt das

$$\psi(\boldsymbol{\xi}; \mu) = \boldsymbol{\xi}^\mathsf{T}\mathbf{P}_{XX}\mathbf{P}_{XX}\boldsymbol{\xi} - \mu(\boldsymbol{\xi}^\mathsf{T}\mathbf{P}_{XX}\boldsymbol{\xi} - 1)$$

mit der Ableitung

$$\frac{\partial\psi}{\partial\boldsymbol{\xi}} = 2\mathbf{P}_{XX}\mathbf{P}_{XX}\boldsymbol{\xi} - 2\mu\mathbf{P}_{XX}\boldsymbol{\xi} := \boldsymbol{o}_p. \tag{3.11}$$

Diese p Gleichungen ergeben bei Beachtung der Nebenbedingung (3.9) ein System von $p + 1$ Gleichungen in den Unbekannten ξ_i, $i = 1, \ldots, p$, und μ. Die Grundbeziehung zur Berechnung dieser Unbekannten wird folgendermaßen abgeleitet:
Linksmultiplikation von (3.11) mit $\boldsymbol{\xi}^\mathsf{T}$ ergibt wegen (3.9)

$$\mu = \boldsymbol{\xi}^\mathsf{T}\mathbf{P}_{XX}\mathbf{P}_{XX}\boldsymbol{\xi} = D_V^2. \tag{3.12}$$

Nach der Umformung von (3.11) in

$$\mathbf{P}_{XX}(\mathbf{P}_{XX} - \mu\boldsymbol{I}_p)\,\boldsymbol{\xi} = \boldsymbol{o}_p \tag{3.13}$$

erkennt man, daß $\boldsymbol{\xi}$ ein — bezogen auf $\boldsymbol{\pi}$ aus (3.6) anders normierter — Eigenvektor von $\mathbf{P}_{XX}$ ist. Nach Linksmultiplikation von (3.13) mit $\mathbf{P}_{XX}^{-1}$ offenbart sich die Gleichheit der Eigenwerte von (3.6) und (3.13):

$$\boldsymbol{\Lambda} = \mathrm{Dg}\,(\lambda_m) = \mathrm{Dg}\,(\mu_m).$$

Aus dem Vergleich von (3.9) und (3.5) leitet sich schließlich die Beziehung ab

$$\boldsymbol{\xi} = \boldsymbol{\pi}\lambda^{-1/2}. \qquad (3.14)$$

Die gesuchten Elemente von (3.8) sind also Lösung des einfachen Eigenwertproblems $(\mathbf{P}_{XX} - \lambda \boldsymbol{I}_p)\,\boldsymbol{\xi} = \boldsymbol{o}_p$ unter den Normierungsbedingungen $\Xi^{\mathrm{T}}\mathbf{P}_{XX}\Xi = \boldsymbol{I}_p$ und $\Xi^{\mathrm{T}}\Xi = \boldsymbol{\Lambda}^{-1}$. Somit ist E3 erfüllt. Wegen

$$\begin{aligned}\Xi^{\mathrm{T}}\mathbf{P}_{XX}\mathbf{P}_{XX}\Xi &= \boldsymbol{\Lambda}^{-1/2}\boldsymbol{\Pi}^{\mathrm{T}}\mathbf{P}_{XX}\mathbf{P}_{XX}\boldsymbol{\Pi}\boldsymbol{\Lambda}^{-1/2} \quad \text{nach (3.14)}\\ &= \boldsymbol{\Lambda}^{-1/2}\boldsymbol{\Lambda}\boldsymbol{\Pi}^{\mathrm{T}}\boldsymbol{\Pi}\boldsymbol{\Lambda}\boldsymbol{\Lambda}^{-1/2} \quad \text{nach (3.6)}\\ &= \boldsymbol{\Lambda}\end{aligned}$$

gilt letztlich auch E2.
Die Linearkombination V_m heißt *m-te Komponente von* $\boldsymbol{X}^{=}$, $m = 1, \ldots, p$. Der Eigenwert μ_m heißt *Varianzbeitrag der m-ten Komponente.* Die Komponenten ξ_{im} des Vektors $\boldsymbol{\xi}_m$ heißen *m-te Komponentengewichte,* $i = 1, \ldots, p$.
Sei $\boldsymbol{V} = \Xi^{\mathrm{T}}\boldsymbol{X}^{=}$ der Vektor der Komponenten V_m. Im Ergebnis einer Komponentenanalyse wird die Varianz-Kovarianz-Matrix $\mathbf{P}_{XX}$ von $\boldsymbol{X}^{=}$ in die Varianz-Kovarianz-Matrix $\mathbf{P}^*_{XX}$ von $\boldsymbol{V}$ transformiert: $\mathbf{P}^*_{XX} = \boldsymbol{I}_p$. Die Korrelationen $\mathbf{P}_{XX}\Xi$ reproduzieren die gegebene Varianz-Kovarianz-Matrix $\mathbf{P}_{XX}$ von $\boldsymbol{X}^{=}$:

$$(\mathbf{P}_{XX}\Xi)\,(\mathbf{P}_{XX}\Xi)^{\mathrm{T}} = \mathbf{P}_{XX}\boldsymbol{\Pi}\boldsymbol{\Lambda}^{-1}\boldsymbol{\Pi}^{\mathrm{T}}\mathbf{P}_{XX} = \mathbf{P}_{XX},$$

d. h., $\boldsymbol{F} := \mathbf{P}_{XX}\Xi$ ist Faktor für eine Faktorisierung von $\mathbf{P}_{XX}$.
Es sei darauf verwiesen, daß sich diese Resultate auch unmittelbar ergeben. Für den Erwartungswert und die Varianz einer Hauptkomponente gelten $\mathsf{E}U_m = 0$, $\mathsf{D}^2U_m = \lambda_m$. Um Komponenten V_m zu erhalten, sind die Hauptkomponenten U_m also nur zu normieren. Das gelingt durch Division mit der Standardabweichung $\lambda_m^{1/2}$ der Hauptkomponenten. Damit ist aber (3.14) direkt abgeleitet.

3.1.3. Hauptkomponentenanalyse in der Stichprobe

Seien $N > p$ p-dimensionale Meßwertvektoren $\boldsymbol{w}_l$ gegeben. Im Fall des Datenmodells Standardvariablen ist die Korrelationsmatrix

$$\hat{\mathbf{P}}_{XX} := \boldsymbol{R}_{XX} = \frac{1}{N-1}\,\boldsymbol{X}^{=}\boldsymbol{X}^{=\mathrm{T}}$$

die Schätzung des unbekannten Parameters $\boldsymbol{\Sigma}^{=}_{XX} := \mathbf{P}_{XX}$. Die Schätzungen $\hat{\lambda}^{=}_m := l^{=}_m$ der Varianzen $\lambda^{=}_m$, $m = 1, \ldots, p$, der Hauptkomponenten sind die Eigenwerte des Eigenwertproblems

$$(\boldsymbol{R}_{XX} - l^{=}_m\boldsymbol{I}_p)\,\boldsymbol{p}^{=}_m = \boldsymbol{o}_p\,. \qquad (3.15)$$

Die Schätzungen $\hat{\boldsymbol{\pi}}_m^= := \boldsymbol{p}_m^=$ der Hauptkomponentengewichte sind die Eigenvektoren von (3.15). Die numerische Lösung dieses Eigenwertproblems ist ohne Schwierigkeiten durchführbar. Es zeigt sich in praxi, daß bereits k Hauptkomponenten U_m genügen, um die Gesamtvarianz p von $\boldsymbol{X}^=$ fast vollständig zu erklären, d. h. $\sum_{m=1}^{k} l_m^= \approx p$.
k ist in der Regel erheblich kleiner als p.
Beim Datenmodell Abweichungsvariablen steht in der Ableitung einer andere Gesamtvarianz, nämlich $\mathsf{D}^2\boldsymbol{X}^\circ = \mathsf{D}^2\boldsymbol{X} = \operatorname{tr}(\boldsymbol{\Sigma}_{XX}^\circ)$, zur Disposition. Dies hat zur Folge, daß sich ein zwar strukturgleiches, in den Ergebnissen aber abweichendes einfaches Eigenwertproblem ergibt (vgl. WEBER [152]):

$$(\boldsymbol{\Sigma}_{XX}^\circ - \lambda^\circ \boldsymbol{I}_p)\,\boldsymbol{\pi}^\circ = \boldsymbol{o}_p. \tag{3.16}$$

Schätzung des unbekannten Parameters $\boldsymbol{\Sigma}_{XX}^\circ$ ist die Varianz-Kovarianz-Matrix $\hat{\boldsymbol{\Sigma}}_{XX}^\circ := \boldsymbol{S}_{XX}$ nach (1.20). Die Schätzwerte $\hat{\lambda}_m^\circ := l_m^\circ$ der Varianzen λ_m°, $m = 1, \ldots, p$, sind dann die Eigenwerte des Eigenwertproblems

$$(\boldsymbol{S}_{XX} - l_m^\circ \boldsymbol{I}_p)\,\boldsymbol{p}_m^\circ = \boldsymbol{o}_p. \tag{3.17}$$

Die Schätzungen $\hat{\boldsymbol{\pi}}_m^\circ := \boldsymbol{p}_m^\circ$ der Hauptkomponentengewichte $\boldsymbol{\pi}_m^\circ$, $m = 1, \ldots, p$, sind die Eigenvektoren von (3.17). Mit (10.7) folgt aus (3.17):

$$(\boldsymbol{S}_X^{1/2}\boldsymbol{R}_{XX}\boldsymbol{S}_X^{1/2} - l_m^\circ \boldsymbol{I}_p)\,\boldsymbol{p}_m^\circ = \boldsymbol{o}_p$$

oder

$$(\boldsymbol{R}_{XX} - l_m^\circ \boldsymbol{S}_X^{-1})\,\boldsymbol{S}_X^{1/2}\boldsymbol{p}_m^\circ = \boldsymbol{o}_p. \tag{3.18}$$

Beispiel (Fortsetzung): Es werden Hauptkomponentenanalysen des Y-Bereichs für die beiden Datenmodelle Standard- und Abweichungsvariablen durchgeführt. Im ersten Fall ergibt sich mit

$$\boldsymbol{R}_{YY} = \begin{pmatrix} 1.00 & -0.05 & -0.01 \\ & 1.00 & -0.26 \\ & & 1.00 \end{pmatrix}$$

aus (3.15)

$$\boldsymbol{L}^= = \begin{pmatrix} 1.26 & 0 & 0 \\ & 1.00 & 0 \\ & & 0.74 \end{pmatrix} \quad \text{und} \quad \boldsymbol{P}^= = \begin{pmatrix} 0.12 & 0.98 & 0.15 \\ -0.71 & -0.02 & 0.71 \\ 0.70 & -0.19 & 0.69 \end{pmatrix}.$$

Gemäß der Resultate von Abschnitt 3.1.1 zur Faktorisierung von $\boldsymbol{R}_{YY}$, die eine unmittelbare Folgerung aus den Betrachtungen zur Dekomposition-Methode von Abschnitt 10.4.3 darstellen, gilt:

$$\boldsymbol{F}_Y = \boldsymbol{P}^=(\boldsymbol{L}^=)^{1/2} = \begin{pmatrix} 0.13 & 0.98 & 0.13 \\ -0.79 & -0.02 & 0.61 \\ 0.78 & -0.19 & 0.59 \end{pmatrix}.$$

Im zweiten Fall folgt mit

$$\boldsymbol{S}_{YY} = \begin{pmatrix} 3.66 & -0.07 & -0.01 \\ & 0.49 & -0.18 \\ & & 0.99 \end{pmatrix}$$

aus (3.17)

$$\boldsymbol{L}^{\circ} = \begin{pmatrix} 3.66 & 0 & 0 \\ & 1.05 & 0 \\ & & 0.43 \end{pmatrix} \quad \text{und} \quad \boldsymbol{P}^{\circ} = \begin{pmatrix} 1.00 & 0.00 & 0.02 \\ -0.02 & 0.30 & 0.95 \\ -0.00 & -0.95 & 0.30 \end{pmatrix}.$$

Eine Komponentenanalyse des Y-Bereichs beim Datenmodell Standardvariablen führt auf

$$\boldsymbol{L}^{=} = \begin{pmatrix} 1.26 & 0 & 0 \\ & 1.00 & 0 \\ & & 0.74 \end{pmatrix} \quad \text{und} \quad \hat{\boldsymbol{\Xi}}^{=} = \begin{pmatrix} 0.11 & 0.98 & 0.17 \\ -0.63 & -0.02 & 0.82 \\ 0.62 & -0.19 & 0.81 \end{pmatrix}.$$

Es bestätigt sich die Übereinstimmung der Eigenwerte für Komponenten- und Hauptkomponentenanalyse. Nach (3.14) lassen sich die Komponentengewichte auch indirekt aus den Hauptkomponentengewichten ableiten:

$$\hat{\boldsymbol{\Xi}}^{=} = \boldsymbol{P}^{=}(\boldsymbol{L}^{=})^{-1/2} = \begin{pmatrix} 0.11 & 0.98 & 0.17 \\ -0.63 & -0.02 & 0.82 \\ 0.62 & -0.19 & 0.80 \end{pmatrix}$$

Gemäß der Ergebnisse von Abschnitt 3.1.2 zur Faktorisierung von $\boldsymbol{R}_{YY}$ gilt

$$\boldsymbol{F}_Y = \boldsymbol{R}_{YY}\hat{\boldsymbol{\Xi}}^{=} = \begin{pmatrix} 0.13 & 0.98 & 0.13 \\ -0.79 & -0.02 & 0.61 \\ 0.78 & -0.19 & 0.59 \end{pmatrix},$$

d. h., die Faktoren sind bei Komponenten- und Hauptkomponentenanalyse gleich. Dieses Ergebnis wird in Abschnitt 6.2.3 ausführlich begründet. Mit

$$\boldsymbol{F}_Y\boldsymbol{F}_Y^{\mathsf{T}} = \begin{pmatrix} 1.00 & -0.05 & -0.01 \\ & 1.00 & -0.26 \\ & & 1.00 \end{pmatrix}$$

ist die Eigenschaft der Reproduzierbarkeit der Korrelationsmatrix $\boldsymbol{R}_{YY}$ aus dem Faktor $\boldsymbol{F}_Y$ gegeben.

3.2. Das Modell der linearen Charakteristika

De Groot/Li [34] konzipierten dieses Modell für eine spezifische Versuchssituation, in der N Individuenpaare betrachtet werden. Für jedes Paar l, $l = 1, \ldots, N$, werden die gleichen p Variablen an jedem Element des Paares erhoben. $\boldsymbol{X}$ enthalte die p Variablen X_i für das erste, $\boldsymbol{Y}$ dieselben Variablen Y_i für das zweite Individuum eines Paares. Die Paare selbst sollen aus eng miteinander verbundenen Individuen, z. B. Vater-Sohn, Zwillinge, bestehen. Sei $\begin{pmatrix} \boldsymbol{X}^\circ \\ \boldsymbol{Y}^\circ \end{pmatrix}$ ein $2p$-dimensionaler Zufallsvektor mit den Komponenten X_i° bzw. Y_i°, $i = 1, \ldots, p$, und der Varianz-Kovarianz-Matrix (10.5). Die "Paarigkeit" der N Individuen führt zu der Annahme $\boldsymbol{\Sigma}_{XX} = \boldsymbol{\Sigma}_{YY} := \boldsymbol{\Sigma}$. $\boldsymbol{\Sigma}$ sei positiv definit.

Zu bestimmen ist ein quadratisches Schema

$$\mathbf{A} = \begin{pmatrix} \alpha_{11} & \cdots & \alpha_{1m} & \cdots & \alpha_{1n} & \cdots & \alpha_{1p} \\ \vdots & & \vdots & & \vdots & & \vdots \\ \alpha_{i1} & \cdots & \alpha_{im} & \cdots & \alpha_{in} & \cdots & \alpha_{ip} \\ \vdots & & \vdots & & \vdots & & \vdots \\ \alpha_{p1} & \cdots & \underbrace{\alpha_{pm}}_{:= \boldsymbol{\alpha}_m} & \cdots & \underbrace{\alpha_{pn}}_{:= \boldsymbol{\alpha}_n} & \cdots & \alpha_{pp} \end{pmatrix}, \tag{3.19}$$

von p^2 Zahlen α_{im}, so daß die Linearkombinationen

$$U_m = \boldsymbol{\alpha}_m^{\mathsf{T}} \boldsymbol{X}^\circ = \sum_{i=1}^{p} \alpha_{im} X_i^\circ, \qquad m = 1, \ldots, p,$$

und

$$V_n = \boldsymbol{\alpha}_n^{\mathsf{T}} \boldsymbol{Y}^\circ = \sum_{i=1}^{p} \alpha_{in} Y_i^\circ, \qquad n = 1, \ldots, p,$$

über drei Eigenschaften verfügen:

E1. U_m, V_n sind standardisierte Zufallsvariablen;
E2. für $m = n$ korrelieren U_m und V_n maximal;
E3. U_{m_1}, U_{m_2} sind für $m_1 \neq m_2$ unkorreliert; ebenso V_{n_1}, V_{n_2} für $n_1 \neq n_2$.

Im Unterschied zum Modell der kanonischen Korrelation von Paragraph 1.1 werden also beide Zufallsvektoren mit dem gleichen Vektor $\boldsymbol{\alpha}$ gewichtet.
Sei $U = \boldsymbol{\alpha}^{\mathsf{T}} \boldsymbol{X}^\circ$ und $V = \boldsymbol{\alpha}^{\mathsf{T}} \boldsymbol{Y}^\circ$ ein beliebiges Paar von Linearkombinationen. Dann gelte

$$\mathsf{D}^2 U = \boldsymbol{\alpha}^{\mathsf{T}} \boldsymbol{\Sigma}_{XX} \boldsymbol{\alpha} = \boldsymbol{\alpha}^{\mathsf{T}} \boldsymbol{\Sigma} \boldsymbol{\alpha} := 1 \quad \text{bzw.} \quad \mathsf{D}^2 V = \boldsymbol{\alpha}^{\mathsf{T}} \boldsymbol{\Sigma}_{YY} \boldsymbol{\alpha} = \boldsymbol{\alpha}^{\mathsf{T}} \boldsymbol{\Sigma} \boldsymbol{\alpha} := 1. \tag{3.20}$$

Für die Korrelation von U und V ergibt sich damit

$$\text{corr}(U, V) = \text{cov}(U, V) = \boldsymbol{\alpha}^{\mathsf{T}}\boldsymbol{\Sigma}_{XY}\boldsymbol{\alpha}. \tag{3.21}$$

Hier entsteht ein Problem, da der Korrelationskoeffizient — wie man durch Transponieren von (3.21) erkennt — verschiedene Werte annimmt: $\text{corr}(U, V) = \boldsymbol{\alpha}^{\mathsf{T}}\boldsymbol{\Sigma}_{YX}\boldsymbol{\alpha}$. Symmetrie von $\boldsymbol{\Sigma}_{XY}$ kann aber nicht vorausgesetzt werden. De Groot/Li entscheiden sich für die Verwendung des symmetrischen Teils $\mathbf{T} = \frac{1}{2}(\boldsymbol{\Sigma}_{XY} + \boldsymbol{\Sigma}_{YX})$ von $\boldsymbol{\Sigma}_{XY}$ anstelle von $\boldsymbol{\Sigma}_{XY}$.

Das algebraische Problem besteht somit darin, $\boldsymbol{\alpha}^{\mathsf{T}}\mathbf{T}\boldsymbol{\alpha}$ unter der Nebenbedingung (3.20) zu maximieren. Mit dem Lagrangeschen Multiplikator λ läßt sich schreiben:

$$\psi(\boldsymbol{\alpha}; \lambda) = \boldsymbol{\alpha}^{\mathsf{T}}\mathbf{T}\boldsymbol{\alpha} - \lambda(\boldsymbol{\alpha}^{\mathsf{T}}\boldsymbol{\Sigma}\boldsymbol{\alpha} - 1)$$

und

$$\frac{\partial \psi}{\partial \boldsymbol{\alpha}} = 2\mathbf{T}\boldsymbol{\alpha} - 2\lambda\boldsymbol{\Sigma}\boldsymbol{\alpha} := \boldsymbol{o}_p. \tag{3.22}$$

Diesen p Gleichungen für die Unbekannten α_i, $i = 1, \ldots, p$, und λ ist die Nebendingung (3.20) in der Gestalt $\varphi(\boldsymbol{\alpha}) = \boldsymbol{\alpha}^{\mathsf{T}}\boldsymbol{\Sigma}\boldsymbol{\alpha} - 1 = 0$ als $(p + 1)$-te Gleichung hinzuzufügen. Nach Linksmultiplikation von (3.22) mit $\boldsymbol{\alpha}^{\mathsf{T}}$ erkennt man $\lambda = \boldsymbol{\alpha}^{\mathsf{T}}\mathbf{T}\boldsymbol{\alpha}$. Führt man die Umformung von (3.22) in der üblichen Form durch, findet sich mit

$$(\mathbf{T} - \lambda\boldsymbol{\Sigma})\,\boldsymbol{\alpha} = \boldsymbol{o}_p$$

ein verallgemeinertes Eigenwertproblem, dessen Eigenwerte λ_m, $m = 1, \ldots, p$, die sukzessive maximale Korrelationen der Linearkombinationen U_m und V_m angeben. Die dazugehörigen Eigenvektoren $\boldsymbol{\alpha}_m$ ergeben die gesuchten Elemente von (3.19).

Die Linearkombinationen U_m, V_m heißen *lineare Charakteristika*. Die Komponenten α_{im} von $\boldsymbol{\alpha}_m$ heißen *Charakteristik-Gewichte*. λ_m heißt *m-ter Charakteristik-Koeffizient*.

Das Modell der linearen Charakteristika erfordert einige künstliche Annahmen. Darüber hinaus ist es nur auf eine sehr begrenzte Klasse von Fragestellungen anwendbar.

3.3. Das Modell der Redundanzvariablen

Auf die Gründe, die zur Einführung eines Redundanzmaßes in die kanonische Korrelationsanalyse zwingen, kommen wir in Abschnitt 4.4.3 zu sprechen, auf seine Definition und Berechnung wird in Abschnitt 4.4.2 ausführlich eingegangen. Aus den dortigen Überlegungen und Formeln läßt sich erkennen, daß (4.23) als ein zweigliedriger Ausdruck für „erklärte Varianz“ betrachtet werden kann. Durch den ersten Teil r_i^2 wird die den kanonischen Variablen U_i und V_i gemeinsame Varianz dargestellt (kanonisches Bestimmtheitsmaß). Der zweite Ausdruck $g^2_{\mathbf{X}|U_i}$ entspricht dem mittleren, durch die kanonische Variable U_i erklärten Varianzanteil der p Variablen X_i (vgl. Punkt 4.4.2.1). Das Modell der kanonischen Korrelation zielt auf die Maximierung des ersten Faktors der Redundanzformel (4.23) ab. VAN DER WOLLENBERG [148] entwarf ein Modell zur Maximierung der Redundanz $g^2_{\mathbf{X}|V}$ als Ganzes.

3.3.1. Redundanzanalyse in der Grundgesamteinheit

Sei $\begin{pmatrix} \boldsymbol{X}^= \\ \boldsymbol{Y}^= \end{pmatrix}$ ein $(p+q)$-dimensionaler Zufallsvektor mit den Komponenten $X_i^=$, $i = 1, \ldots, p$, bzw. $Y_j^=$, $j = 1, \ldots, q$ und der positiv definiten Varianz-Kovarianz-Matrix $\mathbf{\Sigma}^= := \mathbf{P}$ der Form (10.6). Es gelte $p \leqq q$. Gewünscht ist eine Aussage über die Redundanz in $\boldsymbol{X}$. Dazu ist ein quadratisches Schema

$$\mathbf{Z} = \begin{pmatrix} \zeta_{11} & \cdots & \zeta_{1n} & \cdots & \zeta_{1q} \\ \vdots & & \vdots & & \vdots \\ \zeta_{j1} & \cdots & \zeta_{jn} & \cdots & \zeta_{jq} \\ \vdots & & \vdots & & \vdots \\ \zeta_{q1} & \cdots & \underbrace{\zeta_{qn}}_{:= \boldsymbol{\zeta}_n} & \cdots & \zeta_{qq} \end{pmatrix} \tag{3.23}$$

von q^2 Zahlen ζ_{jn}, zu bestimmen, so daß die Linearkombinationen

$$V_n = \boldsymbol{\zeta}_n^{\mathsf{T}} \boldsymbol{Y}^= = \sum_{j=1}^{q} \zeta_{jn} Y_j^= , \qquad n = 1, \ldots, q, \tag{4.24}$$

drei Eigenschaften erfüllen:

E1. V_n sind standardisierte Zufallsvariablen;
E2. für V_n wird die Redundanz $g^2_{\mathbf{X}|V_n}$ in $\boldsymbol{X}$ maximal;
E3. V_{n_1}, V_{n_2} sind für $n_1 \neq n_2$, $n_1, n_2 = 1, \ldots, q$, unkorreliert.

Sei eine beliebige Linearkombination $V = \boldsymbol{\zeta}^{\mathsf{T}} \boldsymbol{Y}^=$ herausgegriffen. Mit (10.2) wird gefordert

$$\mathsf{D}^2 V = \boldsymbol{\zeta}^{\mathsf{T}} \mathbf{P}_{YY} \boldsymbol{\zeta} := 1. \tag{3.25}$$

Unter Verwendung von (4.22) lautet der Ausdruck für die Redundanz durch V in $\boldsymbol{X}$

$$\boldsymbol{\zeta}^{\mathsf{T}} \mathbf{P}_{YX} \mathbf{P}_{XY} \boldsymbol{\zeta}. \tag{3.26}$$

Da Linearkombinationen gesucht sind, die die Redundanz maximieren, steht das algebraische Problem, $\boldsymbol{\zeta}$ so zu bestimmen, daß der Wert (3.26) unter Beachtung der Nebenbedingung (3.25) maximal wird. Unter Verwendung des Lagrangeschen Multiplikators μ ist

$$\psi(\boldsymbol{\zeta};\mu) = \boldsymbol{\zeta}^\top \mathbf{P}_{YX}\mathbf{P}_{XY}\boldsymbol{\zeta} - \mu(\boldsymbol{\zeta}^\top \mathbf{P}_{YY}\boldsymbol{\zeta} - 1) \tag{3.27}$$

zu maximieren. Es ergibt sich die Ableitung

$$\frac{\partial\psi}{\partial\boldsymbol{\zeta}} = 2\mathbf{P}_{YX}\mathbf{P}_{XY}\boldsymbol{\zeta} - 2\mu\mathbf{P}_{YY}\boldsymbol{\zeta} := \boldsymbol{o}_q. \tag{3.28}$$

Aus diesen q Gleichungen und der Nebenbedingung (3.25) in der Form $\varphi(\boldsymbol{\zeta}) = \boldsymbol{\zeta}^\top \mathbf{P}_{YY}\boldsymbol{\zeta} - 1 = 0$ sind die Unbekannten ζ_j, $j = 1, \ldots, q$, und μ berechenbar. Zur Ableitung einer Beziehung sind folgende Umformungen nötig: Linksmultiplikation von (3.28) mit $\boldsymbol{\zeta}^\top$ führt auf

$$\mu = \boldsymbol{\zeta}^\top \mathbf{P}_{YX}\mathbf{P}_{XY}\boldsymbol{\zeta}.$$

Umstellen von (3.28) schließlich zeigt

$$(\mathbf{P}_{YX}\mathbf{P}_{XY} - \mu\mathbf{P}_{YY})\,\boldsymbol{\zeta} = \boldsymbol{o}_q. \tag{3.29}$$

(3.29) ist ein verallgemeinertes Eigenwertproblem, dessen Eigenwerte μ_n, $n = 1, \ldots, q$, sind. Die dazugehörigen Eigenvektoren $\boldsymbol{\zeta}_n$ liefern die gesuchten Elemente von (3.23). Nach (10.18) gelten für die Lösung des Eigenwertproblems die Eigenschaften

$$\mathbf{Z}^\top \mathbf{P}_{YX}\mathbf{P}_{XY}\mathbf{Z} = \mathbf{M} = \mathrm{Dg}\,(\mu_n)$$

und

$$\mathbf{Z}^\top \mathbf{P}_{YY}\mathbf{Z} = \boldsymbol{I}_q. \tag{3.30}$$

Damit ist die Ermittlung der unbekannten Größen abgeschlossen. Die Größe μ_n heißt *n-ter Redundanzkoeffizient im X-Bereich* (Redundanz durch V_n in $\boldsymbol{X}$). Die Linearkombinationen V_n heißen *Redundanzvariablen.* Die Komponenten ζ_{jn} von $\boldsymbol{\zeta}_n$ heißen *Redundanzgewichte.*

Für die Redundanz in $\boldsymbol{Y}$ gelten analoge Formeln. Ob beide Teilanalysen erforderlich sind, ist der inhaltlich begründeten Entscheidung des Anwenders überlassen. Die Ableitung selbst verläuft nach dem obigen Schema.

Folgende weitere Eigenschaften lassen sich erkennen.

1. Sei $\boldsymbol{\Lambda} = \mathrm{Dg}\,(\lambda_m)$ die Matrix der Redundanzkoeffizienten in $\boldsymbol{Y}$. Die Redundanzkoeffizienten sind individuell ($\lambda_i \neq \mu_i$, $i = 1, \ldots, p$) und insgesamt $\big(\mathrm{tr}\,(\boldsymbol{\Lambda}) \neq \mathrm{tr}\,(\mathbf{M})\big)$ voneinander verschieden.
2. Seien $\boldsymbol{U} = \boldsymbol{\Omega}^\top \boldsymbol{X}^=$ und $\boldsymbol{V} = \mathbf{Z}^\top \boldsymbol{Y}^=$ die Vektoren der Redundanzvariablen. Im Ergebnis beider Redundanz-(Teil-)Analysen wird die Varianz-Kovarianz-Matrix $\boldsymbol{\Sigma}^=$ von $\begin{pmatrix}\boldsymbol{X}^=\\ \boldsymbol{Y}^=\end{pmatrix}$ in die Varianz-Kovarianz-Matrix $\mathbf{P}^*$ von $\begin{pmatrix}\boldsymbol{U}\\ \boldsymbol{V}\end{pmatrix}$

transformiert. $\mathbf{P}^*$ hat die *quasikanonische Gestalt*

$$\mathbf{P}^* = \begin{pmatrix} \boldsymbol{I}_p & \boldsymbol{\Lambda}^* \\ (\boldsymbol{\Lambda}^*)^\mathrm{T} & \boldsymbol{I}_q \end{pmatrix} \tag{3.31}$$

mit der $p \times q$-Matrix $\boldsymbol{\Lambda}^* = \boldsymbol{\Omega}^\mathrm{T}\mathbf{P}_{XY}\mathbf{Z}$.

3. Biorthogonalität, d. h. kanonische Gestalt von $\mathbf{P}^*$, ist durch Anwendung des letzten Schritts der Mehrstufen-Prozedur von Abschnitt 1.2.3 erreichbar. Es ist $\boldsymbol{\Lambda}^*(\boldsymbol{\Lambda}^*)^\mathrm{T} = \boldsymbol{\Omega}^\mathrm{T}\mathbf{P}_{XY}\mathbf{Z}\mathbf{Z}^\mathrm{T}\mathbf{P}_{YX}\boldsymbol{\Omega}$ zu faktorisieren:

$$\left(\boldsymbol{\Lambda}^*(\boldsymbol{\Lambda}^*)^\mathrm{T} - \varkappa_m \boldsymbol{I}_p\right) \boldsymbol{\alpha}_m^* = \boldsymbol{o}_p$$

Unter Berücksichtigung von (3.30) folgt daraus

$$(\boldsymbol{\Omega}^\mathrm{T}\mathbf{P}_{XY}\mathbf{P}_{YY}^{-1}\mathbf{P}_{YX}\boldsymbol{\Omega} - \varkappa_m \boldsymbol{I}_p)\, \boldsymbol{\alpha}_m^* = \boldsymbol{o}_p .$$

Dies läßt sich umformen in

$$\left(\mathbf{P}_{XY}\mathbf{P}_{YY}^{-1}\mathbf{P}_{YX} - \varkappa_m (\boldsymbol{\Omega}^\mathrm{T})^{-1}\, \boldsymbol{\Omega}^{-1}\right) \boldsymbol{\Omega}\boldsymbol{\alpha}_m^* = \boldsymbol{o}_p .$$

Mit der (3.30) entsprechenden Formel für die Redundanz in $\boldsymbol{Y}$ erhält man weiter

$$(\mathbf{P}_{XY}\mathbf{P}_{YY}^{-1}\mathbf{P}_{YX} - \varkappa_m \mathbf{P}_{XX})\, \boldsymbol{\Omega}\boldsymbol{\alpha}_m^* = \boldsymbol{o}_p . \tag{3.32}$$

(3.32) besagt aber, daß Biorthogonalität allein durch kanonische Variablen zu erreichen ist.

3.3.2. Redundanzanalyse in der Stichprobe

Seien $N > p + q$ $(p + q)$-dimensionale Meßwertvektoren $\boldsymbol{w}_l$ gegeben. Im Fall des Datenmodells Standardvariablen ermittelt man entweder die Schätzwerte $\hat{\lambda}_m^= := l_m^=$ und $\hat{\boldsymbol{\omega}}_m^= := \boldsymbol{w}_m^=$ von Redundanzkoeffizienten im Y-Bereich und Redundanzgewichten oder $\hat{\mu}_n^= := m_n^=$ und $\hat{\boldsymbol{\zeta}}_n^= := \boldsymbol{z}_n^=$. Dazu werden die entsprechenden Matrizen der Stichprobenkorrelationen in (3.29) eingesetzt:

$$(\boldsymbol{R}_{YX}\boldsymbol{R}_{XY} - m^= \boldsymbol{R}_{YY})\, \boldsymbol{z}^= = \boldsymbol{o}_q \tag{3.33}$$

bzw.

$$(\boldsymbol{R}_{XY}\boldsymbol{R}_{YX} - l^= \boldsymbol{R}_{XX})\, \boldsymbol{w}^= = \boldsymbol{o}_p .$$

Diese verallgemeinerten Eigenwertprobleme werden mit den Verfahren von Abschnitt 10.4.3 auf einfache Eigenwertprobleme zurückgeführt, deren numerische Lösung keine Schwierigkeiten bereitet. Die Rücktransformation der Eigenvektoren unter Anwendung von (10.23), (10.25) oder (10.27) schließt die Berechnungen ab.
Es zeigt sich in den Anwendungen, daß in der Regel einige Redundanzvariablen V_n, $n = 1, \ldots, k$, ausreichen, um die Gesamtredundanz in $\boldsymbol{X}$ gut zu erklären.

Beim Datenmodell Abweichungsvariablen gelten die analogen Überlegungen. Insbesondere ergeben sich die Schätzwerte l_m° bzw. m_n° der Redundanzkoeffizienten sowie $\boldsymbol{w}_m^\circ$ bzw. $\boldsymbol{z}_n^\circ$ der Redundanzgewichte durch Verwendung der Stichproben-Varianz-Kovarianz-Matrizen in (3.29):

$$(\boldsymbol{S}_{YX}\boldsymbol{S}_{XY} - m^\circ \boldsymbol{S}_{YY})\, \boldsymbol{z}^\circ = \boldsymbol{o}_q \tag{3.34}$$

bzw.

$$(\boldsymbol{S}_{XY}\boldsymbol{S}_{YX} - l^\circ \boldsymbol{S}_{XX})\, \boldsymbol{w}^\circ = \boldsymbol{o}_p.$$

Mit (10.8) folgt aus (3.34)

$$(S_Y^{1/2}\boldsymbol{R}_{YX}S_X^{1/2}S_X^{1/2}\boldsymbol{R}_{XY}S_Y^{1/2} - m_n^\circ S_Y^{1/2}\boldsymbol{R}_{YY}S_Y^{1/2})\, \boldsymbol{z}_n^\circ = \boldsymbol{o}_q$$

oder

$$(\boldsymbol{R}_{YX}S_X\boldsymbol{R}_{XY} - m_n^\circ \boldsymbol{R}_{YY})\, S_Y^{1/2}\boldsymbol{z}_n^\circ = \boldsymbol{o}_q. \tag{3.35}$$

Die Ableitung von (3.32) ermöglicht eine interessante Auslegung, die besagt, daß sich eine kanonische Korrelationsanalyse auch indirekt mit Hilfe der Redundanzvariablen von $\boldsymbol{X}$ und $\boldsymbol{Y}$ bewerkstelligen läßt. Der Ablauf entspricht dem in Abschnitt 1.2.3 beschriebenen Vorgehen. Durch den Vergleich von (1.25) und (3.32) erkennt man insbesondere die Beziehungen $r_m = \sqrt{\hat{\kappa}_m}$ für die Schätzungen der kanonischen Korrelationskoeffizienten und

$$\boldsymbol{a}_m^= = \boldsymbol{W}^= \boldsymbol{a}_m^* \tag{3.36}$$

für die Schätzung der kanonischen Gewichte.

Beispiel (Fortsetzung): Für eine Redundanzanalyse in $\boldsymbol{X}$ ist das Eigenwertproblem (3.33) zu lösen. Dazu werden ein zweistelliges Matrizenprodukt sowie eine Faktorisierung benötigt:

$$\boldsymbol{R}_{YX}\boldsymbol{R}_{XY} = \begin{pmatrix} 0.58 & -0.21 & 0.11 \\ & 0.09 & 0.01 \\ \circ & & 0.17 \end{pmatrix}.$$

Die Faktorisierung von $\boldsymbol{R}_{YY}$ soll unter Anwendung der Cholesky-Methode erfolgen:

$$\boldsymbol{F}_Y = \begin{pmatrix} 1.00 & 0 & 0 \\ -0.05 & 1.00 & 0 \\ -0.01 & -0.26 & 0.97 \end{pmatrix}, \qquad \boldsymbol{F}_Y^{-1} = \begin{pmatrix} 1.00 & 0 & 0 \\ 0.05 & 1.00 & 0 \\ 0.02 & 0.27 & 1.03 \end{pmatrix}.$$

Damit ergibt sich die $\boldsymbol{A}$-Matrix des transformierten einfachen Eigenwertproblems zu

$$\boldsymbol{F}_Y^{-1}\boldsymbol{R}_{YX}\boldsymbol{R}_{XY}(\boldsymbol{F}_Y^{-1})^\top = \begin{pmatrix} 0.58 & -0.18 & 0.07 \\ & 0.07 & 0.03 \\ & & 0.19 \end{pmatrix}.$$

Die formale Lösung dieses einfachen Eigenwertproblems ergibt

$$M^{=} = \begin{pmatrix} 0.65 & 0 & 0 \\ & 0.19 & 0 \\ & & 0.2E\text{-}6 \end{pmatrix} \quad \text{und} \quad \tilde{Q} = \begin{pmatrix} 0.95 & -0.04 & 0.31 \\ -0.29 & 0.27 & 0.92 \\ 0.12 & 0.96 & -0.24 \end{pmatrix},$$

woraus sich mit der Rücktransformation (10.23) die Matrix der Redundanzgewichte

$$Z^{=} = (F_Y^{-1})^{\mathsf{T}} \hat{Q} = \begin{pmatrix} 0.94 & -0.01 & 0.35 \\ -0.26 & 0.52 & 0.85 \\ 0.13 & 1.00 & -0.25 \end{pmatrix}$$

berechnet. Es ist zu beachten, daß zur Untersuchung der Redundanz in $\boldsymbol{X}$ Linearkombinationen der Variablen Y_j verwendet werden. Analog sucht man für eine Redundanzanalyse in $\boldsymbol{Y}$ Linearkombinationen der Variablen X_i.
Unter Berücksichtigung des Faktors $\boldsymbol{F_X}$ von $\boldsymbol{R_{XX}}$ von S. 27 und des Gramschen Produkts $\boldsymbol{R_{XY}R_{YX}}$ (vgl. S. 116) findet man durch eine entsprechende Rechnung die Resultate

$$L^{=} = \begin{pmatrix} 0.85 & 0 \\ & 0.16 \end{pmatrix} \quad \text{und} \quad W^{=} = \begin{pmatrix} -0.56 & 0.97 \\ 1.11 & 0.07 \end{pmatrix}.$$

für die Redundanzanalyse in $\boldsymbol{Y}$.
Die Redundanzgewichte können als Grundlage der Berechnung der kanonischen Gewichte dienen. Zuerst bedeutet das, die Kreuzkorrelationen der Redundanzvariablen zu ermitteln:

$$L^{*} = \begin{pmatrix} -0.85 & -0.29 & 0 \\ -0.12 & 0.42 & 0 \end{pmatrix}.$$

Die formale Lösung des einfachen Eigenwertproblems für das Gramsche Produkt $L^*(L^*)^{\mathsf{T}}$ ergibt

$$K = \begin{pmatrix} 0.81 & 0 \\ & 0.19 \end{pmatrix} \quad \text{und} \quad A^{*} = \begin{pmatrix} 1.00 & 0.03 \\ -0.03 & 1.00 \end{pmatrix}.$$

Nach (3.32) lassen sich nun die kanonischen Gewichte bestimmen:

$$A^{=} = W^{=} A^{*} = \begin{pmatrix} -0.58 & 0.95 \\ 1.11 & 0.10 \end{pmatrix}.$$

3.3.3. Modifikationen zur Redundanzanalyse

In neueren Arbeiten nehmen Fornell [42], de Sarbo [36] und Johansson [67] direkt auf das Modell der Redundanzvariablen Bezug. Im Rahmen unserer Überlegungen kommt der zuletzt genannten Arbeit Bedeutung zu.

Bekanntlich maximieren die Redundanzvariablen V_n von $\boldsymbol{Y}$ die Redundanz in $\boldsymbol{X}$, ohne daß entsprechende Redundanzvariablen U_m von $\boldsymbol{X}$ benötigt oder betrachtet werden. JOHANSSON [67] schlägt deshalb vor, auch für $\boldsymbol{X}$ Linearkombinationen zu bestimmen, die mit den Redundanzvariablen V_n in Beziehung stehen, so daß gewisse zusätzliche Orthogonalitätseigenschaften erfüllt sind. Mit der Biorthogonalität erfüllen die kanonischen Variablen ein Maximum an Orthogonalitätsforderungen:

$$\boldsymbol{\alpha}_{m_1}^{\mathsf{T}} \mathbf{P}_{XX} \boldsymbol{\alpha}_{m_2} = 0, \qquad m_1, m_2 = 1, \ldots, p;\ m_1 \neq m_2, \tag{3.37}$$

$$\boldsymbol{\beta}_{n_1}^{\mathsf{T}} \mathbf{P}_{YY} \boldsymbol{\beta}_{n_2} = 0, \qquad n_1, n_2 = 1, \ldots, q;\ n_1 \neq n_2, \tag{3.38}$$

$$\boldsymbol{\alpha}_{m}^{\mathsf{T}} \mathbf{P}_{XY} \boldsymbol{\beta}_{n} = 0, \qquad m = 1, \ldots, p;\ n = 1, \ldots, q;\ m \neq n. \tag{3.39}$$

Wir nehmen an, daß eine Redundanzanalyse in $\boldsymbol{X}$ berechnet wurde. Mit (3.30) ist die Forderung (3.38) für Biorthogonalität direkt erfüllt. Nun werden Gewichte $\tilde{\boldsymbol{\omega}}_m$ für Linearkombinationen $\tilde{U}_m$ so bestimmt, daß darüber hinaus eine weitere der Biorthogonalitätsforderungen gesichert werden kann.

1. (3.37), d. h. $\tilde{\boldsymbol{\omega}}_{m_1}^{\mathsf{T}} \mathbf{P}_{XX} \tilde{\boldsymbol{\omega}}_{m_2} = 0$, soll gelten.

Zur Ermittlung der Gewichtsvektoren $\tilde{\boldsymbol{\omega}}_m$ benutzt man die *least square solution*;

2. (3.39), d. h. $\tilde{\boldsymbol{\omega}}_{m}^{\mathsf{T}} \mathbf{P}_{XY} \boldsymbol{\zeta}_n = 0$, soll gelten.

Die Gewichtsvektoren $\tilde{\boldsymbol{\omega}}_m$ lassen sich mit der *restandardized procedure* berechnen.
Die Algorithmen beider Verfahren sind bei JOHANSSON [67] zu entnehmen.

3.4. Skalenunabhängigkeit

Ein Orthogonalisierungsverfahren heißt skalenunabhängig, wenn dessen Lösungen bei Verwendung der verschiedenen Datenmodelle äquivalent sind. Unter *Äquivalenz* versteht man, daß sich die Eigenwerte nicht und die Eigenvektoren höchstens um konstante Faktoren, die in einer Diagonalmatrix zusammengefaßt werden, unterscheiden.
Die kanonische Korrelationsanalyse verfügt über die Eigenschaft der Skalenunabhängigkeit. Für die Eigenwerte folgt dies aus dem Vergleich von (1.22) und (1.25). Die Eigenvektor-Beziehung

$$\boldsymbol{a}_m^{=} = \mathbf{S}_X^{1/2} \boldsymbol{a}_m^{\circ}, \qquad m = 1, \ldots, p, \tag{3.40}$$

mit der Diagonalmatrix $\mathbf{S}_X^{1/2}$ wurde dort ebenfalls nachgewiesen.
Hauptkomponenten- und Redundanzanalyse dagegen sind skalenabhängig. Diese Tatsache folgt für die Hauptkomponentenanalyse aus dem Vergleich

von (3.15) und (3.18). Bei der Redundanzanalyse liefern (3.34) und (3.35) den Beweis. Äquivalenz wäre nur in einem Fall gegeben. Dann müßte in (3.18) und (3.35) $\boldsymbol{S_X} = \boldsymbol{I}_p$ gelten. Dies ist jedoch trivial, denn dann sind die Datenmodelle identisch.

Die Transformation von Abweichungs- in Standardvariablen (und umgekehrt) ist wegen (10.11) ein Sonderfall der nichtsingulären linearen Transformation $\boldsymbol{X}^* = \boldsymbol{S}\boldsymbol{X}^\circ$ bzw. $\boldsymbol{Y}^* = \boldsymbol{T}\boldsymbol{Y}^\circ$. $\boldsymbol{S}$ und $\boldsymbol{T}$ sind quadratische Matrizen mit det $(\boldsymbol{S}) \neq 0$ und det $(\boldsymbol{T}) \neq 0$. Es läßt sich die Äquivalenz der Ergebnisse der kanonischen Korrelationsanalyse im Hinblick auf derartige Transformationen zeigen. (1.14) lautet bei Verwendung der transformierten Werte

$$(\boldsymbol{\Sigma}_{X^*Y^*}\boldsymbol{\Sigma}_{Y^*Y^*}^{-1}\boldsymbol{\Sigma}_{Y^*X^*} - \varrho^{*2}\boldsymbol{\Sigma}_{X^*X^*})\,\boldsymbol{\alpha}^* = \boldsymbol{o}_p \tag{3.41}$$

mit

$$\boldsymbol{\Sigma}_{X^*Y^*} = \operatorname{cov}(\boldsymbol{S}\boldsymbol{X}^\circ, \boldsymbol{T}\boldsymbol{Y}^\circ) = \boldsymbol{S}\boldsymbol{\Sigma}_{XY}\boldsymbol{T}^\top.$$

Entsprechend gelten die Beziehungen

$$\boldsymbol{\Sigma}_{X^*X^*} = \boldsymbol{S}\boldsymbol{\Sigma}_{XX}\boldsymbol{S}^\top \quad \text{und} \quad \boldsymbol{\Sigma}_{Y^*Y^*} = \boldsymbol{T}\boldsymbol{\Sigma}_{YY}\boldsymbol{T}^\top.$$

Damit nimmt (3.41) die Gestalt an:

$$(\boldsymbol{S}\boldsymbol{\Sigma}_{XY}\boldsymbol{\Sigma}_{YY}^{-1}\boldsymbol{\Sigma}_{YX}\boldsymbol{S}^\top - \varrho^{*2}\boldsymbol{S}\boldsymbol{\Sigma}_{XX}\boldsymbol{S}^\top)\,\boldsymbol{\alpha}^* = \boldsymbol{o}_p$$

oder

$$(\boldsymbol{\Sigma}_{XY}\boldsymbol{\Sigma}_{YY}^{-1}\boldsymbol{\Sigma}_{YX} - \varrho^{*2}\boldsymbol{\Sigma}_{XX})\,\boldsymbol{S}^\top\boldsymbol{\alpha}^* = \boldsymbol{o}_p.$$

Die Eigenwerte beider Eigenwertprobleme sind identisch. Für die Eigenvektoren gilt $\boldsymbol{S}^\top\boldsymbol{\alpha}^* = \boldsymbol{\alpha}^\circ$. Unter Verwendung von $\boldsymbol{\alpha}^* = (\boldsymbol{S}^\top)^{-1}\,\boldsymbol{\alpha}^\circ$ folgt wegen

$$U^* = (\boldsymbol{\alpha}^*)^\top \boldsymbol{X}^* = (\boldsymbol{\alpha}^\circ)^\top \boldsymbol{S}^{-1}\boldsymbol{S}\boldsymbol{X}^\circ = U$$

die Identität der kanonischen Variablen.

Für die Modelle der teilweisen kanonischen Korrelation läßt sich ebenfalls Skalenunabhängigkeit nachweisen. Das soll hier für das Eigenwertproblem (2.6) der partiellen kanonischen Korrelationsanalyse erfolgen. Unter Benutzung von (10.7) und (10.8) ergibt sich zunächst aus (2.1)

$$\boldsymbol{\Sigma}_{X.Z,X.Z} = \boldsymbol{\Sigma}_X^{1/2}(\mathbf{P}_{XX} - \mathbf{P}_{XZ}\mathbf{P}_{ZZ}^{-1}\mathbf{P}_{ZX})\boldsymbol{\Sigma}_X^{1/2} = \boldsymbol{\Sigma}_X^{1/2}\mathbf{P}_{X.Z,X.Z}\boldsymbol{\Sigma}_X^{1/2}.$$

Analog gelten

$$\boldsymbol{\Sigma}_{X.Z,Y.Z} = \boldsymbol{\Sigma}_X^{1/2}\mathbf{P}_{X.Z,Y.Z}\boldsymbol{\Sigma}_Y^{1/2} = \boldsymbol{\Sigma}_{Y.Z,X.Z}^\top$$

und

$$\boldsymbol{\Sigma}_{Y.Z,Y.Z} = \boldsymbol{\Sigma}_Y^{1/2}\mathbf{P}_{Y.Z,Y.Z}\boldsymbol{\Sigma}_Y^{1/2}.$$

Bei Berücksichtigung dieser Identitäten erhält (2.6) die Gestalt

$$\boldsymbol{\Sigma}_X^{1/2}(\mathbf{P}_{X.Z,Y.Z}\mathbf{P}_{Y.Z,Y.Z}^{-1}\mathbf{P}_{Y.Z,X.Z} - \varrho^{\circ 2}\mathbf{P}_{X.Z,X.Z})\,\boldsymbol{\Sigma}_X^{1/2}\boldsymbol{\alpha}^\circ = \boldsymbol{o}_p$$

oder

$$(\mathbf{P}_{X.Z,Y.Z}\mathbf{P}^{-1}_{Y.Z,Y.Z}\mathbf{P}_{Y.Z,X.Z} - \varrho^{=2}\mathbf{P}_{X.Z,X.Z})\,\boldsymbol{\alpha}^{=} = \boldsymbol{o}_p.$$

Mit $\varrho^{=2} = \varrho^{\circ 2}$ und $\boldsymbol{\alpha}^{=} = \boldsymbol{\Sigma}_X^{1/2}\boldsymbol{\alpha}^{\circ}$ ist die Skalenunabhängigkeit gezeigt.

3.5. Andere statistische Verfahren und kanonische Korrelationsanalyse

Für die weiteren Überlegungen macht sich eine Unterteilung erforderlich. Ein-Stichproben-Verfahren wie Korrelationsanalyse, Regressionsanalyse und Hauptkomponentenanalyse lassen sich direkt aus dem Modell der kanonischen Korrelation ableiten. Mehr-Stichproben-Verfahren wie Varianzanalyse, Kovarianzanalyse oder Diskriminanzanalyse benötigen als Hilfsmittel für die Kodierung der Gruppenzugehörigkeit Dummy-Variablen. Die Kontingenztafel-Analyse läßt sich unter beiden Fällen behandeln. Wir werden zeigen, wie sich einfache und multiple Korrelationsanalyse sowie die Regressionsanalyse deduktiv aus speziellen kanonischen Korrelationsanalysen ergeben. Weiterhin wollen wir den Nachweis führen, daß die fundamentalen Ergebnisse der (mehrdimensionalen) Varianzanalyse und Kovarianzanalyse sowie der Diskriminanzanalyse aus den Resultaten geeigneter kanonischer Korrelationsanalysen ableitbar sind. Dabei beziehen wir uns stets auf konkrete Stichproben. Welches Datenmodell den Ausgangspunkt bildet, hängt nur von der einfacheren Darstellungsweise ab.

3.5.1. Ein-Stichproben-Verfahren

Das Modell der kanonischen Korrelation bezieht sich auf eine Individuenstichprobe. Es soll gezeigt werden, wie andere wichtige Ein-Stichproben-Fälle aus diesem Modell abgeleitet werden. Insbesondere wird untersucht, worin die strukturellen Beziehungen der Hauptkomponentenanalyse zur kanonischen Korrelationsanalyse bestehen. Soweit möglich, werden die Relationen sowohl bezüglich der jeweiligen statistischen Kenngrößen als auch im Hinblick auf deren Testung erörtert. Als Grundlage beziehen wir uns auf die verallgemeinerten Eigenwertprobleme (1.22) und (1.24) der kanonischen Korrelationsanalyse.

3.5.1.1. Beziehungen zur (einfachen und multiplen) Korrelationsanalyse

Für das Modell der *einfachen* Korrelation sind die Zufallsvektoren $\boldsymbol{X}$ und $\boldsymbol{Y}$ auf die Zufallsvariablen X und Y zu reduzieren, d. h. $p = q = 1$. Aus (1.22) folgt

$$s_{XY}\,\frac{1}{s_Y^2}\,s_{YX} - r_1^2 s_X^2 = 0 \quad \text{oder} \quad r_1^2 = \frac{s_{XY}^2}{s_X^2 s_Y^2} = r_{XY}^2.$$

Der einzige Eigenwert r_1^2 der speziellen kanonischen Korrelationsanalyse ist dem Quadrat des einfachen Korrelationskoeffizienten gleich. Die Signifikanzprüfung für H_0: $\varrho_{XY} = 0$ führt mittels Rao-Approximation (4.3) auf

$$\hat{F} = \frac{N-1}{1} \frac{r_1^2}{1-r_1^2} \sim F_{\alpha;1/N-2}.$$ [1]

Dieser Ausdruck ist der t-verte lten Prüfgröße für den einfachen Korrelationskoeffizienten äquivalent (vgl. CLAUSS/EBNER [22]).

Für das Modell der *multiplen* Korrelation ist der Zufallsvektor $\boldsymbol{Y}$ auf eine Zufallsvariable Y zu reduzieren, d. h. $q = 1$. Aus (1.24) folgt $s_{Y\boldsymbol{X}} S_{\boldsymbol{XX}}^{-1} s_{\boldsymbol{X}Y} - r_2^1 s_Y^2 = 0$ oder

$$r_1^2 = \frac{s_{Y\boldsymbol{X}} S_{\boldsymbol{XX}}^{-1} s_{\boldsymbol{X}Y}}{s_Y^2} = R_{Y.X_1 \ldots X_p}^2. \tag{3.42}$$

Der einzige Eigenwert r_1^2 der speziellen kanonischen Korrelationsanalyse ist dem Quadrat des multiplen Korrelationskoeffizienten gleich. Der Test für H_0: $\varrho_{Y.X_1 \ldots X_p} = 0$ führt mittels Rao-Approximation (4.3) auf

$$\hat{F} = \frac{N-p-1}{p} \frac{R^2}{1-R^2} \sim F_{\alpha;p/N-p-1}.$$

Dies ist die Prüfgröße zum Test des multiplen Korrelationskoeffizienten (vgl. GAENSSLEN/SCHUBÖ [45]).

3.5.1.2. Beziehungen zur linearen Regressionsanalyse

Bei der *einfachen* Regression reduzieren sich $\boldsymbol{X}$ und $\boldsymbol{Y}$ auf die Zufallsvariablen X und Y, angenommen Abweichungsvariablen X° und Y°. Aus (1.24) folgt

$$s_{YX} \frac{1}{s_X^2} s_{XY} - r_1^2 r_Y^2 = 0. \tag{3.43}$$

$\frac{s_{XY}}{s_X^2} := b$ ist die Schätzung des Regressionskoeffizienten β im einfachen Regressionsansatz, der für eine Stichprobe die Gestalt $\boldsymbol{y}_{(\,)}^{\circ\mathrm{T}} = \boldsymbol{x}_{(\,)}^{\circ\mathrm{T}} b + \boldsymbol{e}$ annimmt. $\boldsymbol{y}_{(\,)}^{\circ}$ und $\boldsymbol{x}_{(\,)}^{\circ}$ sind darin die N-dimensionalen Abweichungsvektoren der Ziel- bzw. Einflußgröße, $\boldsymbol{e}$ der N-dimensionale Vektor der Fehler. Bezeichnet man die regressionsanalytische Schätzung $\boldsymbol{x}_{(\,)}^{\circ\mathrm{T}} b$ von $\boldsymbol{y}_{(\,)}^{\circ\mathrm{T}}$ mit $\hat{\boldsymbol{y}}_{(\,)}^{\circ\mathrm{T}}$, gilt $\boldsymbol{e} = \boldsymbol{y}_{(\,)}^{\circ\mathrm{T}} - \hat{\boldsymbol{y}}_{(\,)}^{\circ\mathrm{T}}$. Einsetzen von b in (3.43) und Multiplikation mit $(N-1)$ ergibt

$$SP_{XY} b - r_1^2 SQ_Y = 0. \tag{3.44}$$

$SQ_Y := Q_{\mathrm{T}}$ ist die Summe der Abweichungsquadrate Gesamt, $SP_{XY} b := Q_{\mathrm{Regression}}$ ist die Summe der Abweichungsquadrate der Regression (vgl. LOHSE/LUDWIG/

[1] Das Symbol „$\sim$" bedeutet „ist verteilt nach".

RÖHR [86]). Aus (3.44) folgt $r_{XY} = \sqrt{\frac{Q_{\text{Regression}}}{Q_{\text{T}}}}$, eine andere Berechnungsmöglichkeit für den einfachen Korrelationskoeffizienten. Das Vorzeichen von r_{XY} ist das von s_{XY}.
Bei der *multiplen* Regression reduziert sich $\boldsymbol{Y}$ auf eine Zufallsvariable Y. Aus (1.24) folgt $\boldsymbol{s}_{YX}\boldsymbol{S}_{XX}^{-1}\boldsymbol{s}_{XY} - r_1^2 s_Y^2 = 0$, wobei

$$\boldsymbol{S}_{XX}^{-1}\boldsymbol{s}_{XY} := \boldsymbol{b} \tag{3.45}$$

die Schätzung des Vektors $\boldsymbol{\beta}$ der partiellen Regressionskoeffizienten β_i im multiplen Regressionsansatz ist, der für eine Stichprobe $\boldsymbol{y}_{(\,)}^{\circ\mathsf{T}} = \boldsymbol{X}^{\circ\mathsf{T}}\boldsymbol{b} + \boldsymbol{e}$ lautet. $\boldsymbol{X}^{\circ}$ ist dabei die $p \times N$-Abweichungsmatrix der Einflußgrößen X_i. Die regressionsanalytische Schätzung $\hat{\boldsymbol{y}}_{(\,)}^{\circ\mathsf{T}}$ berechnen sich nun aus $\boldsymbol{X}^{\circ\mathsf{T}}\boldsymbol{b}$. Wie für (3.44) ergibt sich

$$(N-1)\,\boldsymbol{s}_{YX}\boldsymbol{b} - r_1^2 SQ_Y = 0\,. \tag{3.46}$$

$$(N-1)\,\boldsymbol{s}_{YX}\boldsymbol{b} := Q_{\text{Regression}} \tag{3.47}$$

ist die Summe der Abweichungsquadrate der Regression (vgl. RASCH/ENDERLEIN/HERRENDÖRFFER [111]). Aus (3.46) folgt

$$R_{Y.X_1\ldots X_p} = \sqrt{\frac{Q_{\text{Regression}}}{Q_{\text{T}}}}\,. \tag{3.48}$$

(3.48) stellt eine zu (3.42) äquivalente Formel für den multiplen Korrelationskoeffizienten dar.
Bei der *multivariaten* Regression ist in (1.24) $\boldsymbol{S}_{XX}^{-1}\boldsymbol{S}_{XY} := \boldsymbol{B}$ die Schätzung der $p \times q$-Matrix $\mathbf{B}$ der partiellen Regressionskoeffizienten des multivariaten Regressionsansatzes. Für eine Stichprobe lautet dieser Ansatz $\boldsymbol{Y}^{\circ\mathsf{T}} = \boldsymbol{X}^{\circ\mathsf{T}}\boldsymbol{B} + \boldsymbol{E}$ (vgl. TIMM [141]). $\boldsymbol{Y}^{\circ}$ ist dabei der $q \times N$-Abweichungsmatrix der Zielgrößen, $\boldsymbol{E}$ die $N \times q$-Matrix der Fehler. Bezeichnet man mit $\hat{\boldsymbol{Y}}^{\circ\mathsf{T}}$ die regressionsanalytische Schätzung $\boldsymbol{X}^{\circ\mathsf{T}}\boldsymbol{B}$ von $\boldsymbol{Y}^{\circ\mathsf{T}}$, ergibt sich $\boldsymbol{E} = \boldsymbol{Y}^{\circ\mathsf{T}} - \hat{\boldsymbol{Y}}^{\circ\mathsf{T}}$.
Es gilt

$$\begin{aligned}\boldsymbol{S}_{YX}\boldsymbol{S}_{XX}^{-1}\boldsymbol{S}_{XY} = \boldsymbol{B}^{\mathsf{T}}\boldsymbol{S}_{XX}\boldsymbol{B} = \frac{1}{N-1}\,\boldsymbol{B}^{\mathsf{T}}\boldsymbol{X}^{\circ}\boldsymbol{X}^{\circ\mathsf{T}}\boldsymbol{B} = \frac{1}{N-1}\,\hat{\boldsymbol{Y}}^{\circ\mathsf{T}}\hat{\boldsymbol{Y}}^{\circ}\\ = \frac{1}{N-1}\,\boldsymbol{Q}_{\text{Regression}}\,,\end{aligned}$$

d. h., $(N-1)\,\boldsymbol{S}_{YX}\boldsymbol{S}_{XX}^{-1}\boldsymbol{S}_{XY}$ ist die multivariate Summe der Abweichungsquadrate der Regression. Analog ist $(N-1)\,\boldsymbol{S}_{YY} = \boldsymbol{Q}_{\text{T}}$ die multivariate Summe der Abweichungsquadrate Gesamt.

Damit ist nachgewiesen, daß Grundbeziehungen der Regressionsanalyse im Modell der kanonischen Korrelation enthalten sind. Den umgekehrten Weg,

die Ableitung von (1.24) aus regressionsanalytischen Betrachtungen, beschreiben Hotelling [64] und Cramer [29].
Es wird die Linearkombination $V = \boldsymbol{b}^\top \boldsymbol{Y}^\circ$ der Y-Variablen gesucht, deren multiple Korrelation mit den X-Variablen maximal ist. Aus (3.45) ergibt sich für die empirischen Regressionskoeffizienten

$$\boldsymbol{S}_{XX}^{-1}\boldsymbol{s}_{XV} = (\boldsymbol{X}^\circ\boldsymbol{X}^{\circ\top})^{-1}\,\boldsymbol{X}^\circ\boldsymbol{Y}^{\circ\top}\boldsymbol{b} \tag{3.49}$$

mit den Abweichungsmatrizen $\boldsymbol{X}^\circ$ und $\boldsymbol{Y}^\circ$. Unter Verwendung von (3.47) und (3.49) folgt aus (3.48)

$$R^2_{V.X_1\ldots X_p} = \frac{(N-1)\,\boldsymbol{s}_{VX}\boldsymbol{S}_{XX}^{-1}\boldsymbol{s}_{XV}}{(N-1)\,s_V^2} = \frac{\boldsymbol{b}^\top\boldsymbol{S}_{YX}\boldsymbol{S}_{XX}^{-1}\boldsymbol{S}_{XY}\boldsymbol{b}}{\boldsymbol{b}^\top\boldsymbol{S}_{YY}\boldsymbol{b}}. \tag{3.50}$$

Die Bestimmung des Maximums von (3.50) ist dem verallgemeinerten Eigenwertproblem (1.24) äquivalent (vgl. McDonald/Torit/Nishisato [90]).

3.5.1.3. Beziehungen zur Hauptkomponentenanalyse

Die Hauptkomponentenanalyse als ein Datenreduktionsverfahren wurde in Abschnitt 3.1.1 ausführlich vorgestellt. Im weiteren betrachten wir das Datenmodell Standardvariablen der kanonischen Korrelationsanalyse, mit (1.25) eingeschränkt auf den X-Bereich. Die Schätzungen $\boldsymbol{A}^=$ der kanonischen Gewichte erfüllen eine Forderung des Modells der Hauptkomponenten direkt. Wegen (1.15) sind die aus den Gewichten $\boldsymbol{a}^=$ entstehenden Linearkombinationen unkorreliert. Desweiteren verfügen sie über die in Abschnitt 3.1.2 angesprochene Eigenschaft, die Korrelationsmatrix $\boldsymbol{R}_{XX}$ aus den sog. Ladungen (s. Punkt 4.4.1.1) zu reproduzieren. Zunächst folgt aus (1.15) $\boldsymbol{R}_{XX}^{-1} = \boldsymbol{A}^=\boldsymbol{A}^{=\top}$, so daß mit (4.13) gilt

$$\boldsymbol{R}_{XU}\boldsymbol{R}_{XU}^\top = \boldsymbol{R}_{XX}\boldsymbol{A}^=\boldsymbol{A}^{=\top}\boldsymbol{R}_{XX} = \boldsymbol{R}_{XX}.$$

Nicht erfüllbar ist die Bedingung $\boldsymbol{R}_{XU}^\top\boldsymbol{R}_{XU} = \boldsymbol{L} = \mathrm{Dg}\,(l_m^=)$, d. h. die Forderung maximaler Varianz der Linearkombinationen. $l_m^=$ sind die Eigenwerte von (3.15). Es gilt

$$\boldsymbol{R}_{XU}^\top\boldsymbol{R}_{XU} = \boldsymbol{A}^{=\top}\boldsymbol{R}_{XX}\boldsymbol{R}_{XX}\boldsymbol{A}^= = (\boldsymbol{A}^{=\top}\boldsymbol{A}^=)^{-1} := \boldsymbol{G}.$$

Im Gegensatz zur Hauptkomponentenanalyse ist $\boldsymbol{G}$ nicht diagonal, sondern stellt eine symmetrische Matrix dar. Nach (10.12) gibt es aber eine orthogonale Matrix $\boldsymbol{T}$, deren Spalten $\boldsymbol{t}_m$, $m = 1, \ldots, p$, die Bedingung $(\boldsymbol{G} - \lambda_m\boldsymbol{I}_p)\,\boldsymbol{t}_m = \boldsymbol{o}_p$ bzw. $\boldsymbol{T}^\top\boldsymbol{G}\boldsymbol{T} = \boldsymbol{\Lambda} = \mathrm{Dg}\,(\lambda_m)$ und $\boldsymbol{T}^\top\boldsymbol{T} = \boldsymbol{I}_p$ erfüllen. Wir zeigen, daß $l_m^= = \lambda_m$, $m = 1, \ldots, p$, gilt:

$$(\boldsymbol{G} - \lambda_m\boldsymbol{I}_p)\,\boldsymbol{t}_m = \boldsymbol{o}_p,$$

$$(\boldsymbol{A}^{=\top}\boldsymbol{R}_{XX}\boldsymbol{R}_{XX}\boldsymbol{A}^= - \lambda_m\boldsymbol{I}_p)\,\boldsymbol{t}_m = \boldsymbol{o}_p.$$

Hierin wird $\boldsymbol{N} = \boldsymbol{R}_{XX}\boldsymbol{R}_{XX}$ und $\boldsymbol{X} = \boldsymbol{A}^{=}$ gesetzt und (10.15) angewandt:

$$(\boldsymbol{R}_{XX}\boldsymbol{A}^{=}\boldsymbol{A}^{=\mathsf{T}}\boldsymbol{R}_{XX} - \lambda_m \boldsymbol{I}_p)\,\boldsymbol{p}_m = \boldsymbol{o}_p$$

oder

$$(\boldsymbol{R}_{XX} - \lambda_m \boldsymbol{I}_p)\,\boldsymbol{p}_m = \boldsymbol{o}_p\,,$$

d. h., mit (3.15) gilt die obige Behauptung.
Die Beziehung zwischen den Hauptkomponentengewichten $\boldsymbol{P}^{=}$ und den kanonischen Gewichten $\boldsymbol{A}^{=}$ lautet

$$\boldsymbol{P}^{=} = \boldsymbol{A}^{=}\boldsymbol{T}\boldsymbol{\Lambda}^{1/2}.$$

Die so aus der kanonischen Korrelationsanalyse abgeleiteten Gewichte verfügen über die Eigenschaften (3.7) der Hauptkomponentengewichte, denn es gilt

$$\boldsymbol{P}^{=\mathsf{T}}\boldsymbol{R}_{XX}\boldsymbol{P}^{=} = \boldsymbol{\Lambda}^{1/2}\boldsymbol{T}^{\mathsf{T}}\boldsymbol{A}^{=\mathsf{T}}\boldsymbol{R}_{XX}\boldsymbol{A}^{=}\boldsymbol{T}\boldsymbol{\Lambda}^{1/2} = \boldsymbol{\Lambda}$$

und

$$\boldsymbol{P}^{=\mathsf{T}}\boldsymbol{P}^{=} = \boldsymbol{\Lambda}^{1/2}\boldsymbol{T}^{\mathsf{T}}\boldsymbol{A}^{=\mathsf{T}}\boldsymbol{A}^{=}\boldsymbol{T}\boldsymbol{\Lambda}^{1/2} = \boldsymbol{\Lambda}^{1/2}\boldsymbol{T}^{\mathsf{T}}\boldsymbol{G}^{-1}\boldsymbol{T}\boldsymbol{\Lambda}^{1/2}$$
$$= \boldsymbol{\Lambda}^{1/2}\boldsymbol{\Lambda}^{-1}\boldsymbol{\Lambda}^{1/2} = \boldsymbol{I}_p\,.$$

Die Berücksichtigung von (3.14) führt für die Komponentengewichte $\boldsymbol{Q}$ zu

$$\boldsymbol{Q} = \boldsymbol{P}^{=}\boldsymbol{\Lambda}^{-1/2} = \boldsymbol{A}^{=}\boldsymbol{T}. \tag{3.51}$$

Beispiel (Fortsetzung): Zweigliedriges Matrixprodukt:

$$\boldsymbol{G} = (\boldsymbol{A}^{=\mathsf{T}}\boldsymbol{A}^{=})^{-1} = \begin{pmatrix} 0.735 & -0.358 \\ & 1.264 \end{pmatrix}.$$

Lösung (einfaches Eigenwertproblem):

$$\boldsymbol{\Lambda} = \begin{pmatrix} 1.445 & 0 \\ & 0.555 \end{pmatrix}, \qquad \boldsymbol{T} = \begin{pmatrix} 0.450 & 0.893 \\ -0.893 & 0.450 \end{pmatrix}.$$

Hauptkomponentengewichte X-Bereich:
(direkt)

$$\boldsymbol{L}^{=} = \begin{pmatrix} 1.445 & 0 \\ & 0.555 \end{pmatrix}, \qquad \boldsymbol{P}^{=} = \begin{pmatrix} 0.707 & -0.707 \\ 0.707 & 0.707 \end{pmatrix},$$

(indirekt)

$$\boldsymbol{P}^{=} = \boldsymbol{A}^{=}\boldsymbol{T}\boldsymbol{\Lambda}^{1/2} = \begin{pmatrix} -0.708 & 0.706 \\ -0.706 & -0.708 \end{pmatrix}.$$

3.5.1.4. Beziehungen zur Analyse zweidimensionaler Kontingenztafeln

Seien die qualitativen Variablen A und B mit s bzw. c Stufen (Kategorien) A_i bzw. B_j gegeben. Es gelte für die Stufenzahlen $s \leqq c$ sowie für die Randsummen

$$f_{i.} = \sum_{j=1}^{c} f_{ij} \neq 0,\ i = 1, \ldots, s, \quad \text{und} \quad f_{.j} = \sum_{i=1}^{s} f_{ij} \neq 0,\ j = 1, \ldots, c.$$

Aus der Kontingenztafel werden drei Matrizen von Häufigkeiten erstellt: $\boldsymbol{F}$ der zweidimensionalen Verteilung f_{ij} sowie $\boldsymbol{D}_X = \mathrm{Dg}\,(f_{i.})$ und $\boldsymbol{D}_Y = \mathrm{Dg}\,(f_{.j})$ der eindimensionalen Randverteilungen. KENDALL/STUART [73] zeigen, daß die Analyse der Kontingenztafel auf das Eigenwertproblem

$$(\boldsymbol{N}\boldsymbol{N}^{\mathsf{T}} - l\boldsymbol{I}_s)\,\boldsymbol{g} = \boldsymbol{o}_s \tag{3.52}$$

führt. Darin ist $\boldsymbol{N}$ die Matrix bestehend aus den Elementen $\dfrac{f_{ij}}{\sqrt{f_{i.}f_{.j}}}$. Das bedeutet in Matrix-Schreibweise

$$\boldsymbol{N} = \boldsymbol{D}_X^{-1/2}\boldsymbol{F}\boldsymbol{D}_Y^{-1/2}.$$

Nach Einsetzen in (3.52) ergibt sich mit

$$(\boldsymbol{F}\boldsymbol{D}_Y^{-1}\boldsymbol{F}^{\mathsf{T}} - l\boldsymbol{D}_X)\,\boldsymbol{D}_X^{-1/2}\,\boldsymbol{g} = \boldsymbol{o}_s \tag{3.53}$$

die Form (1.22) eines Eigenwertproblems der kanonischen Korrelationsanalyse. Es existieren $\min\{s, c\} = s$ Eigenwerte $l_i \neq 0$, $i = 1, \ldots, s$, von (3.53). Einer dieser Eigenwerte ist immer gleich Eins und daher uninteressant. Die restlichen $s - 1$ Eigenwerte nennt man die kanonischen Korrelationen $l_i = R_{i-1}^2$, $i = 2, \ldots, s$. In der Kontingenztafel-Analyse wird nur der größte Koeffizient $l_2 = R_1^2$ weiterverwendet. Der Wert von $R_1 = \sqrt{l_2}$ ist offensichtlich von den für A und B gewählten Kodierungen der Kategorien unabhängig und weicht zahlenmäßig wenig vom Wert $\sqrt{\dfrac{\chi^2}{\chi^2 + N}}$ des Kontingenzkoeffizienten C ab. Zur Signifikanzprüfung benutzt man eine Relation zwischen χ^2 und den Eigenwerten von (3.52): Es gilt zunächst (vgl. LUDWIG [87])

$$\chi^2 = N\left(\sum_{i=1}^{s}\sum_{j=1}^{c}\frac{f_{ij}^2}{f_{i.}f_{.j}} - 1\right).$$

Das i-te Hauptdiagonalelement von $\boldsymbol{N}\boldsymbol{N}^{\mathsf{T}}$ ist $\sum\limits_{j=1}^{c}\dfrac{f_{ij}^2}{f_{i.}f_{.j}}$. Damit ist $\mathrm{tr}\,(\boldsymbol{N}\boldsymbol{N}^{\mathsf{T}}) = 1 + \chi^2/N$. Andererseits ist

$$\mathrm{tr}\,(\boldsymbol{N}\boldsymbol{N}^{\mathsf{T}}) = 1 + \sum_{i=1}^{s-1} R_i^2 \quad \text{also} \quad \chi^2 = N\sum_{i=1}^{s-1} R_i^2 \sim \chi^2_{\alpha;(s-1)(c-1)}.$$

Weitere Ausführungen über zweidimensionale Kontingenztafeln folgen in Punkt 3.5.2.5.

3.5.2. Mehr-Stichproben-Verfahren

Durch Anwendung der Dummy-Variablen-Kodierung ist es möglich, Varianzanalyse, Kovarianzanalyse oder Diskriminanzanalyse im Zusammenhang mit geeigneten kanonischen Korrelationsanalysen zu behandeln. Dies wird für den allgemeinsten Fall dieser Verfahren hinsichtlich der betrachteten Effektvariablen, die mehrdimensionalen Varianten, d. h. Zufallsvektoren $\boldsymbol{Y}$, erfolgen. Dagegen beschränken wir uns in der Klassifikation auf den einfachsten Fall einer einzigen Faktorvariablen, die einfache Klassifikation. Es wird nachgewiesen, daß Verbindungen zwischen den Eigenwertproblemen der kanonischen Korrelationsanalyse und den speziellen Eigenwertproblemen der einzelnen Verfahren bestehen. Die eindimensionalen Varianten der Varianz- und Kovarianzanalyse, d. h. Zufallsvariablen Y, sind mit $q = 1$, die Zwei-Stichproben-Fälle (t-Tests) mit $s = 2$ als Sonderfälle in den folgenden Ergebnissen enthalten.

3.5.2.1. Dummy-Variablen

In der Literatur (Suits [130]) findet sich der Terminus „Dummy-Variable" mit Beginn der 60er Jahre. Dummy-Variablen (auch: Kodier-, Schein-, Indikatorvariablen) sind künstliche Variablen Sie werden für bestimmte Zwecke definiert und besitzen theoretische wie praktische Bedeutung (vgl. Wolf/Cartwright [155]). Für unsere Belange ist zur Ableitung der Beziehungen zwischen Mehr-Stichproben-Verfahren und kanonischer Korrelationsanalyse die einfachste Form der Kodierung mit Hilfe alternativer Dummy-Variablen ausreichend.
Für s-stufige qualitative Variablen sind zwei Fälle zu unterscheiden.

Fall 1: $s = 2$

Alternative Variablen A macht man Korrelationsberechnungen zugänglich, indem ihren $s = 2$ Stufen A_1 und A_2 zwei Zahlen x_1 und x_2, $x_1 \neq x_2$ zugeordnet werden. Die Wahl der Werte für x_1 und x_2 ist beliebig, denn zwei Paare solcher Zahlen unterscheiden sich stets nur durch eine lineare Transformation voneinander. Eine Variable D, deren Werte x_1 oder x_2 indizieren, welche Stufe A_i, $i = 1, 2$, der qualitativen Variablen A bei einem bestimmten Individuum einer Stichprobe vorliegt, heißt *alternative Dummy-Variable*. Gewöhnlich wählt man $x_1 = 1$ und $x_2 = 0$. Eine Dummy-Variable D läßt sich, um Berechnungen zu vereinfachen, im Bedarfsfall auch zentrieren oder standardisieren.
Zur Kennzeichnung der Stufen einer alternativen qualitativen Variablen reicht eine Dummy-Variable aus. Die Zugehörigkeit zu Stufe A_1 impliziert die Nichtzugehörigkeit zu A_2 und umgekehrt. Dem Zwei-Stichproben-Schema von Tabelle 3.1 entspricht das Korrelationsschema von Tabelle 3.2.

Tabelle 3.1: Zwei-Stichproben-Schema in Y

A_1	A_2	
y_{11}	y_{21}	
$\vdots$	$\vdots$	
y_{1n_1}	y_{2n_2}	
n_1	n_2	N

Tabelle 3.2: Univariates einfaches Korrelationsschema

Variablen	Y		Dummy-Variable D_1
–	original	nach Umnumerierung	
Werte	y_{11}	y_1	1
	$\vdots$	$\vdots$	$\vdots$
	y_{1n_1}	y_{n_1}	1
	y_{21}	y_{n_1+1}	0
	$\vdots$	$\vdots$	$\vdots$
	y_{2n_2}	y_N	0
Datenvektoren		$:= \boldsymbol{y}_{()}^{\mathsf{T}}$	$:= \boldsymbol{d}_{()}^{\mathsf{T}}$

Fall 2: $s > 2$

Qualitative Variablen A mit $s > 2$ Stufen A_i können Korrelationsberechnungen nicht direkt zugänglich gemacht werden, da es i. allg. keine lineare Transformation zweier Zahlenkodierungen $x_1, x_2, \ldots, x_s$ für die Stufen $A_1, A_2, \ldots, A_s$ gibt. Das hat zur Folge, daß der Wert des Korrelationskoeffizienten zwischen einer quantitativen Variablen Y und einer qualitativen Variablen A von der für die Stufen von A gewählten Kodierung abhängig ist. Es gibt einen Weg der indirekten Einbeziehung mehrstufiger qualitativer Merkmale. Dazu bringt man die Information über die Zugehörigkeit der Individuen zu den s Stufen A_i von A in $s-1$ alternativen Dummy-Variablen unter. Die Information hinsichtlich der Stufe A_1 wird durch eine alternative Dummy-Variable D_1 (Zugehörigkeit zu A_1, dann Wert von $D_1 = 1$, sonst $= 0$) gegeben. In gleicher Weise kennzeichnen alternative Dummy-Variablen $D_2, \ldots, D_{s-1}$ die Zugehörigkeit/Nichtzugehörigkeit zu den Stufen $A_2, \ldots, A_{s-1}$. Die Stufe A_s selbst benötigt keine eigene Dummy-Variable D_s, sondern ist durch Werte $= 0$ in allen Dummy-Variablen $D_1, \ldots, D_{s-1}$ codiert. Nach Cohen [24] wird diese Vorgehensweise als *Dummy-Variablen-Kodierung* bezeichnet.

Dem s-Stichproben-Schema in der quantitativen Variablen Y von Tabelle 3.3 entspricht das Korrelationsschema von Tabelle 3.4.

Tabelle 3.3: s-Stichproben-Schema in Y

A_1	$\dots$	A_i	$\dots$	A_s	
y_{11} $\vdots$ y_{1n_1}		y_{i1} $\vdots$ y_{in_i}		y_{s1} $\vdots$ y_{sn_s}	
n_1		n_i		n_s	N

Tabelle 3.4: Univariates multiples Korrelationsschema

Variablen	Y		Dummy-Variablen		
	original	nach Umnumerierung	$D_1 \dots$	$D_i \dots$	D_{s-1}
Werte	y_{11}	y_1	1	0	0
	$\vdots$	$\vdots$	$\vdots$	$\vdots$	$\vdots$
	y_{1n_1}	y_{n_1}	1	0	0
	$\vdots$			$\vdots$	
	y_{i1}	$y_{n_1+\dots+n_{i-1}+1}$	0	1	0
	$\vdots$	$\vdots$	$\vdots$	$\vdots$	$\vdots$
	y_{in_i}	$y_{n_1+\dots+n_i}$	0	1	0
	$\vdots$			$\vdots$	
	$y_{s-1,1}$	$y_{n_1+\dots+n_{s-2}+1}$	0	0	1
	$\vdots$	$\vdots$	$\vdots$	$\vdots$	$\vdots$
	$y_{s-1,n_{s-1}}$	$y_{n_1+\dots+n_{s-1}}$	0	0	1
	y_{s1}	$y_{n_1+\dots+n_{s-1}+1}$	0	0	0
	$\vdots$	$\vdots$	$\vdots$	$\vdots$	$\vdots$
	y_{sn_s}	y_N	0	0	0
Datenvektor bzw. -matrix	$:= \boldsymbol{y}_{()}^{\top}$		$:= \boldsymbol{D}^{\top}$		

3.5.2.2. Beziehungen zur Varianzanalyse

Eine umfassende theoretische Behandlung der mehrdimensionalen Varianzanalyse in ihrer Verbindung zur Diskriminanzanalyse geben AHRENS/LÄUTER [1]. Dem multivariaten s-Stichproben-Schema in $\boldsymbol{Y}$ entspricht das Korrelationsschema von Tabelle 3.5. Über

$$\mathrm{H}_0\text{: „Die Mittelwerte } \boldsymbol{\mu}_i,\ i = 1, \ldots, s, \text{ sind einander gleich“}$$

wird mittels multivariater Teststatistiken anhand der Eigenwerte l_n, $n = 1, \ldots, \min\{q, s - 1\}$, des Eigenwertproblems

$$(\boldsymbol{Q}_\mathrm{B} - l\boldsymbol{Q}_\mathrm{E})\,\boldsymbol{c} = \boldsymbol{o}_q \qquad (3.54)$$

entschieden. Hierin bedeuten $\boldsymbol{Q}_\mathrm{B}$ die „*between*“-Matrix der Summen der Abweichungsquadrate/-produkte und $\boldsymbol{Q}_\mathrm{E}$ die „*error*“-Matrix der Summen der

Tabelle 3.5: Multivariates multiples Korrelationsschema

Variablen						Dummy-Variablen				
	Y_1	…	Y_j	…	Y_q	D_1	…	D_i	…	D_{s-1}
Werte	y_{111}		y_{11j}		y_{11q}	1		0		0
	⋮		⋮		⋮	⋮		⋮		⋮
	y_{1n_11}		y_{1n_1j}		y_{1n_1q}	1		0		0
			⋮					⋮		
	y_{i11}		y_{i1j}		y_{i1q}	0		1		0
	⋮		⋮		⋮	⋮		⋮		⋮
	y_{in_i1}		y_{in_ij}		y_{in_iq}	0		1		0
			⋮					⋮		
	$y_{s-1,11}$		$y_{s-1,1j}$		$y_{s-1,1q}$	0		0		1
	⋮		⋮		⋮	⋮		⋮		⋮
	$y_{s-1,n_{s-1}1}$		$y_{s-1,n_{s-1}j}$		$y_{s-1,n_{s-1}q}$	0		0		1
	y_{s11}		y_{s1j}		y_{s1q}	0		0		0
	⋮		⋮		⋮	⋮		⋮		⋮
	y_{sn_s1}		y_{sn_sj}		y_{sn_sq}	0		0		0
Daten-matrizen			$:= \boldsymbol{Y}^\mathrm{T}$					$:= \boldsymbol{D}^\mathrm{T}$		

Abweichungsquadrate/-produkte. Es gilt das Additionstheorem für die $q \times q$-Matrix $\boldsymbol{Q}_{\mathrm{T}}$ der Summen der Abweichungsquadrate/-produkte Gesamt:

$$\boldsymbol{Q}_{\mathrm{T}} = \boldsymbol{Q}_{\mathrm{B}} + \boldsymbol{Q}_{\mathrm{E}} \tag{3.55}$$

Angenommen $s \leqq q$. Eine kanonische Korrelationsanalyse für $\begin{pmatrix}\boldsymbol{D}\\ \boldsymbol{Y}\end{pmatrix}$ führt nach (1.24) auf

$$(\boldsymbol{S}_{YD}\boldsymbol{S}_{DD}^{-1}\boldsymbol{S}_{DY} - r^2\boldsymbol{S}_{YY})\,\boldsymbol{b}^\circ = \boldsymbol{o}_q \quad \text{bzw. nach Umformung}$$

$$\left(\frac{1}{N-1}\boldsymbol{Q}_{\mathrm{B}} - r^2\frac{1}{N-1}\boldsymbol{Q}_{\mathrm{T}}\right)\boldsymbol{b}^\circ = \boldsymbol{o}_q. \tag{3.56}$$

Unter Verwendung der Eigenwertproblem-Beziehung von Abschnitt 10.4.3 läßt sich (3.54) umformen in

$$(\boldsymbol{Q}_{\mathrm{B}} - \theta\boldsymbol{Q}_{\mathrm{T}})\,\boldsymbol{f} = \boldsymbol{o}_q. \tag{3.57}$$

Nach (10.19) gilt dann $\theta_n = l_n/(1 + l_n)$, $n = 1, \ldots, s-1$.
Die Beziehung zwischen den Eigenvektoren von (3.54) und (3.57) ergibt sich wie folgt: Mit (10.15) gilt $\boldsymbol{F}^{\mathrm{T}}\boldsymbol{Q}_{\mathrm{T}}\boldsymbol{F} = \boldsymbol{I}_{s-1}$. Unter Verwendung des Additionstheorems (3.55) bedeutet das $\boldsymbol{F}^{\mathrm{T}}\boldsymbol{Q}_{\mathrm{E}}\boldsymbol{F} = \boldsymbol{I}_{s-1} - \boldsymbol{F}^{\mathrm{T}}\boldsymbol{Q}_{\mathrm{B}}\boldsymbol{F}$. Nach (10.15) ist aber $\boldsymbol{F}^{\mathrm{T}}\boldsymbol{Q}_{\mathrm{B}}\boldsymbol{F} = \mathrm{Dg}\,(\theta_n)$, so daß

$$\boldsymbol{F}^{\mathrm{T}}\boldsymbol{Q}_{\mathrm{E}}\boldsymbol{F} = \boldsymbol{I}_{s-1} - \mathrm{Dg}\,(\theta_n) := \boldsymbol{\Delta}. \tag{3.58}$$

(3.58) läßt sich schreiben als $(\boldsymbol{F}\boldsymbol{\Delta}^{-1/2})^{\mathrm{T}}\,\boldsymbol{Q}_{\mathrm{E}}(\boldsymbol{F}\boldsymbol{\Delta}^{-1/2}) = \boldsymbol{I}_{s-1}$, so daß schließlich

$$\boldsymbol{C} = \boldsymbol{F}\boldsymbol{\Delta}^{-1/2} \tag{3.59}$$

gilt. Da sich (3.56) von (3.57) nur durch den Faktor $1/(N-1)$ unterscheiden, gilt für die

— Eigenwerte $$\theta_n = r_n^2 = \frac{l_n}{1 + l_n}; \tag{3.60}$$

— Eigenvektoren $$\boldsymbol{f}_n = \frac{1}{\sqrt{N-1}}\,\boldsymbol{b}_n^\circ. \tag{3.61}$$

Gleichung (3.60) sagt aus, daß sich die zur Signifikanzprüfung in der mehrdimensionalen Varianzanalyse erforderlichen Eigenwerte l_n direkt aus den Eigenwerten r_n^2 der obigen kanonischen Korrelationsanalyse ergeben:

$$l_n = \frac{r_n^2}{1 - r_n^2}, \quad n = 1, \ldots, s-1. \tag{3.62}$$

3.5.2.3. Beziehungen zur Diskriminanzanalyse

Die Standardresultate der Diskriminanzanalyse für die sogenannten nichtelementaren Diskriminanzmerkmale W_n werden von AHRENS/LÄUTER [1] hergeleitet. Während man sich bei der Varianzanalyse allein für die Eigenwerte r_n^2 von (3.56) interessiert, haben nun zusätzlich die Eigenvektoren $\boldsymbol{b}_n^\circ$ Bedeutung. Diese dienen als Grundlage zur Bestimmung der Gewichtsvektoren $\boldsymbol{g}_n$ der Diskriminanzmerkmale $W_n = \boldsymbol{g}_n^\mathsf{T}\boldsymbol{Y}$. Im Kontext der Diskriminanzanalyse entspricht l_n aus (3.62) dem Trennmaß $T^2(W_n)$ des n-ten nichtelementaren Diskriminanzmerkmals.
Die Diskriminanzgewichte $\boldsymbol{g}_n$ ergeben sich aus dem Eigenwertproblem (vgl. AHRENS/LÄUTER [1])

$$\left(\frac{1}{N-s}\,\boldsymbol{Q}_\mathrm{B} - l\,\frac{1}{N-s}\,\boldsymbol{Q}_\mathrm{E}\right)\boldsymbol{g} = \boldsymbol{o}_q. \tag{3.63}$$

Zwischen den Eigenvektoren von (3.54) und (3.63) besteht die Beziehung $\boldsymbol{c} = \frac{1}{\sqrt{N-s}}\,\boldsymbol{g}$, so daß $\boldsymbol{G} = \sqrt{N-s}\;\boldsymbol{C}$ gilt. Unter Berücksichtigung von (3.59) und (3.61) zeigt sich

$$\boldsymbol{G} = \frac{\sqrt{N-s}}{\sqrt{N-1}}\,\boldsymbol{B}^\circ\,\boldsymbol{\Delta}^{-1/2}. \tag{3.64}$$

$\boldsymbol{\Delta}$ ist dabei die Diagonalmatrix aus (3.58).
Die Formel (3.64) beschreibt, wie sich die für die Diskriminanzanalyse erforderlichen Gewichtsvektoren $\boldsymbol{g}_n$ direkt aus den Eigenvektoren $\boldsymbol{b}_n^\circ$ (und den Eigenwerten r_n^2) der kanonischen Korrelationsanalyse von Punkt 3.5.2.2 ergeben. Bei Verwendung des Datenmodells Standardvariablen ist in (3.64) eine geringfügige Modifikation vorzunehmen. Mit der (3.40) entsprechenden Eigenvektorbeziehung für $\boldsymbol{Y}$ ist

$$\boldsymbol{G} = \frac{\sqrt{N-s}}{\sqrt{N-1}}\,\boldsymbol{S}_{\boldsymbol{Y}}^{-1/2}\boldsymbol{B}^{=}\,\boldsymbol{\Delta}^{-1/2}.$$

3.5.3.3. Beziehungen zur Kovarianzanalyse

Umfassendere theoretische Ausführungen finden sich bei TIMM [141]. Dem multivariaten s-Stichproben-Schema in $\boldsymbol{Y}$ unter Einbeziehung der Kovariablen $\boldsymbol{Z}$ entspricht das Korrelationsschema von Tabelle 3.6. Über

H_0: „Die bereinigten Mittelwerte $\boldsymbol{\mu}_i^*$, $i = 1, \ldots, s$, sind einander gleich“

Tabelle 3.6: Multivariates multiples Korrelationsschema mit Kovariablen

Variablen	Y_1	$\dots$	Y_j	$\dots$	Y_q	Z_1	$\dots$	Z_k	$\dots$	Z_r	D_1	$\dots$	D_i	$\dots$	D_{s-1}
Werte	y_{111}		y_{11j}		y_{11q}	z_{111}		z_{11k}		z_{11r}	1		0		0
	$\vdots$		$\vdots$		$\vdots$	$\vdots$		$\vdots$		$\vdots$	$\vdots$		$\vdots$		$\vdots$
	y_{1n_11}		y_{1n_1j}		y_{1n_1q}	z_{1n_11}		z_{1n_1k}		z_{1n_1r}	1		0		0
			$\vdots$					$\vdots$					$\vdots$		
	$y_{s-1,11}$		$y_{s-1,1j}$		$y_{s-1,1q}$	$z_{s-1,11}$		$z_{s-1,1k}$		$z_{s-1,1r}$	0		0		1
	$\vdots$		$\vdots$		$\vdots$	$\vdots$		$\vdots$		$\vdots$	$\vdots$		$\vdots$		$\vdots$
	$y_{s-1,n_{s-1}1}$		$y_{s-1,n_{s-1}j}$		$y_{s-1,n_{s-1}q}$	$z_{s-1,n_{s-1}1}$		$z_{s-1,n_{s-1}k}$		$z_{s-1,n_{s-1}r}$	0		0		1
	y_{s11}		y_{s1j}		y_{s1q}	z_{s11}		z_{s1k}		z_{s1r}	0		0		0
	$\vdots$		$\vdots$		$\vdots$	$\vdots$		$\vdots$		$\vdots$	$\vdots$		$\vdots$		$\vdots$
	y_{sn_s1}		y_{sn_sj}		y_{sn_sq}	z_{sn_s1}		z_{sn_sk}		z_{sn_sr}	0		0		0
Daten-matrizen						reduced-model									
						full-model									
			$:= \boldsymbol{Y}^\top$					$:= \boldsymbol{Z}^\top$					$:= \boldsymbol{D}^\top$		

wird anhand der Eigenwerte l_n^* des Eigenwertproblems

$$(\mathcal{Q}_{\mathrm{B}}^* - l^* \mathcal{Q}_{\mathrm{E}}^*)\, \boldsymbol{c}^* = \boldsymbol{o}_q \tag{3.65}$$

entschieden. Hierin bedeuten $\mathcal{Q}_{\mathrm{B}}^*$ und $\mathcal{Q}_{\mathrm{E}}^*$ Matrizen der bereinigten Summen der Abweichungsquadrate/-produkte. Es gilt das Additionstheorem $\mathcal{Q}_{\mathrm{T}}^* = \mathcal{Q}_{\mathrm{B}}^* + \mathcal{Q}_{\mathrm{E}}^*$ für die Matrix $\mathcal{Q}_{\mathrm{T}}^*$ der bereinigten Summen der Abweichungsquadrate/-produkte Gesamt. Formeln zur Berechnung dieser Größen finden sich bei Röhr [116].

Die Anwendung des Modells der kanonischen Korrelation auf die Kovarianzanalyse initiierte Cohen [24], der die eindimensionale Kovarianzanalyse als Sonderfall der multiplen Korrelation behandelte. Der Grundgedanke besteht in der gleichzeitigen Verwendung von Kovariablen Z_k und Dummy-Variablen D_i als Prädiktoren für Y. Das multiple Bestimmtheitsmaß $R^2_{Y.Z_1\ldots Z_r D_1\ldots D_{s-1}}$ gibt die Varianz von Y an, die durch alle unabhängigen Variablen erklärbar ist. Man spricht von der erklärten Varianz im *full-model*. Die multiple Bestimmtheit $R^2_{Y.Z_1\ldots Z_r}$ bringt den Varianzanteil zum Ausdruck, der allein den Kovariablen zuzuschreiben ist. Dies entspricht der erklärten Varianz im *reduced-model*. Der Unterschied beider Varianzanteile wird durch die Information in den Dummy-Variablen, d. h. durch die Zugehörigkeit der Untersuchungsobjekte zu den verschiedenen Stufen A_i, $i = 1, \ldots, s$, von A, hervorgerufen und auf Signifikanz geprüft:

$$\hat{F} = \frac{R^2(\text{full-model}) - R^2(\text{reduced-model})}{1 - R^2(\text{full-model})} \frac{N - s - r}{s - 1} \tag{3.66}$$

Es gilt $\hat{F} \sim \mathrm{F}_{\alpha; s-1/N-s-r}$.[1]

Karpman [71] verallgemeinerte diesen Ansatz für die multivariate Regressionsanalyse, so daß die Übertragung auf die mehrdimensionale Kovarianzanalyse möglich ist. Getrennte kanonische Korrelationsanalysen für full- und reduced-model ergeben die Werte $\Lambda_{r+(s-1)}$ und Λ_r von Wilks' Lamdba:

$$\Lambda_{r+(s-1)} = \prod_{i=1}^{\min\{q, r+(s-1)\}} (1 - r_i^2(\text{full-model})),$$

$$\Lambda_r = \prod_{i=1}^{\min\{q,r\}} (1 - r_i^2(\text{reduced-model})).$$

Die Prüfgröße für den Test des Beitrags der Dummy-Variablen $D_1, \ldots, D_{s-1}$ lautet

$$\Lambda_{s-1} = \frac{\Lambda_{r+(s-1)}}{\Lambda_r}. \tag{3.67}$$

---

[1] Das Symbol „$\sim$“ bedeutet „ist verteilt nach“.

Λ_{s-1} wird mittels Rao-Approximation (4.3) getestet, so daß

$$\hat{F} = \frac{mn - t}{(s-1)\,q} \frac{1 - \sqrt[n]{\Lambda_{s-1}}}{\sqrt[n]{\Lambda_{s-1}}} \sim \mathrm{F}_{\alpha;(s-1)q/mn-t}, \qquad (3.68)$$

wobei

$$m = N - s - r - \frac{q - s + 2}{2}, \qquad n = \sqrt{\frac{q^2(s-1)^2 - 4}{(s-1)^2 + q^2 - 5}}$$

und

$$t = \frac{(s-1)\,q - 2}{2}.$$

(3.66) ergibt sich mit $q = 1$ als Sonderfall aus (3.68). In Tabelle 3.8 kann man die Gültigkeit von (3.67) am Beispiel von Tabelle 3.7 sehen.

Tabelle 3.7: Daten von Timm [140]
(Problemparameter: $q = 3$, $s = 2$, $r = 1$, $N = 69$)

1.00	0.47	0.39	0.28	0.32
	1.00	0.44	0.62	0.55
		1.00	0.28	0.29
			1.00	0.26
				1.00

Tabelle 3.8: Berechnung von Λ für die mehrdimensionale Kovarianzanalyse

	nach Formel (3.65) direkt	nach Formel (3.67) indirekt	
Eigenwerte	$l_1^* = 0.5322$	full-model $r_1^2 = 0.5468$ $r_2^2 = 0.0059$	reduced-model $r_1^2 = 0.3097$
Wilks		$\Lambda_2 = 0.4505$	$\Lambda_1 = 0.6903$
Lambda	$\Lambda = 0.6527$	$\Lambda_{2-1} = 0.6527$	

3.5.2.5. Beziehungen zur Analyse zweidimensionaler Kontingenztafeln

Im Sinn des Untersuchungsmodells II für zweidimensionale Kontingenztafeln (vgl. LOHSE/LUDWIG/RÖHR [86]) können die Gegebenheiten auch als s-Stichproben-Fall gedeutet werden. Zur Kodierung der s Stufen A_i werden $s-1$ Dummy-Variablen D_i^X benötigt; entsprechend $c-1$ Dummy-Variablen D_j^Y für B_j. Somit enthalten die $(s-1) \times N$- bzw. $(c-1) \times N$-Matrizen $\boldsymbol{D}^X$ und $\boldsymbol{D}^Y$ als Elemente nur die Werte Null und Eins. Im Ergebnis dieses von DARLINGTON/WEINBERG/WALBERG [32] empfohlenen Vorgehens finden sich $(s-1)$ kanonische Korrelationskoeffizienten. Der größte davon ist als Maß für die Abhängigkeit zwischen A und B von Interesse.
In Tabelle 3.9 wird ein Beispiel der Kontingenztafel-Analyse mittels kanonischer Korrelation ausgewertet.

Tabelle 3.9: Vergleich von Kontingenzkoeffizient und kanonischen Korrelationskoeffizienten (Daten von WEBER [150]) $p = q = 2$, $N = 224$.

Kontingenzkoeffizient C		kanonische Korrelationskoeffizienten	
unkorrigiert	korrigiert	nach Punkt 3.5.1.4	nach Punkt 3.5.2.5
		0.9999	
0.539	0.660	0.5999	0.5999
		0.2231	0.2231

4. Methodische Hilfsmittel

Nach den mehr theoretisch orientierten Betrachtungen über das Modell der kanonischen Korrelation und die Ansätze verwandter Orthogonalisierungsverfahren rücken nun die praktischen Fragen des Einsatzes dieser Modelle ins Zentrum der Überlegungen. Datenanalyse mittels kanonischer Korrelationsanalyse kann niemals Selbstzweck sein, sondern sie dient stets der Lösung eines fachwissenschaftlichen Problems; sei es der Interpretation eines bestimmten Sachverhalts, der Formulierung einer Theorie oder etwas ähnlichem. Mit den bis jetzt dargelegten Erkenntnissen, d. h. mit der Schätzung der kanonischen Gewichte und Korrelationskoeffizienten allein, lassen sich — wie die Publikationen aus der Anfangszeit der praktischen Anwendung der kanonischen Korrelationsanalyse belegen — derartige Aufgaben nur unbefriedigend lösen. Diese Größen bilden zwar das Fundament solcher Bestrebungen, reichen aber allein bei weitem nicht aus. Das Modell der kanonischen Korrelation ist durch geeignete Hilfsmittel methodischer Art zu bereichern und im Sinn der obigen Zielstellungen handhabbarer zu machen. Im Ergebnis intensiver Bemühungen wurden wesentliche methodische Hilfsmittel entwickelt, die sich in statistische Kenngrößen und ergänzende Verfahren unterteilen lassen. Zum ersten Komplex zählt man Ladungen, Varianzraten, Kommunalitäten und Gesamt-Koeffizienten. Bei den ergänzenden Verfahren handelt es sich um die Kreuzvalidierung (zur Abschätzung der Stabilität der ermittelten Schätzwerte), die Signifikanzprüfung kanonischer Korrelationskoeffizienten und die Orthogonalrotation kanonischer Lösungen.

Zusätzlich findet ein Verfahren Beachtung, das sich dem bei multivariater Datenanalyse immer akuten Problem der Ökonomie der gewählten Variablenstichprobe zuwendet. Mit seiner Hilfe wird es möglich, aus der Sicht der eingebrachten Information redundante Variablen aus dem Ansatz zu eliminieren.

Wir werden in diesem Kapitel alle methodischen Hilfsmittel in ihren Eigenschaften und Möglichkeiten vorstellen, ohne sie in eine methodische Gesamtlösung als Rahmen für den Einsatz des Modells der kanonischen Korrelation einzuordnen. Diese Methodologie wird Gegenstand des 5. Kapitels sein. Eine zielgerichtete Einbeziehung einzelner Hilfsmittel korrespondiert nämlich mit dem Grundanliegen der mittels kanonischer Korrelationsanalyse zu lösenden Aufgabe. Diese Grundkonzepte werden dort erst dargestellt.

4.1. Signifikanz kanonischer Korrelationskoeffizienten

Die Maximalzahl k_e der berechenbaren kanonischen Dimensionen ist der Variablenzahl des Zufallsvektors mit der kleineren Komponentenzahl gleich: $k_e = \min \{p, q\}$. Mit der Vereinbarung von Paragraph 1.1 ergibt sich $k_e = p$. Diese Beziehung gilt nur unter der Voraussetzung $\operatorname{rg}(\mathbf{\Sigma}_{XY}) = p$. In praktischen Untersuchungen ist $\mathbf{\Sigma}_{XY}$ unbekannt und muß geschätzt werden. RAO [108] verweist aber darauf, daß man aus $\operatorname{rg}(\boldsymbol{S}_{XY})$ keine Aussage über die tatsächliche Dimensionszahl erhalten kann. Somit bleibt nur die Bestimmung und Prüfung der Größe der einzelnen Eigenwerte (Quadrate der kanonischen Korrelationskoeffizienten) als gangbarer Weg.
Die Signifikanzuntersuchung selbst besteht aus zwei Teilen. Zuerst wird ermittelt, ob beide Zufallsvektoren $\boldsymbol{X}$ und $\boldsymbol{Y}$ überhaupt miteinander in Beziehung stehen, d. h. ob eine stochastische Abhängigkeit zwischen $\boldsymbol{X}$ und $\boldsymbol{Y}$ vorhanden ist oder nicht. Fällt dieser Test positiv aus, folgt eine sukzessive Prüfung der Werte der einzelnen kanonischen Korrelationskoeffizienten. Die zu verwendenden Prüfgrößen sind Funktionen der Schätzwerte r_i^2 der Eigenwerte der Eigenwertprobleme des Modells der kanonischen bzw. teilweisen kanonischen Korrelation und lassen sich durch multivariate Verteilungen oder Approximationen an univariate Verteilungen charakterisieren.

4.1.1. Kanonische Korrelation

Die Gesamt-Nullhypothese lautet symbolisch

$$\mathrm{H}_0^{(0)}: „\mathbf{\Sigma}_{XY} = \boldsymbol{O}“.$$

Eine dazu äquivalente Darstellung besagt

$$\mathrm{H}_0^{(0)}: „\varrho_1 = \cdots = \varrho_i = \cdots = \varrho_p = 0“.$$

Wir sprechen bei Gültigkeit von $\mathrm{H}_0^{(0)}$ davon, daß die Zufallsvektoren $\boldsymbol{X}$ und $\boldsymbol{Y}$ unkorreliert sind. In den weiteren Betrachtungen beschränken wir uns auf zwei Prüfgrößen:

- Lambda-Kriterium nach Wilks;
- Kriterium des größten Eigenwerts nach Roy.

In beiden werden die Eigenwerte von (1.22) oder (1.25) verwendet.

4.1.1.1. Approximation von Wilks Lambda

Wilks Lambda berechnet sich für $\mathrm{H}_0^{(0)}$ aus

$$\Lambda^{(0)} = \prod_{i=1}^{p} (1 - r_i^2).$$

Die von BARTLETT [5] vorgeschlagene Approximation benutzt die χ^2-Verteilung:

$$\hat{\chi}^2_{\text{Gesamt}} = -m \ln \Lambda^{(0)} \sim \chi^2_{\alpha;pq} \tag{4.1}$$

mit

$$m = (N-1) - \frac{p+q+1}{2}. \tag{4.2}$$

Die Werte $\chi^2_{\alpha;\nu}$ sind in Tafel 1, S. 170 angegeben.
Die von RAO entwickelte Approximation verwendet die F-Verteilung:

$$\hat{F}_{\text{Gesamt}} = \frac{ms-t}{pq} \frac{1-\sqrt[s]{\Lambda^{(0)}}}{\sqrt[s]{\Lambda^{(0)}}} \sim F_{\alpha;pq/ms-t} \tag{4.3}$$

mit

$$s = \sqrt{\frac{p^2q^2-4}{p^2+q^2-5}}, \qquad t = \frac{pq-2}{2}$$

und m aus (4.2).
Die Rao-Approximation ist genauer als die von BARTLETT. Für $p = 1$ und $q = 2$ (sowie im umgekehrten Fall) gilt $p^2 + q^2 - 5 = 0$ im Ausdruck für s. Daraus entsteht kein Problem. Erstens lassen sich in diesem Fall stets exakt F-verteilte Prüfgrößen angegben (vgl. COOLEY/LOHNES [27]). Zweitens reduziert sich das Modell auf die multiple Korrelation.
Wird $H_0^{(0)}$ zurückgewiesen, ist mindestens ϱ_1 von Null verschieden. Es schließt sich dann die sukzessive Prüfung der einzelnen kanonischen Korrelationskoeffizienten mittels modifiziertem Bartlett-Test an. Die k-te Teilhypothese, $k = 1, \ldots, p-1$, lautet

$$H_0^{(k)}: \text{„}\varrho_{k+1} = \cdots = \varrho_p = 0\text{“}.$$

Wilks Lambda hat den Wert $\Lambda^{(k)} = \prod_{i=k+1}^{p} (1 - r_i^2)$. Die modifizierte Prüfgröße ist

$$_B\hat{\chi}^2_{(k)} = -m \ln \Lambda^{(k)} \sim \chi^2_{\alpha;(p-k)(q-k)}. \tag{4.4}$$

HARRIS [58] kritisierte diese partitionierte Testprozedur und zog sowohl deren Berechtigung als auch Wirksamkeit in Zweifel. Diese Einwände erwiesen sich als unberechtigt. In einer Monte-Carlo-Studie verglichen MENDOZA/MARKOS/GONTER [92] die Effektivität der Bartlett-, Rao- und Lawley-Approximationen mit einem von Harris vorgeschlagenen Vorgehen. Das Hauptergebnis dieser Untersuchung besagt, daß die Lawley-Approximation den anderen hinsichtlich der Identifizierung der Zahl signifikanter kanonischer Korrelationen überlegen ist. Die Lawley-Approximation (vgl. KENDALL/

Stuart [73]) bezieht sich wie die von Bartlett auf die χ^2-Verteilung:

$$_{L}\hat{\chi}^2_{(k)} = -\left(m - k + \sum_{j=1}^{k} \frac{1}{r_j^2}\right) \ln \Lambda^{(k)} \sim \chi^2_{\alpha;(p-k)(q-k)}. \tag{4.5}$$

Es ist offensichtlich, daß mit $k = 0$ Bartlett- und Lawley-Approximation für die Prüfung der Gesamt-Hypothese gleichwertig sind.

Beispiel (Fortsetzung): Es lassen sich die Gesamt-Nullhypothese $H_0^{(0)}$ und $p - 1 = 1$ Teil-Hypothese $H_0^{(1)}$ prüfen. Die dazugehörigen Werte von Wilks Lambda lauten $\Lambda^{(0)} = 0.15$ und $\Lambda^{(1)} = 0.81$. Die Prüfgrößen der Gesamt-Tests nehmen die Werte $\hat{\chi}^2_{\text{Gesamt}} = 11.31$ und $\hat{F} = 2.61$ an. Die zu ihrer Berechnung benötigten Einzelgrößen sind $m = 6$, $s = 2$ und $t = 2$. Mit den Tafelwerten $\chi^2_{0.05;5} = 12.6$ und $F_{0.05;6/10} = 3.22$ zeigt sich, daß das Datenmaterial der Beibehaltung der Gesamt-Nullhypothese nicht widerspricht und somit sukzessive Tests entfallen.

4.1.1.2. *Kriterium des größten Eigenwerts*

Bei Verwendung von Roys Kriterium des größten Eigenwerts wird in jedem Schritt nur der jeweils maximale Eigenwert r_i^2 geprüft. Erweist sich r_1^2 als nicht signifikant, ist dies gleichbedeutend mit der Beibehaltung der Gesamt-Nullhypothese $H_0^{(0)}$. Man weist $H_0^{(0)}$ zurück, wenn $\theta^{(0)} = r_1^2 > \theta_\alpha(s_0, m, n)$. Die Parameter des θ-Werts θ_α lauten

$$s_0 = p, \quad m = \frac{|p - q| - 1}{2} \quad \text{und} \quad n = \frac{N - p - q - 2}{2}. \tag{4.6}$$

Sind bei der sukzessiven Prüfung bereits $k < p$ kanonische Korrelationskoeffizienten signifikant, prüft man die k-te Teil-Nullhypothese $H_0^{(k)}$. Sie ist abzulehnen, wenn $\theta^{(k)} = r_{k+1}^2 > \theta_\alpha(s_k, m, n)$. Zu modifizieren ist nur der erste Parameter $s_k = p - k$ des Tafelwerts θ_α. Die Werte θ_α entnimmt man den Nomogrammen von Heck oder Tafel 2, S. 172. Es lassen sich maximal $(p - 1)$ Teil-Nullhypothesen $H_0^{(k)}$ prüfen. Im Ergebnis dieses sukzessiven Vorgehens ergibt sich die Zahl k_s signifikanter kanonischer Korrelationskoeffizienten.

4.1.2. Teilweise kanonische Korrelation

Für das Modell der partiellen kanonischen Korrelation lassen sich in Anlehnung an die Verfahren von Abschnitt 4.1.1 Signifikanztests angeben. Der Fall semipartieller kanonischer Korrelationskoeffizienten wird in der Literatur nicht behandelt, so daß man sich mit einer vorläufigen Lösung zufriedengeben muß.

4.1.2.1: Partielle kanonische Korrelation

Die Gesamt-Nullhypothese lautet

$$H_0^{(0)}: „\boldsymbol{\Sigma}_{X.Z,Y.Z} = \boldsymbol{O}“$$

oder

$$H_0^{(0)}: „\varrho_1 = \cdots = \varrho_i = \cdots = \varrho_p = 0“.$$

ϱ_i, $i = 1, \ldots, p$, ist dabei der i-te partielle kanonische Korrelationskoeffizient. Für die Tests werden in der im vorangehenden Abschnitt beschriebenen Weise geeignete Funktionen der Schätzwerte r_i^2 der Eigenwerte von (2.5) bzw. (2.6) benutzt. Der prinzipielle Ablauf der Prüfung dagegen verändert sich nicht. Beim Bartlett-Test ist der Faktor m in der χ^2-Approximation (4.1) zu modifizieren. Hier gilt

$$m = (N - 1 - r) - \frac{p + q + 1}{2}. \tag{4.7}$$

Bei Verwendung des Roy-Kriteriums ändert sich der Wert des n-Parameters von θ_α aus (4.6) in

$$n = \frac{N - p - q - r - 2}{2}. \tag{4.8}$$

4.1.2.2. Semipartielle kanonische Korrelation

Für das Modell der semipartiellen kanonischen Korrelation $\boldsymbol{Z}$ aus $\boldsymbol{X}$ lautet die Gesamt-Nullhypothese

$$H_0^{(0)}: „\boldsymbol{\Sigma}_{X.Z,Y} = \boldsymbol{O}“$$

oder

$$H_0^{(0)}: „\varrho_1 = \cdots = \varrho_i = \cdots = \varrho_p = 0“.$$

Mit ϱ_i, $i = 1, \ldots, p$, werden nun die semipartiellen kanonischen Korrelationskoeffizienten als Quadratwurzeln der Eigenwerte von (2.7) oder (2.8) bezeichnet. Das Problem der Signifikanzprüfung semipartieller kanonischer Korrelationskoeffizienten ist theoretisch noch ungelöst. Als Ersatz werden gewöhnlich die Testprozeduren für partielle kanonische Korrelationskoeffizienten aus Punkt 4.1.2.1 verwendet. Fällt der Test der Gesamt-Nullhypothese positiv aus, werden sukzessiv die Teil-Nullhypothesen

$$H_0^{(k)}: „\varrho_{k+1} = \cdots = \varrho_p = 0“, \quad k = 1, \ldots, p - 1,$$

geprüft.

4.2. Kreuzvalidierung

Der Begriff der Kreuzvalidierung und die Begründung der Notwendigkeit derartiger Betrachtungen gehen auf Mosier [97] zurück. Der Sachverhalt, der die Entstehung der Kreuzvalidierung auslöste, wurde bei methodischen Überlegungen im Rahmen der Regressionsanalyse entdeckt. Der p-dimensionale Vektor $\boldsymbol{b}$ der empirischen Regressionsgewichte b_i der multiplen linearen Regressionsfunktion aus Punkt 3.5.1.2 wird in bezug auf eine Individuenstichprobe aus einer Grundgesamtheit ermittelt. Für zentrierte Zufallsvariablen gilt

$$\boldsymbol{b} = \boldsymbol{S}_{\boldsymbol{XX}}^{-1} \boldsymbol{s}_{XY} = (\boldsymbol{X}^\circ \boldsymbol{X}^{\circ\mathsf{T}})^{-1} \boldsymbol{X}^\circ \boldsymbol{y}_{(\,)}^{\circ\mathsf{T}}. \qquad (4.9)$$

Es zeigt sich immer wieder, daß die Verwendung der Regressionskoeffizienten aus (4.9) in einer neuen Situation, d. h. bei einer zweiten Individuenstichprobe aus derselben Grundgesamtheit, zu schlechteren Vorhersagewerten führt als bei Berücksichtigung der Regressionskoeffizienten der zweiten Stichprobe selbst. Diese Tatsache belegt, daß die Werte der Regressionsgewichte stichprobenabhängig sind. Kreuzvalidierung bestand zunächst in einer Abschätzung der Stabilität der Schätzungen von Regressionskoeffizienten.
Das Kreuzvalidierungskonzept soll in diesem Paragraphen auf kanonische Gewichte, Korrelationskoeffizienten und Ladungen übertragen werden.

4.2.1. Kreuzvalidität

Seien $\boldsymbol{X}_1^\circ$ die $p \times n_1$-Abweichungsmatrix der Regressoren X_i, $i = 1, \ldots, p$, in einer ersten Individuenstichprobe vom Umfang n_1, der *Basisstichprobe* und $\boldsymbol{y}_{(\,)1}^\circ$ der Abweichungsvektor des Regressanden Y. Weiterhin bezeichnen $\boldsymbol{X}_2^\circ$ die $p \times n_2$-Abweichungsmatrix derselben Regressoren X_i in einer zweiten, unabhängigen Individuenstichprobe vom Umfang n_2, der *Validierungsstichprobe* und $\boldsymbol{y}_{(\,)2}^\circ$ den Abweichungsvektor des Regressanden Y.
Die Schätzungen $\boldsymbol{b}_1$ der Regressionskoeffizienten ergeben sich aus (4.9). Für die Validierungsstichprobe läßt sich nun der n_2-dimensionale Vektor $\hat{\boldsymbol{y}}_2^\mathsf{T}$ der Werte des Regressanden — durch Anwendung der Gewichte $\boldsymbol{b}_1$ der Basisstichprobe — vorhersagen:

$$\hat{\boldsymbol{y}}_2^\mathsf{T} = \boldsymbol{X}_2^{\circ\mathsf{T}} \boldsymbol{b}_1$$

Unter der *Kreuzvalidität* r_1 *(von* $\boldsymbol{b}_1$*)* versteht man die Korrelation zwischen $\boldsymbol{y}_{(\,)2}^\circ$ und $\hat{\boldsymbol{y}}_2$, d. h. $r_1 = \mathrm{corr}\,(Y, \hat{Y})_2$. Infolge der Austauschbarkeit von Basis- und Validierungsstichprobe ergibt sich stets eine zweite Kreuzvalidität r_2 (von $\boldsymbol{b}_2$) $r_2 = \mathrm{corr}\,(Y, \hat{Y})_1$ mit $\hat{\boldsymbol{y}}_1^\mathsf{T} = \boldsymbol{X}_1^{\circ\mathsf{T}} \boldsymbol{b}_2$.
Sind beide Kreuzvaliditäten ausreichend hoch und entsprechen die Elemente von $\boldsymbol{b}_1$ und $\boldsymbol{b}_2$ einander genügend, sind die Schätzwerte der Regressionskoeffi-

zienten stichprobenunabhängig und damit stabil. Die kreuzweise Verknüpfung von Daten und Schätzwerten zum Zweck der Stabilitätsabschätzung der Schätzwerte bezeichnet man nach MOSIER [97] als *double cross-validation.*

4.2.2. Validierungsstrategien

Modernere Strategien zur Kreuzvalidierung gehen von mehreren Zweiteilungen des erhobenen statistischen Materials aus. Aus den insgesamt N Individuen werden k (meist gleichgroße) Teilstichproben gebildet. Einer dieser Teile übernimmt die Rolle der Validierungsstichprobe, die Vereinigung der $(k-1)$ anderen Teile wird die Basisstichprobe. Auf diese Weise lassen sich k Kreuzvaliditäten ermitteln, die zuverlässigere statistische Angaben ermöglichen als nach der double cross-validation-Methode, die mit $k = 2$ ein Spezialfall des allgemeinen Vorgehens ist. Der maximale Wert für die Zahl der Teile wäre $k = N$, d. h., jede Teilstichprobe enthält genau ein Element. Dieser Ansatz ist bei GOLLOB [51] unter der Bezeichnung *sample-of-size-one* cross-validation erstmals verwendet. Diese Strategie hat vor allem für die Validierung von Diskriminanzanalyse-Resultaten große Bedeutung (vgl. AHRENS/LÄUTER [1]), wogegen sie im Rahmen der kanonischen Korrelationsanalyse keine Rolle spielt.
Kreuzvalidierungen erfordern naturgemäß einen erheblichen Rechenaufwand. Für praktische Stabilitätsbetrachtungen sollte deshalb double cross-validation ausreichend sein. Für theoretisch orientierte Aussagen, z. B. zur Abschätzung von Stichprobenfehlern, wendet man die komplexeren Strategien an.

4.2.3. Kreuzvalidierung kanonischer Gewichte

Bei der multiplen linearen Regressionsanalyse (vgl. Punkt 3.5.1.2) ist aus den Daten $\boldsymbol{X}^\circ$ und $\boldsymbol{y}^\circ$ der Vektor $\boldsymbol{b}$, bei der multivariaten linearen Regressionsanalyse aus $\boldsymbol{X}^\circ$ und $\boldsymbol{Y}^\circ$ die Matrix $\boldsymbol{B}$ der Regressionskoeffizienten zu bestimmen. Bei der kanonischen Korrelationsanalyse kompliziert sich die Situation insofern, als aus den Abweichungsmatrizen $\boldsymbol{X}^\circ$ und $\boldsymbol{Y}^\circ$ zwei Matrizen $\boldsymbol{A}^\circ$ und ${}_p\boldsymbol{B}^\circ$ kanonischer Gewichte zu ermitteln sind. Bei den Modellen der teilweisen kanonischen Korrelation kommen dazu noch Matrizen von Regressionsgewichten bei der Bestimmung der Fehlervariablen $\boldsymbol{E}^X$ bzw. $\boldsymbol{E}^Y$. Deshalb ist zu erwarten, daß sich die erhaltenen Schätzungen mindestens in gleichem Maß wie Regressionskoeffizienten als stichprobenabhängig erweisen.
Mit den Daten aus Tabelle 4.1 findet man die Kreuzvalidierungsresultate von Tabelle 4.2.
Die Übertragung des Konzepts der Kreuzvalidierung auf die kanonische Korrelationsanalyse ist ein Verdienst von THORNDIKE [134], [137], [136], der als erster entsprechende Befunde ermittelte. Für die Kreuzvalidierung kommen nur solche kanonischen Dimensionen in Betracht, deren Korrelationskoeffizienten signifikant sind. Deshalb verwenden wir von den Matrizen der kanonischen Gewichte lediglich die ersten k_s Spalten: ${}_{k_s}\boldsymbol{A}^\circ$ und ${}_{k_s}\boldsymbol{B}^\circ$.

Tabelle 4.1: Daten von MÜLLER [98] (Problemparameter: $p = q = 5$)

Basisstichprobe

1.00	0.33	0.29	0.25	0.12	0.09	0.18	0.16	0.11	0.12
	1.00	0.69	0.52	0.50	0.05	0.15	0.33	0.30	0.28
		1.00	0.59	0.59	0.01	0.29	0.41	0.26	0.32
			1.00	0.44	0.04	0.18	0.24	0.19	0.19
				1.00	−0.01	0.23	0.28	0.36	0.29
					1.00	0.16	0.18	0.11	0.20
						1.00	0.60	0.34	0.19
							1.00	0.43	0.31
								1.00	0.35
									1.00

Validierungsstichprobe

1.00	0.45	0.51	0.08	0.21	0.04	0.11	0.07	−0.02	−0.10
	1.00	0.81	0.38	0.45	0.01	0.26	0.22	0.08	0.24
		1.00	0.52	0.58	−0.05	0.45	0.35	0.24	0.18
			1.00	0.29	−0.14	0.11	0.08	0.25	−0.01
				1.00	−0.02	0.41	0.25	0.23	0.13
					1.00	−0.07	0.05	−0.11	0.23
						1.00	0.68	0.52	0.48
							1.00	0.47	0.39
								1.00	0.32
									1.00

Tabelle 4.2: Vergleich der kanonischen Gewichte bei Kreuzvalidierung; $k_s = 1$

Basisstichprobe ($n_1 = 84$)		Validierungsstichprobe ($n_2 = 80$)	
$a_1^=$	$b_1^=$	$a_1^=$	$b_1^=$
0.09	−0.20	−0.21	0.05
0.18	0.13	−0.75	1.03
0.57	0.50	1.49	0.11
−0.07	0.30	−0.37	0.02
0.41	0.45	0.35	−0.29

Für die double cross-validation mit $n_1 = n_2 = \frac{N}{2} := n$ ergeben sich die folgenden Formeln:

a) Die $k_s \times n$-Matrizen $\hat{U}_2$ und $\hat{V}_2$ der Werte der Individuen der Validierungsstichprobe in U und V — unter Zugrundelegung der kanonischen Gewichte A_1° und ${}_pB_1^\circ$ der Basisstichprobe — lauten

$$\hat{U}_2 = {}_{k_s}A_1^{\circ\mathrm{T}}X_2^\circ \quad \text{und} \quad \hat{V}_2 = {}_{k_s}B_1^{\circ\mathrm{T}}Y_2^\circ. \tag{4.10}$$

$\hat{U}_2$ und $\hat{V}_2$ sind keine Standardmatrizen.

Um die Berechnungsformeln für die Kreuzvaliditäten einfach zu halten, wird eine Normierung in den Zeilen dieser Matrizen vorgenommen, ohne deren Bezeichnung zu ändern. Auf die Werte der Korrelationskoeffizienten hat diese Transformation natürlich keinen Einfluß.

b) Die $k_s \times n$-Matrizen U_2 und V_2 der Werte der Individuen der Validierungsstichprobe in U und V unter Benutzung der „eigenen" kanonischen Gewichte A_2° und ${}_pB_2^\circ$ sind

$$U_2 = {}_{k_s}A_2^{\circ\mathrm{T}}X_2^\circ \quad \text{und} \quad V_2 = {}_{k_s}B_2^{\circ\mathrm{T}}Y_2^\circ.$$

U_2 und V_2 sind nach E1 von S. 18 Standardmatrizen.

Die Kreuzvaliditäten von A_1° sind k_s Korrelationskoeffizienten. Der k_s-dimensionale Vektor ${}_U\boldsymbol{r}_1$ dieser Kreuzvaliditäten ist ${}_U\boldsymbol{r}_1 = \mathrm{dg}\left(\frac{1}{n-1}\hat{U}_2U_2^\mathrm{T}\right)$.

Entsprechend bestimmt man die Kreuzvaliditäten ${}_V\boldsymbol{r}_1$ von ${}_pB_1^\circ$ aus

$${}_V\boldsymbol{r}_1 = \mathrm{dg}\left(\frac{1}{n-1}\hat{V}_2V_2^\mathrm{T}\right).$$

Wegen der sachlogischen Gleichwertigkeit von Basis- und Validierungsstichprobe lassen sich mit ${}_U\boldsymbol{r}_2$ und ${}_V\boldsymbol{r}_2$ zwei weitere k_s-dimensionale Vektoren mit den Kreuzvaliditäten von A_2° und ${}_pB_2^\circ$ berechnen. Je größer die Komponenten der Vektoren $\boldsymbol{r}$ der Kreuzvaliditäten sind, desto stabiler sind die Schätzungen der kanonischen Gewichte.

Für die Daten von Tabelle 4.1 ergeben sich die Kreuzvaliditäten

$${}_Ur_1 = 0.53, \quad {}_Vr_1 = 0.58, \quad {}_Ur_2 = 0.69 \quad \text{und} \quad {}_Vr_2 = 0.42.$$

4.2.4. Kreuzvalidierung kanonischer Korrelationskoeffizienten

Die Instabilität der kanonischen Gewichte findet ihren Ausdruck in den teilweise beträchtlichen Unterschieden zwischen den Schätzwerten von Basis- und Validierungsstichprobe. Da die kanonischen Gewichte nach (1.6) die Werte der kanonischen Korrelationskoeffizienten unmittelbar beeinflussen, sind für diese Größen ebenfalls stichprobenspezifische Einflüsse zu erwarten und deren Ausmaß zu kontrollieren. Aus Tabelle 4.3 ist an zwei Beispiel-Untersuchungen das Problem der Reduzierung der kanonischen Korrelationskoeffizienten nach Kreuzvalidierung verdeutlicht.

Tabelle 4.3: Werte kanonischer Korrelationskoeffizienten nach Kreuzvalidierung (Daten von THORNDIKE/WEISS [137])

kanonischer Korrelationskoeffizient	Basisstichprobe		Validierungsstichprobe	
	original	kreuzvalidiert	original	kreuzvalidiert
Beispiel 1: $k_s = 3$	$n_1 = 418$		$n_2 = 371$	
r_1	0.50	0.42	0.58	0.36
r_2	0.42	0.24	0.40	0.25
r_3	0.34	0.08	0.37	0.19
Beispiel 2: $k_s = 2$	$n_1 = 246$		$n_2 = 259$	
r_1	0.65	0.38	0.62	0.38
r_2	0.56	0.28	0.54	−0.05

4.2.4.1. *Modell der kanonischen Korrelation*

Zur Kreuzvalidierung kommen nur die k_s signifikanten kanonischen Korrelationskoeffizienten der Basisstichprobe in Frage. Man verwendet die kanonischen Gewichte $\boldsymbol{A}_2^\circ$ und ${}_p\boldsymbol{B}_2^\circ$ der Validierungsstichprobe in folgender Weise zur Berechnung der $k_s \times n$-Matrizen $\hat{\boldsymbol{U}}_1$ und $\hat{\boldsymbol{V}}_1$:

$$\hat{\boldsymbol{U}}_1 = {}_{k_s}\boldsymbol{A}_2^{\circ\mathsf{T}}\boldsymbol{X}_1^\circ \quad \text{und} \quad \hat{\boldsymbol{V}}_1 = {}_{k_s}\boldsymbol{B}_2^{\circ\mathsf{T}}\boldsymbol{Y}_1^\circ,$$

so daß der k_s-dimensionale Vektor

$$\boldsymbol{r}_1 = \mathrm{dg}\left(\frac{1}{n-1}\hat{\boldsymbol{U}}_1\hat{\boldsymbol{V}}_1^\mathsf{T}\right) = (\hat{r}_{1,1}, \ldots, \hat{r}_{k_s,1})^\mathsf{T} \tag{4.11}$$

als Komponenten die kreuzvalidierten kanonischen Korrelationskoeffizienten enthält. Vor der Verwendung von $\hat{\boldsymbol{U}}_1$ und $\hat{\boldsymbol{V}}_1$ in (4.11) wurden deren Zeilen normiert. $\frac{1}{n-1}\hat{\boldsymbol{U}}_1\hat{\boldsymbol{V}}_1^\mathsf{T}$ ist keine Diagonalmatrix. Dagegen stellt $\frac{1}{n-1}\boldsymbol{U}_1\boldsymbol{V}_1^\mathsf{T}$ mit $\boldsymbol{U}_1 = {}_{k_s}\boldsymbol{A}_1^{\circ\mathsf{T}}\boldsymbol{X}_1^\circ$ und $\boldsymbol{V}_1 = {}_{k_s}\boldsymbol{B}_1^{\circ\mathsf{T}}\boldsymbol{Y}_1^\circ$ die Diagonalmatrix $\mathrm{Dg}\,(r_{i,1})$ der k_s signifikanten kanonischen Korrelationskoeffizienten in der Basisstichprobe dar. Infolge der Gleichwertigkeit beider Teilstichproben hinsichtlich ihrer Ver-

wendung als Basis- oder Validierungsstichprobe ergeben sich analog die kreuzvalidierten kanonischen Korrelationskoeffizienten $\boldsymbol{r}_2 = (\hat{r}_{1,2}, \ldots, \hat{r}_{k_s,2})^{\mathsf{T}}$ der Validierungsstichprobe mit $\hat{\boldsymbol{U}}_2$ und $\hat{\boldsymbol{V}}_2$ aus (4.10).
Auf der Basis zweier Untersuchungen kommen THORNDIKE/WEISS [137] zu Einschätzungen, die durch weitere Studien als belegt gelten können:

a) die Werte $\hat{r}_i$, $i = 1, \ldots, k_s$, der kreuzvalidierten kanonischen Korrelationskoeffizienten sind kleiner als die Werte r_i der (originalen) kanonischen Korrelationskoeffizienten mit

$$0.1 \leqq r_{i,j} - \hat{r}_{i,j} \leqq 0.6, \quad j = 1, 2;$$

b) die Werte r_i der kanonischen Korrelationskoeffizienten unterscheiden sich zwischen den beiden Teilstichproben 1 und 2 relativ wenig mit

$$|r_{i,1} - r_{i,2}| \leqq 0.05, \quad i = 1, \ldots, k_s.$$

Aus diesen Tatsachen zieht man die Konsequenz, nur den signifikanten kanonischen Dimensionen Bedeutung beizumessen, die sich bei Kreuzvalidierung als stabil erweisen. Stabilität wird einer kanonischen Dimension (U_i, V_i) zugesprochen, wenn sich die kreuzvalidierten kanonischen Korrelationskoeffizienten $\hat{r}_{i,1}$ und $\hat{r}_{i,2}$ signifikant von Null unterscheiden. Der Signifikanztest für diese einfachen Korrelationskoeffizienten wurde in Punkt 3.5.1.1 besprochen.
Im Ergebnis dieser Untersuchungen ergibt sich eine Zahl k_v kreuzvalidierter kanonischer Dimensionen für die weiteren Betrachtungen.

4.2.4.2. *Modelle der teilweisen kanonischen Korrelation*

Das Prinzip der Kreuzvalidierung sei am Modell der partiellen kanonischen Korrelation beschrieben. Es ist eine direkte Übertragung auf die semipartielle kanonische Korrelationsanalyse möglich. Die Anzahl der zu schätzenden Parameter ist nun größer als beim Modell der kanonischen Korrelation, denn aus den Abweichungsmatrizen $\boldsymbol{X}^\circ$, $\boldsymbol{Y}^\circ$ und $\boldsymbol{Z}^\circ$ sind neben den Matrizen der kanonischen Gewichte zusätzlich zwei Matrizen $\boldsymbol{B_X}$ und $\boldsymbol{B_Y}$ von Regressionskoeffizienten für die Fehlervariablen (vgl. S. 35) zu bestimmen. Diese Werte beeinflussen nach (2.4) direkt die Größe r_i des i-ten partiellen kanonischen Korrelationskoeffizienten. Es ist zu erwarten, daß die Stichprobenabhängigkeit partieller kanonischer Korrelationskoeffizienten deshalb größer als die der kanonischen Korrelationskoeffizienten ist, weil Regressionskoeffizienten und kanonische Gewichte derartigen Einflüssen unterliegen. Mit der Stabilität partieller kanonischer Korrelationskoeffizienten befaßte sich erstmalig MICHALSKI [94]. Die dort verwendete Validierungsstrategie geht von einer Dreiteilung der Individuenstichprobe aus. Der Einfachheit halber wird $n_1 = n_2 = n_3 = \frac{N}{3} := n$ angenommen. Der Index 1 kennzeichnet die Basisstichprobe, die Indizes 2 und 3 bezeichnen die Validierungsstichproben (2: für kanonische Gewichte 3: für Regressionskoeffizienten). Zur Kreuzvalidierung zieht man die k_s signifikanten partiellen kanonischen Korrelationskoeffizienten heran und verbindet die Daten der Basisstichprobe mit den Schätzungen der Parameter aus den Validierungsstichproben. Für die $k_s \times n$-Matrizen $\hat{U}_1$ und $\hat{V}_1$ gilt:

$$\hat{U}_1 = {}_{k_s}A_2^{\circ\mathsf{T}}(X_1^\circ - B_{X;3}^\mathsf{T} Z_1^\circ) \quad \text{und} \quad \hat{V}_1 = {}_{k_s}B_2^{\circ\mathsf{T}}(Y_1^\circ - B_{Y;3}^\mathsf{T} Z_1^\circ). \tag{4.12}$$

Nach Normierung der Zeilen der abgeleiteten Datenmatrizen $\hat{U}_1$ und $\hat{V}_1$ gilt (4.11) für die Berechnung der kreuzvalidierten partiellen kanonischen Korrelationskoeffizienten.

$$\frac{1}{n-1} U_1 V_1^\mathsf{T} \quad \text{mit} \quad U_1 = {}_{k_s}A_1^{\circ\mathsf{T}}(X_1^\circ - B_{X;1}^\mathsf{T} Z_1^\circ)$$

und

$$V_1 = {}_{k_s}B_1^{\circ\mathsf{T}}(Y_1^\circ - B_{Y;1}^\mathsf{T} Z_1^\circ)$$

stellt im Gegensatz zu $\frac{1}{n-1} \hat{U}_1 \hat{V}_1^\mathsf{T}$ die Diagonalmatrix der k_s signifikanten partiellen kanonischen Korrelationskoeffizienten dar. Infolge der logischen Gleichwertigkeit der drei Teilstichproben lassen sich fünf weitere Vektoren von Kreuzvaliditäten berechnen. Die Bestimmung der Matrix der Regressionskoeffizienten erfolgt — am Beispiel von $B_{X;3}$ — aus $(Z_3^\circ Z_3^{\circ\mathsf{T}})^{-1} Z_3^\circ X_3^\circ$ und entsprechend für die anderen Regressionskoeffizienten.
Auf der Grundlage zweier empirischer Untersuchungen, bei denen die Werte aller sechs möglichen Kreuzvalidierungen gemittelt wurden, fanden sich folgende Resultate (vgl. Röhr [118]):

a) die Werte $\hat{r}_i$, $i = 1, \ldots, k_s$, der kreuzvalidierten partiellen bzw. semipartiellen kanonischen Korrelationskoeffizienten sind kleiner als die Werte r_i der partiellen bzw. semipartiellen kanonischen Korrelationskoeffizienten mit

$$0.15 \leqq r_{i,j} - \hat{r}_{i,j} \leqq 0.7, \quad j = 1, 2, 3;$$

b) die Werte r_i unterscheiden sich zwischen den drei Teilstichproben 1, 2 und 3 relativ wenig mit

$$|r_{i,1} - r_{i,2}|, \ |r_{i,1} - r_{i,3}|, \ |r_{i,2} - r_{i,3}| \leqq 0.15, \quad i = 1, \ldots, k_s.$$

In Tabelle 4.4 finden sich konkrete Kreuzvalidierungsergebnisse für das Modell der semipartiellen kanonischen Korrelation, in Tabelle 4.5 für die partielle kanonische Korrelationsanalyse.

Tabelle 4.4: Werte semipartieller kanonischer Korrelationskoeffizienten nach Kreuzvalidierung (Daten von SCHLADEBACH [124])

semipartielle kanonische Korrelations-koeffizienten	Basis-stichprobe		Validierungs-stichprobe 1		Validierungs-stichprobe 2	
	original	kreuz-validiert	original	kreuz-validiert	original	kreuz-validiert
$k_s = 2$	$n_1 = 43$		$n_2 = 43$		$n_3 = 43$	
r_1	0.61	0.10	0.59	0.19	0.55	−0.22
r_2	0.32	0.15	0.25	0.00	0.40	0.26

Tabelle 4.5: Werte partieller kanonischer Korrelationskoeffizienten nach Kreuzvalidierung (Daten von GITTER [46])

partielle kanonische Korrelations-koeffizienten	Basisstich-probe		Validierungs-stichprobe 1		Validierungs-stichprobe 2	
	original	kreuz-validiert	original	kreuz-validiert	original	kreuz-validiert
$k_s = 1$	$n_1 = 77$		$n_2 = 77$		$n_3 = 76$	
r_1	0.53	0.04	0.55	0.16	0.62	0.02

4.3. Praktische Relevanz kanonischer Korrelationskoeffizienten

Statistische Signifikanz und Stabilität in der Kreuzvalidierung können als Anzeichen für eine generalisierbare Beziehung zwischen den zwei Zufallsvektoren $\boldsymbol{X}$ und $\boldsymbol{Y}$ gedeutet werden, liefern aber keinesfalls eine Garantie für deren Existenz. THORNDIKE [136] macht darauf aufmerksam, daß kanonische Korrelationsanalysen mit sehr großem Umfang N der Individuenstichprobe und relativ wenigen Variablen X_i und Y_j zahlenmäßig zwar kleine, dennoch aber statistisch signifikante Korrelationskoeffizienten ergeben können. Derartige Dimensionen sind natürlich für die Formulierung von wissenschaftlichen Verallgemeinerungen oder Gesetzesaussagen wertlos.

Benötigt werden Richtwerte, mit deren Hilfe entschieden werden kann, ob der Wert r_i, $i = 1, \ldots, k_v$, eines kanonischen Korrelationskoeffizienten als praktisch bedeutsam anzusehen ist. Da es sich bei solchen Festlegungen um heuristische Kriterien handelt, die aus Erfahrungswerten abgeleitet wurden,

sind die Grenzen nicht frei von Willkürlichkeiten und subjektiven Beurteilungen. In der Literatur finden sich zu dieser Frage zwei Empfehlungen, die recht gut übereinstimmen. Nach COOLEY/LOHNES [27] besitzt eine kanonische Dimension dann praktische Bedeutung, wenn $r_i > 0.3$ gilt. THORNDIKE [136] entscheidet dieselbe Frage anhand der Grenze $r_i^2 \geqq 0.1$.
Nach Überprüfung der praktischen Relevanz der kanonischen Korrelationskoeffizienten findet man die Zahl k_r weiterzuverwendender praktisch relevanter kanonischer Dimensionen.
Offensichtlich steht der Umfang N der Individuenstichprobe in Zusammenhang mit der Eigenschaft der praktischen Relevanz kanonischer Korrelationskoeffizienten. Je größer N ist, desto dringender stellt sich die Bedeutungsfrage. Für die Zahl N der Elemente der Individuenstichprobe lassen sich nach THORNDIKE [136] folgende Hinweise geben: $p + q < N < (p + q)^2 + 50$.
Der tatsächlich zu realisierende Stichprobenumfang soll innerhalb des angegebenen Intervalls liegen. Er kann bei Untersuchungen ohne Kreuzvalidierung sogar wesentlich unter der oberen Grenze $(p + q)^2 + 50$ liegen, sollte aber nicht kleiner als $10(p + q + 5)$ werden. Sieht der Analyseplan eine Stabilitätsuntersuchung mittels Kreuzvalidierung vor, was allgemein zu empfehlen ist, müssen sich die Stichprobengrößen den durch die obere Grenze festgelegten Werten annähern.

4.4. Weiterführende statistische Kennzahlen

Die zur Interpretation kanonischer Korrelationsanalysen unentbehrlichen Kennzahlen lassen sich in die drei Klassen Ladungen, Varianzraten und Kommunalitäten einteilen. *Ladungen* sind Korrelationskoeffizienten zwischen Ausgangsvariablen X_i, Y_j und kanonischen Variablen U_m, V_n. Es ist zwischen zwei Arten von Ladungen zu unterscheiden. Werden die Korrelationen innerhalb der Bereiche betrachtet, d. h. $\operatorname{corr}(X_i, U_m)$ bzw. $\operatorname{corr}(Y_j, V_n)$, spricht man von *Intrabereichsladungen*. Der Begriff der Intrabereichsladung geht auf MEREDITH [93] zurück. Bestimmt man Korrelationen zwischen den Bereichen, d. h. $\operatorname{corr}(X_i, V_n)$ bzw. $\operatorname{corr}(Y_j, U_m)$, liegen *Interbereichsladungen* vor.
Varianzraten geben an, welcher Anteil der Gesamtvarianz eines Bereichs durch eine kanonische Variable aufgeklärt werden kann. Es sind zwei Arten von Varianzraten zu unterscheiden. *Extraktionsmaße* bestimmen Varianzanteile der kanonischen Variablen bezüglich des Bereichs, aus dessen Ausgangsvariablen sie als Linearkombinationen gebildet wurden. *Redundanzmaße* geben diejenigen Varianzanteile in dem einen Bereich an, die durch die kanonischen Variablen des anderen Bereichs erklärt werden können. Redundanzmaße wurden durch STEWART/LOVE [131] und GLAHN [49] eingeführt. JOHANNSEN [67] verweist darauf, daß Redundanzmaße den kanonischen Bestimmtheiten (Quadrate der kanonischen Korrelationskoeffizienten) für Aussagen über das Ausmaß gegenseitiger Varianzaufklärung von $\boldsymbol{X}$ und $\boldsymbol{Y}$ überlegen sind.
Kommunalitäten geben an, welcher Anteil der Varianz einer Ausgangsvaria-

blen X_i oder Y_j durch die kanonischen Variablen eines Modells mit einer festgelegten Dimensionszahl erklärbar ist. Es müssen zwei Arten von Kommunalitäten auseinandergehalten werden. *Intrabereichskommunalitäten* betrachten die Varianzanteile innerhalb der Bereiche, d. h. vom X_i durch $\boldsymbol{U}$ oder Y_j durch $\boldsymbol{V}$. *Interbereichskommunalitäten* ermitteln Varianzanteile zwischen den Bereichen, d. h. von X_i durch $\boldsymbol{V}$ oder Y_j durch $\boldsymbol{U}$. Die Einbeziehung von Kommunalitäten geht auf THORNDIKE [135] zurück.
Hier wird mit „Bereich" ein neuer Begriff eingeführt. Diese Bezeichnung (engl.: *set*) ist in den Anwendungen der kanonischen Korrelationsanalyse gebräuchlich. Sie wird verwendet, um den Sachverhalt zu kennzeichnen, der im Modell der kanonischen Korrelation formal als der Zufallsvektor $\boldsymbol{X}$ (oder $\boldsymbol{Y}$) behandelt wird. So stand im Einführungsbeispiel von S. 15 die Frage, ob zwischen den Bereichen „Studienzufriedenheit" und „Studienzielsetzung" ein Zusammenhang nachgewiesen werden kann. Im dort gewählten Ansatz stehen für diese Bereiche die 10- bzw. 15-dimensionalen Zufallsvektoren $\boldsymbol{X}$ bzw. $\boldsymbol{Y}$.
„Innerhalb der Bereiche" ist dann so zu verstehen, daß zur Bildung der kanonischen Variablen derselbe Zufallsvektor benutzt wird, dessen Komponenten auch die Ausgangsvariablen darstellen. „Zwischen den Bereichen" meint, daß die Ausgangsvariablen die Komponenten des einen Zufallsvektors sind, während die kanonischen Variablen aus den Komponenten des anderen Zufallsvektors durch lineare Kombinierung gebildet werden.
Die Betrachtungen werden nicht für die maximale Zahl p kanonischer Dimensionen angestellt, sondern es erfolgt eine Einschränkung in den Berechnungen auf die k_r signifikanten, kreuzvalidierten, praktisch relevanten Dimensionen (U_i, V_i), $i = 1, \ldots, k_r$.

4.4.1. Kanonische Ladungen

Durch die Partitionierung des Vektors der Ausgangsvariablen bedingt, sind Intra- und Interbereichsladungen zu unterscheiden. Definition und Berechnungsformeln beider Ladungsarten werden für die Datenmodelle Standardvariablen und Abweichungsvariablen angegeben.

4.4.1.1. Intrabereichsladungen

Intrabereichsladungen sind Korrelationskoeffizienten zwischen den Ausgangsvariablen und den kanonischen Variablen eines Bereichs. Für den X-Bereich ergibt sich die $p \times k_r$-Matrix $\operatorname{corr}(\boldsymbol{X}, \boldsymbol{U}) := \boldsymbol{R}_{XU}$ der Intrabereichsladungen beim Datenmodell Standardvariablen aus

$$\boldsymbol{R}_{XU} = \operatorname{corr}(\boldsymbol{X}^{=}, {}_{k_r}\boldsymbol{A}^{=\top}\boldsymbol{X}^{=}) = \boldsymbol{R}_{XX\,k_r}\boldsymbol{A}^{=}. \tag{4.13}$$

Mit (10.7) und (3.40) folgt für das Datenmodell Abweichungsvariablen

$$\boldsymbol{R}_{XU} = \boldsymbol{S}_X^{-1/2}\boldsymbol{S}_{XX\,k_r}\boldsymbol{A}^{\circ}. \tag{4.14}$$

Analog gelten für den Y-Bereich die Beziehungen

$$\boldsymbol{R}_{YV} = \operatorname{corr}(\boldsymbol{Y}^{=}, {}_{k_r}\boldsymbol{B}^{=\mathrm{T}}\boldsymbol{Y}^{=}) = \boldsymbol{R}_{YY\,k_r}\boldsymbol{B}^{=} \tag{4.15}$$

und

$$\boldsymbol{R}_{YV} = \boldsymbol{S}_{Y}^{-1/2}\boldsymbol{S}_{YY\,k_r}\boldsymbol{B}^{\circ}.$$

$\boldsymbol{R}_{XU}$ und $\boldsymbol{R}_{YV}$ werden *Strukturmatrizen* genannt. Das Quadrat eines Elements einer Strukturmatrix ist eine multiple Bestimmtheit. Sein Wert gibt an, welcher Anteil der Varianz einer Ausgangsvariablen eines Bereichs $\boldsymbol{X}(\boldsymbol{Y})$ durch eine, im Sinn der kanonischen Korrelationsanalyse optimale Linearkombination aller Ausgangsvariablen des Bereichs $\boldsymbol{X}(\boldsymbol{Y})$ erklärbar ist.

4.4.1.2. Interbereichsladungen

Interbereichsladungen sind Korrelationskoeffizienten zwischen den Ausgangsvariablen des einen Bereichs und den kanonischen Variablen des anderen Bereichs.
Für den X-Bereich ergibt sich die $p \times k_r$-Matrix $\operatorname{corr}(\boldsymbol{X}, \boldsymbol{V}) := \boldsymbol{R}_{XV}$ der Interbereichsladungen beim Datenmodell Standardvariablen zu

$$\boldsymbol{R}_{XV} = \operatorname{corr}(\boldsymbol{X}^{=}, {}_{k_r}\boldsymbol{B}^{=\mathrm{T}}\boldsymbol{Y}^{=}) = \boldsymbol{R}_{XY\,k_r}\boldsymbol{B}^{=}. \tag{4.16}$$

Für das Datenmodell Abweichungsvariablen folgt direkt

$$\boldsymbol{R}_{XV} = \boldsymbol{S}_{X}^{-1/2}\boldsymbol{S}_{XY\,k_r}\boldsymbol{B}^{\circ}.$$

Entsprechend lauten die Beziehungen im Y-Bereich

$$\boldsymbol{R}_{YU} = \boldsymbol{R}_{YX\,k_r}\boldsymbol{A}^{=} = \boldsymbol{S}_{Y}^{-1/2}\boldsymbol{S}_{YX\,k_r}\boldsymbol{A}^{\circ}. \tag{4.17}$$

$\boldsymbol{R}_{XV}$ uns $\boldsymbol{R}_{YU}$ werden *Redundanzmatrizen* genannt. Das Quadrat eines Elements einer Redundanzmatrix ist eine multiple Bestimmtheit und gibt an, welcher Anteil der Varianz einer Ausgangsvariablen eines Bereichs $\boldsymbol{X}(\boldsymbol{Y})$ durch eine optimale Linearkombination aller Ausgangsvariablen des anderen Bereichs $\boldsymbol{Y}(\boldsymbol{X})$ erklärbar ist. Zwischen Struktur- und Redundanzmatrizen existiert ein Zusammenhang. Verwendet man in (1.13) Stichprobendaten, multipliziert von links mit $\boldsymbol{S}_{Y}^{-1/2}$ und führt mit $\boldsymbol{A}^{\circ}$, $\boldsymbol{B}^{\circ}$ und $\operatorname{Dg}(r_n)$ eine Matrixnotation für $\boldsymbol{\alpha}$, $\boldsymbol{\beta}$ und ϱ ein, so gilt

$$\boldsymbol{S}_{Y}^{-1/2}\boldsymbol{S}_{YX}\boldsymbol{A}^{\circ} = \boldsymbol{S}_{Y}^{-1/2}\boldsymbol{S}_{YY}\boldsymbol{B}^{\circ}\operatorname{Dg}(r_n)$$

oder mit (4.17) und (4.15)

$$\boldsymbol{R}_{YU} = \boldsymbol{R}_{YV}\boldsymbol{L}_{2}^{1/2}. \tag{4.18}$$

Die entsprechende Gleichung für die Ladungen im X-Bereich ist

$$\boldsymbol{R}_{XV} = \boldsymbol{R}_{XU}\boldsymbol{L}_{1}^{1/2}.$$

Beispiel (Fortsetzung)

Strukturmatrizen:

$$\boldsymbol{R}_{XU} = \begin{pmatrix} -0.09 & 1.00 \\ 0.85 & 0.52 \end{pmatrix}, \qquad \boldsymbol{R}_{YV} = \begin{pmatrix} -0.88 & -0.35 \\ 0.23 & 0.37 \\ -0.46 & 0.75 \end{pmatrix}.$$

Redundanzmatrizen:

$$\boldsymbol{R}_{XV} = \begin{pmatrix} -0.08 & 0.44 \\ 0.77 & 0.23 \end{pmatrix}, \qquad \boldsymbol{R}_{YU} = \begin{pmatrix} -0.79 & -0.15 \\ 0.20 & 0.16 \\ -0.41 & 0.33 \end{pmatrix}.$$

4.4.1.3. Kreuzvalidierung kanonischer Ladungen

Die kanonischen Ladungen werden unter Verwendung der Werte für die kanonischen Gewichte berechnet und unterliegen somit stichprobenspezifischen Einflüssen. Deshalb macht es sich erforderlich, die Stabilität der kanonischen Ladungen abzuschätzen. Die Matrizen $\boldsymbol{R}'$ der kreuzvalidierten Intrabereichsladungen ergeben sich für den X-Bereich gemäß (4.13) zu

$$\boldsymbol{R}'_{XU} = \mathrm{corr}\,(\boldsymbol{X}_1^=, {}_{k_r}\boldsymbol{A}_2^{=\mathrm{T}}\boldsymbol{X}_1^=) = \boldsymbol{R}_{XX\,k_r}\boldsymbol{A}_2^= .$$

Darin ist $\boldsymbol{R}_{XX}$ die Korrelationsmatrix der X-Variablen in der Basisstichprobe. Entsprechend gilt $\boldsymbol{R}'_{YV} = \boldsymbol{R}_{YY\,k_r}\boldsymbol{B}_2^=$ für die kreuzvalidierten Intrabereichsladungen des Y-Bereichs. Infolge der Gleichwertigkeit von Basis- und Kreuzvalidierungsstichprobe ergeben sich zwei weitere Matrizen kreuzvalidierter Intrabereichsladungen. Für die kreuzvalidierten Interbereichsladungen gelten analoge Beziehungen:

$$\boldsymbol{R}'_{XV} = \boldsymbol{R}_{XY\,k_r}\boldsymbol{B}_2^= \quad \text{und} \quad \boldsymbol{R}'_{YU} = \boldsymbol{R}_{YX\,k_r}\boldsymbol{A}_2^= .$$

Das Ausmaß an Instabilität der Ladungen wird anhand der Werte für eine Untersuchung in Tabelle 4.6 demonstriert.

THORNDIKE/WEISS [137] geben aufgrund ihrer empirischen Arbeiten zwei Folgerungen hinsichtlich der Stabilität kanonischer Ladungen an:

a) die Unterschiede zwischen den Werten der Intrabereichsladungen sind nicht unbedeutend. Sie treten sowohl zwischen Basis- und Validierungsstichprobe als auch zwischen originalen und kreuzvalidierten Ladungen auf;
b) kanonische Ladungen erweisen sich im Vergleich zu den kanonischen Gewichten als stabiler.

Als Richtwerte für die Reduzierung der Werte der Ladungen nach Kreuzvalidierung ergaben sich aus eigenen Untersuchungen folgende Größen:

— Differenzen zwischen den originalen Ladungen von Basis- und Validierungsstichprobe $\leqq 0.4$;
— Differenzen zwischen originalen und kreuzvalidierten Ladungen $\leqq 0.5$.

Tabelle 4.6: Intra- und Unterbereichsladungen bei Kreuzvalidierung (Daten von MÜLLER [98])

	Intrabereichsladungen			
	original		kreuzvalidiert	
$k_r = 1$	U_1	V_1	U_1	V_1
Basisstichprobe	0.25	−0.09	0.52	−0.11
	0.39	0.97	0.82	0.80
	0.78	0.70	0.94	0.83
	0.21	0.40	0.41	0.72
	0.72	0.27	0.80	0.71
Validierungs-stichprobe	0.34	0.03		
	0.78	0.59		
	0.93	0.81		
	0.57	0.70		
	0.82	0.70		
	Interbereichsladungen			
	original		kreuzvalidiert.	
Basisstichprobe	0.14	−0.05	0.18	−0.04
	0.22	0.56	0.29	0.28
	0.45	0.40	0.33	0.29
	0.12	0.29	0.15	0.25
	0.42	0.16	0.28	0.25
Validierungs-stichprobe	0.17	0.02		
	0.39	0.29		
	0.46	0.41		
	0.28	0.35		
	0.41	0.35		

4.4.2. Kanonische Varianzraten

Unter dem Begriff *kanonischer Varianzraten* werden Extraktions- und Redundanzmaße zusammengefaßt. Varianzraten werden unmittelbar aus den Struktur- und Redundanzmatrizen abgeleitet.

4.4.2.1. Extraktionsmaße

Extraktionsmaße geben an, welcher Anteil der Gesamtvarianz eines Bereichs durch eine kanonische Variable desselben Bereichs erklärt werden kann. Sie werden aus der Strukturmatrix berechnet, indem deren Elemente quadriert, spaltenweise, d. h. pro kanonische Variable, summiert und auf die Gesamtvarianz des Bereichs bezogen werden.
Für den X-Bereich ergibt sich der k_r-dimensionale Vektor $\boldsymbol{g}^2_{X|U}$ der Extraktionsmaße $g^2_{X|U_m}$

$$\boldsymbol{g}^2_{X|U} = \frac{1}{p} \operatorname{dg}(\boldsymbol{R}^\mathsf{T}_{XU}\boldsymbol{R}_{XU}). \tag{4.19}$$

Das Extraktionsmaß der m-ten kanonischen Variablen U_m des X-Bereichs lautet

$$g^2_{X|U_m} = \frac{1}{p} (\boldsymbol{a}^{=\mathsf{T}}_m \boldsymbol{R}_{XX}\boldsymbol{R}_{XX}\boldsymbol{a}^=_m). \tag{4.20}$$

Somit kann $g^2_{X|U_m}$ als mittlerer, durch U_m erklärter Varianzanteil an den p Variablen $X^=_i$ gedeutet werden. Für die Extraktionsmaße im Y-Bereich gilt entsprechend

$$\boldsymbol{g}^2_{Y|V} = \frac{1}{q} \operatorname{dg}(\boldsymbol{R}^\mathsf{T}_{YV}\boldsymbol{R}_{YV}).$$

4.4.2.2. Redundanzmaße

Redundanzmaße geben an, welcher Anteil der Gesamtvarianz eines Bereichs durch eine kanonische Variable des anderen Bereichs erklärbar ist. Sie werden aus der Redundanzmatrix abgeleitet, indem deren Elemente spaltenweise quadriert, summiert und auf die Gesamtvarianz des Bereichs bezogen werden.
Für den X-Bereich ergibt sich der k_r-dimensionale Vektor $\boldsymbol{g}^2_{X|V}$ der Redundanzmaße $g^2_{X|V_n}$

$$\boldsymbol{g}^2_{X|V} = \frac{1}{p} \operatorname{dg}(\boldsymbol{R}^\mathsf{T}_{XV}\boldsymbol{R}_{XV}). \tag{4.21}$$

Das Redundanzmaß der n-ten kanonischen Variablen V_n des Y-Bereichs lautet

$$g^2_{X|V_n} = \frac{1}{p} (\boldsymbol{b}^{=\mathsf{T}}_n \boldsymbol{R}_{YX}\boldsymbol{R}_{XY}\boldsymbol{b}^=_n), \tag{4.22}$$

so daß $g^2_{X|V_n}$ als mittlerer, durch V_n erklärter Varianzanteil an den p Variablen $X^=_i$ interpretierbar ist. Analoge Ableitungen ergeben für die Redundanzmaße

$g^2_{Y|U}$ des Y-Bereichs

$$g^2_{Y|U} = \frac{1}{q} \operatorname{dg} (R^T_{YU} R_{YU}).$$

Redundanz- und Extraktionsmaße sind miteinander verbunden. Aus (4.22) folgt mit (1.12) und (4.20)

$$g^2_{X|V_i} = \frac{1}{p} (a_i^{-T} R_{XX} r_i r_i R_{XX} a_i^-) = r_i^2 g^2_{X|U_i}. \tag{4.23}$$

Entsprechend gilt

$$g^2_{Y|U_i} = r_i^2 g^2_{Y|V_i}. \tag{4.24}$$

Das Redundanzmaß ist eine asymmetrische Maßzahl, d. h., in der Regel gilt $g^2_{X|V_i} \neq g^2_{Y|U_i}$. Dies ist direkt aus (4.23) und (4.24) zu erkennen. Der erste Faktor r_i^2 beider Redundanzmaße ist zwar gleich, aber es gibt keinen Grund für die Annahme, daß die kanonische Variable U_i ebensoviel Varianz in X wie die kanonische Variable V_i in Y erklären soll.

Dawson-Saunders/Tatsuoka [33] analysierten die Wirkung nichtsingulärer Transformationen der Ausgangsvariablen (vgl. Kapitel 3.4) auf die Redundanzmaße $g^2_{Y|U_m}$. Dabei zeigte sich, daß die Transformation $X^* = SX$ keinen Einfluß auf den Wert des Redundanzmaßes hat: $g^2_{Y|U_m} = g^2_{Y|U^*_m}$. Die Transformation $Y^* = TY$ dagegen verändert im allgemeinen die Größe des Redundanzmaßes. $g^2_{Y|U_m} = g^2_{Y|U^*_m}$ gilt nur, wenn T eine Diagonalmatrix ist. Dies bedeutet aber, daß die transformierten Variablen Y_j^* durch einfache Umskalierung aus den Ausgangsvariablen Y_j entstehen.

Beispiel (Fortsetzung)

Extraktionsmaße:

$$g^2_{X|U} = \begin{pmatrix} 0.37 \\ 0.63 \end{pmatrix}, \qquad g^2_{Y|V} = \begin{pmatrix} 0.35 \\ 0.27 \end{pmatrix}.$$

Redundanzmaße:

$$g^2_{X|V} = \begin{pmatrix} 0.30 \\ 0.12 \end{pmatrix}, \qquad g^2_{Y|U} = \begin{pmatrix} 0.28 \\ 0.05 \end{pmatrix}.$$

4.4.3. Praktische Relevanz der Redundanzmaße

Auf die Tatsache, daß der Wert eines kanonischen Korrelationskoeffizienten schwer zu interpretieren ist, weist schon Hotelling [64] hin. Bekanntlich wünscht man mittels des Modells der kanonischen Korrelation eine Aussage über die Interkorrelation zweier Bereiche X und Y. Nach (1.11) ist aber der kanonische Korrelationskoeffizient nicht anderes als der einfache Korrelationskoeffizient zweier Linearkombinationen. Deshalb informiert das Quadrat des Werts eines kanonischen Korrelationskoeffizienten als Bestimmtheitsmaß lediglich über die gemeinsame (oder erklärbare) Varianz zweier Linearkombinationen, nicht aber über die erklärte Varianz der Variablen eines Bereichs aufgrund der Varianz der Variablen des anderen Bereichs. STEWART/LOVE [131] verweisen darauf, daß zwei kanonische Variablen durchaus hoch korrelieren können, obgleich die jeweils erklärte Varianz in den Bereichen, d. h. die Extraktionsmaße, unbedeutend sind. Die von ihnen vorgeschlagene Maßzahl für die Varianzrate, das Redundanzmaß, ermöglicht eine gezielte Aussage. Es gibt an, in welchem Ausmaß die kanonischen Variablen des einen Bereichs in der Lage sind, die Varianz der Ausgangsvariablen des anderen Bereichs zu erklären. Da Varianzaussagen für die wechselseitige Beziehung der Bereiche X und Y angestrebt werden, sind die Informationen aus den Redundanzmaßen wertvoller als die aus den Quadraten der kanonischen Korrelationskoeffizienten. Diese Überlegungen begründen die Notwendigkeit, im Anschluß an die Bewertung der praktischen Relevanz der kanonischen Korrelationskoeffizienten die praktische Relevanz der Redundanzmaße der Variablen U_i, V_i der i-ten kanonischen Dimension einzuschätzen. Wir stellen als Minimalforderung für die weitere Berücksichtigung einer kanonischen Dimension an die Redundanzmaße beider kanonischer Variablen die Bedingung

$$g^2_{X|V_i} \geqq 0.1 \quad \text{und} \quad g^2_{Y|U_i} \geqq 0.1 .$$

Die gewählte Schranke 0.1 stellt wieder eine heuristische Festlegung dar. Nach dieser abschließenden Kontrolle ergibt sich die Zahl k der kanonischen Dimensionen mit praktisch bedeutsamen Redundanzmaßen. Für die mittels kanonischer Korrelationsanalyse zu lösenden Aufgaben wie Prädiktion oder Datenreduktion (vgl. Kapitel 5) zieht man gerade diese k kanonischen Dimensionen heran.

COOLEY/LOHNES [27] sprechen von k als dem *Rang der kanonischen Lösung*; RAO [108] nennt k die Zahl der *dominierenden kanonischen Dimensionen*. Im Unterschied dazu heißt eine Lösung mit der Maximalzahl p kanonischer Dimensionen *vollständig*.

4.4.4. Kanonische Kommunalitäten

Kanonische Kommunalitäten umfassen Intra- und Interbereichskommunalitäten. Wie Varianzraten werden Kommunalitäten direkt aus den Struktur- und Redundanzmatrizen ermittelt. Der Wert der Kommunalitäten hängt von der Anzahl k_r der als relevant betrachteten kanonischen Dimensionen ab.

4.4.4.1. *Intrabereichskommunalitäten*

Intrabereichskommunalitäten geben an, welcher Anteil der Varianz einer Ausgangsvariablen durch die k_r kanonischen Variablen desselben Bereichs erklärt wird. Sie werden aus der Strukturmatrix berechnet, indem deren Elemente zeilenweise, d. h. pro Ausgangsvariable, quadriert und aufsummiert werden.

Für den X-Bereich findet man den p-dimensionalen Vektor $\boldsymbol{d}^2_{X|U}$ der Intrabereichskommunalitäten $d^2_{X_i|U}$ aus

$$\boldsymbol{d}^2_{X|U} = \mathrm{dg}\,(\boldsymbol{R}_{XU}\boldsymbol{R}^{\mathsf{T}}_{XU}).$$

Entsprechend gilt für den q-dimensionalen Vektor des Y-Bereichs

$$\boldsymbol{d}^2_{Y|V} = \mathrm{dg}\,(\boldsymbol{R}_{YV}\boldsymbol{R}^{\mathsf{T}}_{YV}).$$

4.4.4.2. Interbereichskommunalitäten

Interbereichskommunalitäten geben an, welcher Anteil der Varianz einer Ausgangsvariablen eines Bereichs durch die k_r kanonischen Variablen des anderen Bereichs erklärbar ist. Sie werden aus den Redundanzmatrizen bestimmt, indem deren Elemente zeilenweise, d. h. pro Ausgangsvariable, quadriert und summiert werden.
Für den X-Bereich ergibt sich der p-dimensionale Vektor $\boldsymbol{d}^2_{X|V}$ der Interbereichskommunalitäten $d^2_{X_i|V}$ zu

$$\boldsymbol{d}^2_{X|V} = \mathrm{dg}\,(\boldsymbol{R}_{XV}\boldsymbol{R}^{\mathsf{T}}_{XV}).$$

Im Y-Bereich gilt für den q-dimensionalen Vektor $\boldsymbol{d}^2_{Y|U}$:

$$\boldsymbol{d}^2_{Y|U} = \mathrm{dg}\,(\boldsymbol{R}_{YU}\boldsymbol{R}_{YU}).$$

Beispiel (Fortsetzung)

Intrabereichskommunalitäten:

$$\boldsymbol{d}^2_{X|U} = \begin{pmatrix} 1.00 \\ 1.00 \end{pmatrix}, \qquad \boldsymbol{d}^2_{Y|V} = \begin{pmatrix} 0.90 \\ 0.19 \\ 0.78 \end{pmatrix}.$$

Interbereichskommunalitäten:

$$\boldsymbol{d}^2_{X|V} = \begin{pmatrix} 0.20 \\ 0.64 \end{pmatrix}, \qquad \boldsymbol{d}^2_{Y|U} = \begin{pmatrix} 0.66 \\ 0.07 \\ 0.28 \end{pmatrix}.$$

4.4.5. Gesamt-Koeffizienten

Für die zusammenfassende Darstellung der gefundenen Resultate einer kanonischen Korrelationsanalyse ist es oft zweckmäßig, die Lösung als Ganzes zu kennzeichnen. Dies erfolgt durch Komprimierung der ermittelten Einzel-Kennzahlen für die Lösung einer bestimmten Dimensionszahl k in einem einzigen Gesamtwert. Bei den Extraktions- und Redundanzmaßen dient dazu die Addition der entsprechenden Werte für die einzelnen Dimensionen. Es ist üblich, den Rang k bei diesen Verdichtungen zugrunde zu legen.

4.4.5.1. Gesamtextraktionsmaß

Für die Gesamtextraktionsmaße gelten die Beziehungen

$$g^2_{X|U} = \frac{1}{p} \operatorname{tr} ({}_k\boldsymbol{R}^\top_{XU}\, {}_k\boldsymbol{R}_{XU}) = \sum_{i=1}^{k} g^2_{X|U_i}$$

und

$$g^2_{Y|V} = \frac{1}{q} \operatorname{tr} ({}_k\boldsymbol{R}_{YV}\, {}_k\boldsymbol{R}_{YV}) = \sum_{i=1}^{k} g^2_{Y|V_i}.$$

$g^2_{X|U}$ gibt an, welcher Teil der Varianz p des Bereiches $\boldsymbol{X}$ durch die k ersten kanonischen Variablen U_i, $i = 1, \ldots, k$, von $\boldsymbol{X}$ erklärt werden kann. Entsprechend interpretiert man $g^2_{Y|V}$.
Für die vollständige kanonische Lösung gilt wegen $p \leqq q$

$$g^2_{X|U} = \sum_{i=1}^{p} g^2_{X|U_i} = 1 \quad \text{und} \quad g^2_{Y|V} = \sum_{i=1}^{p} g^2_{Y|V_i} \leqq 1,$$

d. h. die Varianz des X-Bereichs wird völlig erklärt.
Die Gesamtextraktionsmaße stehen mit den Intrabereichskommunalitäten in folgender Beziehung:

$$\sum_{i=1}^{p} d^2_{X_i|U} = p \sum_{j=1}^{k} g^2_{X|U_j} \quad \text{und} \quad \sum_{j=1}^{q} d^2_{Y_j|V} = q \sum_{j=1}^{k} g^2_{Y|V_j}.$$

4.4.5.2. Gesamtredundanzmaß

Für die Gesamtredundanzmaße gelten die Formeln

$$g^2_{X|V} = \frac{1}{p} \operatorname{tr} ({}_k\boldsymbol{R}^\top_{XV}\, {}_k\boldsymbol{R}_{XV}) = \sum_{i=1}^{k} g^2_{X|V_i}$$

und

$$g^2_{Y|U} = \frac{1}{q} \operatorname{tr} ({}_k\boldsymbol{R}^\top_{YU}\, {}_k\boldsymbol{R}_{YU}) = \sum_{i=1}^{k} g^2_{Y|U_i}.$$

$g^2_{Y|U}$ gibt an, wieviel Prozent der Varianz q des Bereichs $\boldsymbol{Y}$ durch die ersten k kanonischen Variablen U_i, $i = 1, \ldots, k$, von $\boldsymbol{X}$ erklärt werden können.
Für die vollständige kanonische Lösung gilt

$$g^2_{X|V} = \sum_{i=1}^{p} g^2_{X|V_i} < 1 \quad \text{und} \quad g^2_{Y|U} = \sum_{i=1}^{p} g^2_{Y|U_i} < 1.$$

Für diese Gesamtredundanzmaße zeigen STEWART/LOVE [131] die Eigenschaft der Gleichheit mit den Mittelwerten der Quadrate der entsprechenden multiplen

Korrelationskoeffizienten:

$$g^2_{Y|U} = \frac{1}{q} \sum_{j=1}^{q} R^2_{Y_j.X_1...X_p}. \tag{4.25}$$

Unter Verwendung von (3.42), modifiziert für das Datenmodell Standardvariablen, folgert GLEASON [50] aus (4.25)

$$g^2_{Y|U} = \frac{1}{q} \operatorname{tr} (\boldsymbol{R}_{YX}\boldsymbol{R}^{-1}_{XX}\boldsymbol{R}_{XY}).$$

Wie für die Redundanzmaße der einzelnen kanonischen Variablen gilt für die Gesamtredundanz i. allg. keine Symmetrie, d. h.

$$g^2_{X|V} \neq g^2_{Y|U}.$$

Die Gesamtredundanzmaße sind mit den Interbereichskommunalitäten in folgender Weise verbunden:

$$\sum_{i=1}^{p} d^2_{X_i|V} = p \sum_{j=1}^{k} g^2_{X|V_j} \quad \text{und} \quad \sum_{j=1}^{q} d^2_{Y_j|U} = q \sum_{j=1}^{k} g^2_{Y|U_j}.$$

Beispiel (Fortsetzung)

Gesamtextraktionsmaße:

$$g^2_{X|U} = 1.00, \qquad g^2_{Y|V} = 0.62, \qquad \sum_{j=1}^{3} d^2_{Y_j|V} = 1.86 = 3(0.35 + 0.27)$$

Gesamtredundanzmaße:

$$g^2_{X|V} = 0.42, \qquad g^2_{Y|U} = 0.33, \qquad \sum_{i=1}^{2} d^2_{X_i|V} = 0.84 = 2(0.30 + 0.12).$$

4.4.5.3. *Gesamtkorrelationsmaß*

Mit Hilfe des Gesamtkorrelationsmaßes wird versucht, die Stärke des multivariaten Zusammenhangs zwischen $\boldsymbol{X}$ und $\boldsymbol{Y}$ – wie bei der einfachen oder multiplen Korrelationsanalyse – in einem einzigen Zahlenwert zum Ausdruck zu bringen. Deshalb stellt diese Gesamtkorrelation den Versuch dar, das Konzept eines Korrelationsmaßes auf den Fall der Korrelation zweier Zufallsvektoren zu übertragen. Erste Vorstellungen in dieser Richtung stammen von HOTELLING [65]. In Tabelle 4.7 wird der Vollständigkeit halber eine Übersicht über mögliche Varianten von Gesamtkorrelationsmaßen gegeben. CRAMER/NICEWANDER [30] verweisen jedoch ausdrücklich darauf, daß diese Gesamtkoeffizienten für Fragen der Beschreibung eines multivariaten Zusammenhangs problematisch sind.

Tabelle 4.7: Multivariate Gesamtkorrelationsmaße (nach CRAMER/NICEWANDER [30])

Berechnungsformel	behandelt bei
$\prod_{i=1}^{k} r_i^2$	HOTELLING [65]
$1 - \prod_{i=1}^{k} (1 - r_i^2)$	
$\left(\sum_{i=1}^{k} \frac{r_i^2}{1 - r_i^2}\right) \Big/ \left(\sum_{i=1}^{k} \frac{1}{1 - r_i^2}\right)$	COXHEAD [28]
$\sqrt[k]{\prod_{i=1}^{k} r_i^2}$	CRAMER/NICEWANDER [30]
$1 - \sqrt[k]{\prod_{i=1}^{k} (1 - r_i^2)}$	
$\frac{1}{k} \sum_{i=1}^{k} r_i^2$	ROBERT/ESCOUFIER [115]

4.5. Orthogonalrotation

Rotation ist ein methodisches Hilfsmittel aus dem Umfeld der Faktoranalyse und soll dort die Interpretierbarkeit der Faktorlösung befördern bzw. überhaupt erst ermöglichen. Grundlage der Interpretation bildet das Muster der Faktorladungen (vgl. ÜBERLA [146]). Das mit der Interpretation verbundene methodische Problem der Faktoranalyse besteht in folgendem: Die unrotierten Faktorladungen ergeben sich aus der Lösung eines einfachen Eigenwertproblems, dessen Eigenwerte die absoluten Varianzbeiträge der Faktoren darstellen. Nach (10.12) gilt für diese Werte eine fallende Monotoniebeziehung. Gemäß (4.19) sind die Varianzbeiträge den Summen der Quadrate der Faktorladungen pro Faktor gleich. Somit müssen — aus formal-mathematischen Gründen — die Ladungen von Faktor zu Faktor kleiner werden. Gute Interpretierbarkeit der Faktorlösung wird aber durch eine andere, besondere Verteilung der Ladungen des Ladungsmusters erreicht. THURSTONE [139] charakterisierte diese Optimalkonstellation in den fünf Kriterien der sogenannten Einfachstruktur. Zur Realisierung dieser Struktur haben sich numerische Rotationsverfahren, darunter besonders die Varimax-Methode (vgl. KAISER [69]), bewährt.

Die Sachlage für Rotationen im Zusammenhang mit dem Modell der kanonischen Korrelation ist eine völlig andere. Eine Monotonierelation besteht zwar für die kanonischen Korrelationskoeffizienten, jedoch gilt bei den Varianzraten weder für die Extraktions- noch für die Redundanzmaße eine derartige Beziehung. Somit entfällt das inhaltliche Hauptargument zur Begründung der Notwendigkeit von Rotationen. Darüber hinaus muß erwähnt werden, daß durch die Rotation kanonischer Variablen einige Eigenschaften des Modells der kanonischen Korrelation aufgehoben werden. So gilt für die Korrelationskoeffizienten der rotierten kanonischen Variablen i. allg. keine Monotonierelation wie für die kanonischen Korrelationskoeffizienten. Weiterhin geht die Eigenschaft (3.39) der Biorthogonalität verloren, d. h., die $p \times q$-Matrix der Korrelationen der rotierten kanonischen Variablen ist nicht länger quasidiagonal.

Ungeachtet dessen spielt die Anwendung von Orthogonalrotationen auf kanonische Lösungen in der Gegenwart, wie die Arbeiten von CLIFF/KRUS [23], KRUS/REYNOLDS/KRUS [79], PERREAULT/SPIRO [106], FORNELL [41], BENTLER/HUBA [8] und RÖHR [119] beweisen, eine bedeutsame Rolle in der methodischen Diskussion. Sinn derartiger Rotationen soll sein, die Interpretierbarkeit einer kanonischen Lösung, die allein durch die statistischen Kriterien E1 bis E3 von Paragraph 1.1 definiert ist, zu verbessern. Dazu sind die drei Probleme „Was ist zu rotieren?“, „Wohin ist zu rotieren?“ und „Wie ist zu rotieren?“ zu klären.

1. Da die Interpretation einer kanonischen Lösung auf den Mustern der Ladungen beider Bereiche beruht, sind diese die zu rotierenden Objekte. Man entscheidet sich für die Matrizen ${}_k\boldsymbol{R}_{XU}$ bzw. ${}_k\boldsymbol{R}_{YV}$ der Intrabereichsladungen. Wegen (4.18) kann die z. B. von BOCK [11] vorgenommene Verwendung der Interbereichsladungen keine wesentlich andere Interpretationsbasis hervorbringen. Sei $\boldsymbol{T}$ die orthogonale Rotationsmatrix der Ordnung k. Dann gilt

$$ {}_k\boldsymbol{R}_{XU} \rightarrow {}_k\boldsymbol{R}^*_{XU} = {}_k\boldsymbol{R}_{XU}\boldsymbol{T} = \boldsymbol{R}_{XX}\,{}_k\boldsymbol{A}^{-}\boldsymbol{T} = \boldsymbol{R}_{XX}({}_k\boldsymbol{A}^{-})^* \qquad (4.26) $$

Das Symbol „*“ bezeichnet dabei die rotierten Größen (kanonische Ladungen oder Gewichte). Aus (4.26) folgt, daß die Verwendung von Matrizen $({}_k\boldsymbol{A}^{-})^*$ bzw. $({}_k\boldsymbol{B}^{-})^*$ „transformierter“ Gewichte die rotierten Matrizen ${}_k\boldsymbol{R}^*_{XU}$ bzw. ${}_k\boldsymbol{R}^*_{YV}$ der Intrabereichsladungen ergeben. Es ist zu beachten, daß sich diese transformierten Gewichte von den „rotierten“ Gewichten unterscheiden, die sich ergeben, wenn nach CLIFF/KRUS [23] die kanonischen Gewichte selbst die Objekte der Rotation darstellen. Mit den transformierten Gewichten sind die „rotierten“ Interbereichsladungen festgelegt:

$$ {}_k\boldsymbol{R}_{YU} \rightarrow {}_k\boldsymbol{R}^*_{YU} = \boldsymbol{R}_{YX}({}_k\boldsymbol{A}^{-})^* = \boldsymbol{R}_{YX}\,{}_k\boldsymbol{A}^{-}\boldsymbol{T} = {}_k\boldsymbol{R}_{YU}\boldsymbol{T}. \qquad (4.27) $$

2. Es ist festzulegen, was Einfachstruktur als Zielstellung der Rotation kanonischer Lösungen bedeuten soll. Eine kanonische Lösung ist dann einfach strukturiert, wenn die Ladungsmatrizen beider Bereiche gleichzeitig Einfachstruktur nach THURSTONE [139] besitzen. Diese Forderung ist, wie bereits oben ausgeführt, nur erfüllbar, wenn Modellannahmen der kanonischen Korrelation aufgegeben werden.
3. Es ist zu entscheiden, auf welchem Weg die Kriterien der Einfachstruktur erfüllt werden sollen. Dazu sind prinzipiell zwei Möglichkeiten gegeben. Entweder ist *eine*, für beide Ladungsmatrizen *gemeinsame* Rotationsmatrix $\boldsymbol{T}$ zu verwenden oder man benutzt *zwei*, für die Ladungsmatrizen *separate* Rotationsmatrizen $\boldsymbol{T}_X$ und $\boldsymbol{T}_Y$. Die Ermittlung der Matrix $\boldsymbol{T}$ erfolgt bei unseren Darlegungen unter Verwendung der Varimax-Methode. Im Zwei-Matrix-Fall ist diese geeignet zu modifizieren (vgl. Punkt 4.5.1.2). Natürlich lassen sich auch andere Rotationsverfahren anwenden, so z. B. die Orthosim-Methode in einer Ein-Matrix-Variante (vgl. BENTLER, [7]) oder einer Zwei-Matrix-Version (vgl. BENTLER/HUBA [8]).

Es soll hier noch einmal unterstrichen werden, daß Orthogonalrotationen für Faktorenmodelle, z. B. die Faktoranalyse, typisch sind. Dagegen ist bei den Komponentenmodellen (wie Hauptkomponenten-Analyse oder kanonische Korrelationsanalyse) Rotation eigentlich unüblich und unnötig. Aus diesem Grund sollten Orthogonalrotationen den Modellen der Interbereich-Faktoranalysen (vgl. Paragraph 5.3) vorbehalten bleiben.

4.5.1. Eine (gemeinsame) Rotationsmatrix

Für diesen, von BENTLER/HUBA [8] als *symmetrische Rotation* bezeichneten Fall werden zwei Verfahren genauer betrachtet: der klassische Ansatz von CLIFF/KRUS [23] zur Rotation einer kanonischen Lösung sowie die Anwendung der von HAKSTIAN [56] stammenden orthogonalen Zwei-Matrix-Rotationsprozedur. CLIFF/KRUS kommt das Verdienst zu, Überlegungen zur Rotation im Rahmen der kanonischen Korrelationsanalyse ausgelöst zu haben, wenn auch aus heutiger Sicht einige Details ihres Vorgehens nicht ohne Kritik zu akzeptieren sind. Einen guten Überblick über die methodischen Probleme im Verbindung mit der Rotation kanonischer Lösungen geben BENTLER/HUBA in der oben genannten Arbeit.

4.5.1.1. *Methode von Cliff/Krus*

Es wird die Varimax-Methode verwendet, um die Supermatrix $\begin{pmatrix} {}_k\boldsymbol{R}_{XU} \\ {}_k\boldsymbol{R}_{YV} \end{pmatrix}$ der Intrabereichsladungen beider Bereiche auf Einfachstruktur zu rotieren. Die dabei erhaltene Rotationsmatrix $\boldsymbol{T} := \boldsymbol{T}_C$ wird sodann auf jede der Teilmatrizen getrennt angewandt:

$$\begin{aligned} {}_k\boldsymbol{R}_{XU} &\to {}_k\boldsymbol{R}^*_{XU} = {}_k\boldsymbol{R}_{XU}\boldsymbol{T}_\mathrm{C} \\ {}_k\boldsymbol{R}_{YV} &\to {}_k\boldsymbol{R}^*_{YV} = {}_k\boldsymbol{R}_{YV}\boldsymbol{T}_\mathrm{C} \end{aligned} \tag{4.28}$$

Diese Vorgehensweise ist jedoch fraglich, da die Transformationsmatrix $\boldsymbol{T}$ der Supermatrix nicht Einfachstruktur ihrer beiden Teile garantiert.
Sei $\boldsymbol{L} = \mathrm{corr}\,(\boldsymbol{U}^*, \boldsymbol{V}^*)$ die $k \times k$-Korrelationsmatrix der rotierten kanonischen Variablen. CLIFF/KRUS [23] zeigen

1. $\boldsymbol{L} = (\boldsymbol{T}_\mathrm{C})^\mathrm{T}\,\boldsymbol{\Lambda}^{1/2}\boldsymbol{T}_\mathrm{C}$ mit den Folgerungen, daß $\boldsymbol{L}$ symmetrisch ist und die gleichen Eigenwerte wie $\boldsymbol{\Lambda}^{1/2}$ besitzt, so daß $\mathrm{tr}\,(\boldsymbol{L}) = \mathrm{tr}\,(\boldsymbol{\Lambda}^{1/2})$ ist. Die Hauptdiagonalelemente von $\boldsymbol{M} = \boldsymbol{L}\boldsymbol{L}^\mathrm{T} = \boldsymbol{L}^\mathrm{T}\boldsymbol{L}$ stellen die quadrierten multiplen Korrelationskoeffizienten zwischen einer rotierten kanonischen Variablen eines Bereichs und allen rotierten kanonischen Variablen des anderen Bereichs dar.
2. $\boldsymbol{M} = (\boldsymbol{T}_\mathrm{C})^\mathrm{T}\,\boldsymbol{\Lambda}\boldsymbol{T}_\mathrm{C}$ mit den Folgerungen, daß $\boldsymbol{M}$ symmetrisch ist und die gleichen Eigenwerte wie $\boldsymbol{\Lambda}$ hat, so daß $\mathrm{tr}\,(\boldsymbol{M}) = \mathrm{tr}\,(\boldsymbol{\Lambda})$ ist.

Diese beiden Eigenschaften sind nur von formalem Wert, weil sie keine Information über die wechselseitigen Varianzbeziehungen der Bereiche $\boldsymbol{X}$ und $\boldsymbol{Y}$ beinhalten. Um das zu erreichen, müssen Redundanzmaße betrachtet werden. Dabei gilt für die Redundanz in $\boldsymbol{X}$ durch die rotierten kanonischen Variablen $\boldsymbol{V}^*$:

$$g^2_{\boldsymbol{X}|\boldsymbol{V}^*} = \frac{1}{p}\,\mathrm{tr}\,(\boldsymbol{R}^{*\mathrm{T}}_{XV}\boldsymbol{R}^*_{XV}).$$

Unter Verwendung der (4.27) entsprechenden Beziehung folgt

$$g^2_{\boldsymbol{X}|\boldsymbol{V}^*} = \frac{1}{p}\,\mathrm{tr}\left((\boldsymbol{T}_\mathrm{C})^\mathrm{T}\,\boldsymbol{R}^\mathrm{T}_{XV}\boldsymbol{R}_{XV}\boldsymbol{T}_\mathrm{C}\right) = \frac{1}{p}\,\mathrm{tr}\left(\boldsymbol{R}^\mathrm{T}_{XV}\boldsymbol{R}_{XV}\boldsymbol{T}_\mathrm{C}(\boldsymbol{T}_\mathrm{C})^\mathrm{T}\right) = g^2_{\boldsymbol{X}|\boldsymbol{V}},$$

d. h., das Gesamtredundanzmaß in $\boldsymbol{X}$ ändert sich infolge der Rotation nicht. Der gleiche Sachverhalt trifft auf die Redundanz in $\boldsymbol{Y}$ zu: $g^2_{\boldsymbol{Y}|\boldsymbol{U}^*} = g^2_{\boldsymbol{Y}|\boldsymbol{U}}$.

4.5.1.2. *Methode von Hakstian*

Mit einem der Varimax-Methode entsprechenden Vorgehen wird von HAKSTIAN [56] versucht, zwei Mengen orthogonaler Achsen durch eine Transformationsmatrix $\boldsymbol{T} := \boldsymbol{T}_\mathrm{H}$ in Einfachstruktur zu überführen. Diese Variante zur Bestimmung von $\boldsymbol{T}$ ist deshalb dem Cliff/Krus-Ansatz überlegen, weil die Zielstellung der Einfachstruktur für zwei Ladungsmatrizen gleicher Faktorzahl k von vornherein Beachtung findet. HAKSTIAN betrachtet eine modifizierte Varimax-Funktion Φ, zugeschnitten auf den Zwei-Matrix-Fall und erhält daraus eine notwendige Bedingung für den Drehwinkel ϑ_{mn}, $m = 1, \ldots, k-1$;

$n = 2, \ldots, k;\ n > m$ des (m, n)-ten Paares von Faktoren. Zyklen aus $\binom{k}{2}$ derartigen paarweisen Rotationen werden bis zur Erfüllung eines Konvergenzkriteriums wiederholt. $\boldsymbol{T}$ selbst ist das Produkt der „paarweisen" Rotationsmatrizen.
Die Eigenschaften 1. und 2. von Punkt 4.5.1.1 gelten weiterhin ebenso wie die Konstanz der Gesamtredundanzmaße, jedoch ist $\boldsymbol{T}_{\mathrm{C}} \neq \boldsymbol{T}_{\mathrm{H}}$. Somit nehmen die Matrizen $\boldsymbol{L} = (\boldsymbol{T}_{\mathrm{H}})^{\mathrm{T}} \boldsymbol{\Lambda}^{1/2} \boldsymbol{T}_{\mathrm{H}}$, $\boldsymbol{M} = (\boldsymbol{T}_{\mathrm{H}})^{\mathrm{T}} \boldsymbol{\Lambda} \boldsymbol{T}_{\mathrm{H}}$, $\boldsymbol{R}^*_{XV} = \boldsymbol{R}_{XV} \boldsymbol{T}_{\mathrm{H}}$ und $\boldsymbol{R}^*_{YU} = \boldsymbol{R}_{YU} \boldsymbol{T}_{\mathrm{H}}$ andere Werte als bei Verwendung von $\boldsymbol{T}_{\mathrm{C}}$ an. Allerdings bleiben die Werte von tr $(\boldsymbol{L})$ und tr $(\boldsymbol{M})$ erhalten.

Es soll abschließend nicht unerwähnt bleiben, daß HAKSTIAN sein Verfahren an den Ergebnissen einer Interbereich-Faktoranalyse demonstriert (vgl. HAKSTIAN/CATTELL [57]), was die Bemerkungen in der Einleitung zu diesem Paragraphen von der praktischen Seite her unterstreicht.

4.5.2. Zwei (separate) Rotationsmatrizen

Betrachten wir den Rotationssachverhalt für zwei getrennte Rotationsmatrizen $\boldsymbol{T}_X$ und $\boldsymbol{T}_Y$. Der Ansatz für die Rotation lautet nun:

$$_k\boldsymbol{R}_{XU} \to {}_k\boldsymbol{R}^*_{XU} = {}_k\boldsymbol{R}_{XU} \boldsymbol{T}_X,$$

$$_k\boldsymbol{R}_{YV} \to {}_k\boldsymbol{R}^*_{YV} = {}_k\boldsymbol{R}_{YV} \boldsymbol{T}_Y.$$

Für die Eigenschaften von Abschnitt 4.5.1. ergeben sich dann in zwei Fällen Änderungen.

1. Es gilt $\boldsymbol{L} = \boldsymbol{T}_X^{\mathrm{T}} \boldsymbol{\Lambda}^{1/2} \boldsymbol{T}_Y$ mit den Folgerungen, daß $\boldsymbol{L}$ nicht symmetrisch ist, andere Eigenwerte als $\boldsymbol{\Lambda}^{1/2}$ besitzt und tr $(\boldsymbol{L}) <$ tr $(\boldsymbol{\Lambda}^{1/2})$ gilt. Hinsichtlich der multiplen Korrelationen in $\boldsymbol{M}$ müssen zwei Matrizen $\boldsymbol{M}_X = \boldsymbol{L}\boldsymbol{L}^{\mathrm{T}}$ und $\boldsymbol{M}_Y = \boldsymbol{L}^{\mathrm{T}}\boldsymbol{L}$ unterschieden werden. Das i-te Hauptdiagonalelement von $\boldsymbol{M}_X$ stellt den quadrierten multiplen Korrelationskoeffizienten zwischen der rotierten kanonischen Variablen U_i^* und allen kanonischen Variablen $\boldsymbol{V}^*$ dar.
2. Es gelten $\boldsymbol{M}_X = \boldsymbol{T}_X^{\mathrm{T}} \boldsymbol{\Lambda} \boldsymbol{T}_X$ und $\boldsymbol{M}_Y = \boldsymbol{T}_Y^{\mathrm{T}} \boldsymbol{\Lambda} \boldsymbol{T}_Y$ mit den Folgerungen, daß $\boldsymbol{M}_X$ und $\boldsymbol{M}_Y$ symmetrisch sind und die gleichen Eigenwerte wie $\boldsymbol{\Lambda}$ besitzen, so daß tr $(\boldsymbol{M}_X) =$ tr $(\boldsymbol{M}_Y) =$ tr $(\boldsymbol{\Lambda})$ gilt. Hinsichtlich des Gesamtredundanzmaßes bleibt die Eigenschaft der Konstanz nach Rotation bestehen:

$$g^2_{Y|U^*} = \frac{1}{q} \operatorname{tr}\left((\boldsymbol{R}^*_{YU})^{\mathrm{T}} \boldsymbol{R}^*_{YU}\right) = \frac{1}{q} \operatorname{tr}\left(\boldsymbol{R}^{\mathrm{T}}_{YU} \boldsymbol{R}_{YU} \boldsymbol{T}_X \boldsymbol{T}_X^{\mathrm{T}}\right) = g^2_{Y|U}.$$

So kann festgestellt werden, daß — unabhängig vom verwendeten Konzept erklärter Varianz — deren Gesamtwert nicht abnimmt.

Damit ist die von PERREAULT/SPIRO [106] ausgeführte Argumentation gegen die Verwendung separater Rotationsmatrizen widerlegt. Es sei gleichfalls angemerkt, daß sich im Hinblick auf die Eigenschaft 1. bei separaten Rotationsmatrizen ein realistischeres Bild ergibt als bei Einsatz einer gemeinsamen Rotationsmatrix $\boldsymbol{T}$. Wegen der Symmetrie von $\boldsymbol{L}$ muß nämlich dort gelten $r_{U_i^* V_j^*} = r_{U_j^* V_i^*}$, wofür es keine inhaltliche Begründung geben kann.

4.5.3. Rotation und andere Orthogonalisierungsverfahren

Nach (4.26) ergeben sich „rotierte“ kanonische Gewichte $\boldsymbol{A}^*$ aus den kanonischen Gewichten $\boldsymbol{A}^=$ durch die Transformation $\boldsymbol{A}^* = \boldsymbol{A}^=\boldsymbol{T}$. Die Bestimmung der orthogonalen Rotationsmatrix $\boldsymbol{T}$ erfolgt so, daß die rotierten kanonischen Intrabereichsladungen Einfachstruktur besitzen. Wir werden im folgenden zeigen, wie sich durch modifizierte Forderungen an die Rotationsmatrix $\boldsymbol{T}$ aus den kanonischen Gewichten $\boldsymbol{A}^=$ die Komponentengewichte $\boldsymbol{Q}$ sowie die Redundanzgewichte $\boldsymbol{W}^=$ ableiten lassen.
Für die Komponentenanalyse fanden wir in Punkt 3.5.1.3 die Beziehung (3.51) zur Bestimmung der Komponentengewichte $\boldsymbol{Q}$ der X-Variablen beim Datenmodell Standardvariablen. Die Transformationsmatrix $\boldsymbol{T}$ in (3.51) ist die orthogonale Matrix der Eigenvektoren $\boldsymbol{t}_m$, $m = 1, \ldots, p$, des einfachen Eigenwertproblems

$$\left((\boldsymbol{A}^{=\mathsf{T}}\boldsymbol{A}^=)^{-1} - \lambda \boldsymbol{I}_p\right) \boldsymbol{t} = \boldsymbol{o}_p. \tag{4.29}$$

Die Gleichung (3.51) zeigt, wie sich die Komponentengewichte durch Orthogonalrotation aus den kanonischen Gewichten $\boldsymbol{A}^=$ ergeben.
Es sei nun die Situation in Verbindung zur Redundanzanalyse betrachtet. Die Schätzungen der kanonischen Gewichte $\boldsymbol{A}^=$ erfüllen unmittelbar zwei Forderungen des Modells der Redundanzvariablen; nämlich E 3 der Unkorreliertheit und E 1 der Standardisierung der entstehenden Linearkombinationen.
Nicht erfüllbar ist die Bedingung $\boldsymbol{R}_{YU}^{\mathsf{T}}\boldsymbol{R}_{YU} = \boldsymbol{L} = \operatorname{Dg}(l_m^=)$, d. h. die Forderung maximaler Redundanz durch U_m in $\boldsymbol{Y}$. $l_m^=$, $m = 1, \ldots, p$, bezeichnen die Schätzungen der Eigenwerte λ_m des (3.29) entsprechenden Eigenwertproblems der Redundanzanalyse in $\boldsymbol{Y}$. Es gilt $\boldsymbol{R}_{YU}^{\mathsf{T}}\boldsymbol{R}_{YU} = \boldsymbol{A}^{=\mathsf{T}}\boldsymbol{R}_{XY}\boldsymbol{R}_{YX}\boldsymbol{A}^= := \boldsymbol{Q}$. $\boldsymbol{Q}$ stellt, im Gegensatz zur Redundanzanalyse, nur eine symmetrische Matrix dar. Nach dem Dekompositionstheorem von Abschnitt 10.4.1 gibt es eine Diagonalmatrix $\boldsymbol{D}$ und eine orthogonale Matrix $\boldsymbol{T}$ mit $\boldsymbol{T}^{\mathsf{T}}\boldsymbol{Q}\boldsymbol{T} = \boldsymbol{D}$ und $\boldsymbol{T}^{\mathsf{T}}\boldsymbol{T} = \boldsymbol{I}_p$. Wiederum gilt $\boldsymbol{L} = \boldsymbol{D}$, was sich wie folgt ableiten läßt:

$$(\boldsymbol{Q} - d_m\boldsymbol{I}_p)\, \boldsymbol{t}_m = \boldsymbol{o}_p, \tag{4.30}$$

$$(\boldsymbol{A}^{=\mathsf{T}}\boldsymbol{R}_{XY}\boldsymbol{R}_{YX}\boldsymbol{A}^= - d_m\boldsymbol{I}_p)\, \boldsymbol{t}_m = \boldsymbol{o}_p, \tag{4.31}$$

$$\left(\boldsymbol{R}_{XY}\boldsymbol{R}_{YX} - d_m(\boldsymbol{A}^=\boldsymbol{A}^{=\mathsf{T}})^{-1}\right) \boldsymbol{A}^=\boldsymbol{t}_m = \boldsymbol{o}_p,$$

$$(\boldsymbol{R}_{XY}\boldsymbol{R}_{YX} - d_m\boldsymbol{R}_{XX})\, \boldsymbol{A}^=\boldsymbol{t}_m = \boldsymbol{o}_p.$$

Demgemäß lautet die Relation zwischen den Redundanzgewichten $\boldsymbol{W}^{=}$ und den kanonischen Gewichten $\boldsymbol{A}^{=}$

$$\boldsymbol{W}^{=} = \boldsymbol{A}^{=}\boldsymbol{T}. \tag{4.32}$$

Die hierin erforderliche Transformationsmatrix $\boldsymbol{T}$ ergibt sich aus den Eigenvektoren von (4.31). Das es sich bei $\boldsymbol{W}^{=}$ in (4.32) tatsächlich um Redundanzgewichte handelt, ist daran zu erkennen, daß die Eigenschaften (3.30) erfüllt sind:

1. $\boldsymbol{W}^{=\mathrm{T}}\boldsymbol{R}_{XY}\boldsymbol{R}_{YX}\boldsymbol{W}^{=} = \boldsymbol{T}^{\mathrm{T}}\boldsymbol{A}^{=\mathrm{T}}\boldsymbol{R}_{XY}\boldsymbol{R}_{YX}\boldsymbol{A}^{=}\boldsymbol{T}$ ergibt mit (4.31)

$$= \boldsymbol{T}^{\mathrm{T}}\boldsymbol{T}\boldsymbol{D} = \mathrm{Dg}\,(l_m^{=}).$$

2. $\boldsymbol{W}^{=\mathrm{T}}\boldsymbol{R}_{XX}\boldsymbol{W}^{=} = \boldsymbol{T}^{\mathrm{T}}\boldsymbol{A}^{=\mathrm{T}}\boldsymbol{R}_{XX}\boldsymbol{A}^{=}\boldsymbol{T} = \boldsymbol{I}_p.$

Beispiel (Fortsetzung):

Zweigliedriges Matrixprodukt:

$$\boldsymbol{Q} = \boldsymbol{A}^{=\mathrm{T}}\boldsymbol{R}_{XY}\boldsymbol{R}_{YX}\boldsymbol{A}^{=} = \begin{pmatrix} 0.85 & -0.02 \\ & 0.16 \end{pmatrix}.$$

Lösung (einfaches Eigenwertproblem):

$$\boldsymbol{D} = \begin{pmatrix} 0.85 & 0 \\ & 0.16 \end{pmatrix}, \qquad \boldsymbol{T} = \begin{pmatrix} 1.00 & 0.03 \\ -0.03 & 1.00 \end{pmatrix}.$$

Redundanzgewichte:
(direkt, vgl. S. 52)

$$\boldsymbol{W}^{=} = \begin{pmatrix} -0.56 & 0.97 \\ 1.11 & 0.07 \end{pmatrix},$$

(indirekt)

$$\boldsymbol{W}^{=} = \boldsymbol{A}^{=}\boldsymbol{T} = \begin{pmatrix} 0.56 & 0.97 \\ -1.11 & 0.07 \end{pmatrix}.$$

4.6. Eliminierung redundanter Variablen

Die multivariate statistische Analyse wirft mit dem Problem der Ökonomie der gewählten Variablenstichprobe eine prinzipiell neuartige methodische Fragestellung auf. Einerseits beinhaltet dies eine Entscheidung, ob alle wesentlichen Aspekte des zu untersuchenden Sachverhalts durch entsprechende Variablen repräsentiert sind. Diese Entscheidung berührt ausschließlich rein inhaltlich-fachwissenschaftliche Fragen. Zum anderen ist nachzuprüfen, ob alle verwendeten Variablen tatsächlich notwendig sind, ob sie objektiv Information tragen. Bei der Beantwortung dieser Frage gewinnen statistische Methoden zunehmend Bedeutung, z. B. für die Regressionsanalyse (Hocking [59]) oder die Diskriminanzanalyse (Ahrens/Läuter [1]). In der jüngsten Vergangenheit wurde das Problem der Variablenselektion auch für die kanonische Korrelationsanalyse in Angriff genommen. Es wird dabei untersucht, welche Komponenten der Zufallsvektoren $\boldsymbol{X}$ und $\boldsymbol{Y}$ gestrichen werden können, ohne daß sich bedeutsame Veränderungen in den Werten der kanonischen Korrelationskoeffizienten (oder in anderen wichtigen statistischen Kennzahlen einer kanonischen Korrelationsanalyse) ergeben.

Tabelle 4.8: Daten von Kendall [72] (Problemparameter: $p = 5$, $q = 4$)

1.00	0.75	−0.69	−0.45	0.69	−0.61	−0.48	0.78	−0.15
	1.00	−0.71	−0.52	0.41	−0.72	−0.42	0.54	−0.10
		1.00	0.32	−0.44	0.74	0.36	−0.55	0.17
			1.00	−0.33	0.53	0.46	−0.39	−0.02
				1.00	−0.38	−0.51	0.74	−0.15
					1.00	0.25	−0.49	0.25
						1.00	−0.43	−0.08
							1.00	−0.16
								1.00

Zur Demonstration der Problematik sei eine Analyse von Kendall [72] herangezogen (vgl. Tab. 4.8). Der Reduktionsprozeß verlief nach einer heuristischen Regel in folgender Weise: Die Ausgangsanalyse mit $p = 5$ Variablen X_i und $q = 4$ Variablen Y_j ergibt die vier Werte $r_1 = 0.909$, $r_2 = 0.637$, $r_3 = 0.255$ und $r_4 = 0.094$ der kanonischen Korrelationskoeffizienten. Als Rang k der kanonischen Lösung wird die Zahl $k_s = 2$ der signifikanten kanonischen Korrelationskoeffizienten verwendet. Es schließen sich neun Folgeanalysen an, bei denen jeweils eine der insgesamt $p + q = 9$ Variablen ausgeschlossen wurde. Das im ersten Schritt zu eliminierende Merkmal ist dasjenige mit der geringsten Verringerung der Werte der signifikanten kanonischen Korrelationskoeffizienten. Die dazugehörige Variablenstichprobe mit $p + q = 8$ Variablen bildet nun die neue Ausgangsanalyse, mit der in analoger Art verfahren wird. Die Resultate dieser schrittweisen Reduzierungen sind in Tabelle 4.9 zusammengestellt.

Man erkennt, daß für praktische Zwecke möglicherweise die Variablenstichprobe $\boldsymbol{X}_1 = (X_3 \quad X_5)^{\mathrm{T}}$ und $\boldsymbol{Y}_1 = (Y_1 \quad Y_3)^{\mathrm{T}}$ genügen könnten.

Thorndike/Weiss [138] untersuchten derartige Abbauverfahren mit einem anderen empirischen Reduktionskriterium. Basis der Entscheidung über die Elimination bilden die multiplen Korrelationen aller Einzelvariablen eines Bereichs mit dem vollständigen Zufallsvektor des jeweils anderen Bereichs.

Tabelle 4.9: Werte der kanonischen Korrelationskoeffizienten nach schrittweiser Reduktion der Variablenstichprobe (minimale Abnahme der kanonischen Korrelationskoeffizienten)

Gesamtzahl der Variablen in der Analyse $p + q$	kanonische Korrelationskoeffizienten (Rang $k = 2$) r_1	r_2	Anzahl der Folgeanalysen bei Weglassung einer Variablen	Variablen mit der geringsten Abnahme der kanonischen Korrelationskoeffizienten
9	0.91	0.64	9	Y_4
8	0.91	0.63	8	X_2
7	0.90	0.59	7	Y_2
6	0.88	0.59	6	X_1
5	0.86	0.55	5	X_4
4	0.83	0.52	—	—

Tabelle 4.10: Werte der kanonischen Korrelationskoeffizienten nach schrittweiser Reduktion der Variablenstichprobe (minimale multiple Korrelation)

Variablenzahlen in den Schritten des Reduktionsprozesses p	q	kanonische Korrelationskoeffizienten r_1	r_2	minimale multiple Korrelation Variablen	Wert
5	4	0.91	0.64	$Y_4.X_1X_2X_3X_4X_5$	0.22
5	3	0.91	0.63	$Y_2.X_1X_2X_3X_4X_5$	0.60
5	2	0.88	0.63	$X_4.Y_1Y_3$	0.55
4	2	0.87	0.60	$X_5.Y_1Y_3$	0.74
3	2	0.85	0.56	$X_2.Y_1Y_3$	0.75
2	2	0.84	0.46	—	—

Die Ergebnisse des Reduktionsprozesses für die Kendall-Daten nach dieser Strategie sind in Tabelle 4.10 aufgelistet.
Wiederum zeigt sich, daß die Ergebnisse bei der Verwendung der reduzierten Zufallsvektoren $\boldsymbol{X}_1 = (X_1 \quad X_3)^\mathsf{T}$, $\boldsymbol{Y}_1 = (Y_1 \quad Y_3)^\mathsf{T}$ und der vollständigen Variablenmengen praktisch gleichwertig sind. Es soll nicht unerwähnt bleiben, daß die Reduktionsergebnisse trotz unterschiedlicher Entscheidungsregeln deutliche Ähnlichkeiten aufweisen.

Die Situation eines Untersuchers läßt sich somit wie folgt charakterisieren. Nach einer der beiden obigen (oder irgendwelchen anderen) Strategien für die Reduzierung der Zufallsvektoren $\boldsymbol{X}$ und $\boldsymbol{Y}$ erhält man einen Hinweis darauf, welche p_1 der p Variablen X_i und welche q_1 der q Variablen Y_j aus dem Ansatz gestrichen werden könnten. Benötigt wird eine verbindliche Aussage, ob die Elimination dieser $p_1 + q_1$ Variablen zulässig ist, d. h. keinen bedeutsamen Informationsverlust in den kanonischen Korrelationskoeffizienten bewirkt. Fujikoshi [43] gibt einen dieser Aufgabe entsprechenden Signifikanztest an. Dazu werden die Elemente der Zufallsvektoren $\boldsymbol{X}$ und $\boldsymbol{Y}$ so angeordnet, daß der p-dimensionale Vektor $\boldsymbol{X}$ in den $(p - p_1)$-dimensionalen Vektor $\boldsymbol{X}_1$ und den p_1-dimensionalen Vektor $\boldsymbol{X}_2$ zerlegt wird: $\boldsymbol{X} = \begin{pmatrix} \boldsymbol{X}_1 \\ \boldsymbol{X}_2 \end{pmatrix}$. Entsprechend sei $\boldsymbol{Y} = \begin{pmatrix} \boldsymbol{Y}_1 \\ \boldsymbol{Y}_2 \end{pmatrix}$.

Dieser Zerlegung der Zufallsvektoren entspricht die Partitionierung (4.33) der empirischen Kovarianzmatrix $\boldsymbol{S}$ aus Abschnitt 1.2.1:

$$\boldsymbol{S} = \begin{pmatrix} \boldsymbol{S}_{X_1X_1} & \boldsymbol{S}_{X_1X_2} & \boldsymbol{S}_{X_1Y_1} & \boldsymbol{S}_{X_1Y_2} \\ \boldsymbol{S}_{X_2X_1} & \boldsymbol{S}_{X_2X_2} & \boldsymbol{S}_{X_2Y_1} & \boldsymbol{S}_{X_2Y_2} \\ \boldsymbol{S}_{Y_1X_1} & \boldsymbol{S}_{Y_1X_2} & \boldsymbol{S}_{Y_1Y_1} & \boldsymbol{S}_{Y_1Y_2} \\ \boldsymbol{S}_{Y_2X_1} & \boldsymbol{S}_{Y_2X_2} & \boldsymbol{S}_{Y_2Y_1} & \boldsymbol{S}_{Y_2Y_2} \end{pmatrix}. \tag{4.33}$$

Zu testen ist die Hypothese, daß die Teilmengen $\boldsymbol{X}_2$ und $\boldsymbol{Y}_2$ keine zusätzliche Information über die Beziehung von $\boldsymbol{X}$ und $\boldsymbol{Y}$ tragen, die unabhängig von $\boldsymbol{X}_1$ und $\boldsymbol{Y}_1$ ist. Es seien die (2.15) entsprechenden Schreibweisen

$$\boldsymbol{S}_{ij.k} = \boldsymbol{S}_{ij} - \boldsymbol{S}_{ik}\boldsymbol{S}_{kk}^{-1}\boldsymbol{S}_{kj}, \qquad i, j = \boldsymbol{X}_1, \boldsymbol{X}_2, \boldsymbol{Y}_2,\ k = \boldsymbol{X}_1, \boldsymbol{Y}_1,$$

und

$$\boldsymbol{S}_{ij.X_1Y_1} = \boldsymbol{S}_{ij.Y_1} - \boldsymbol{S}_{iX_1.Y_1}\boldsymbol{S}_{X_1X_1.Y_1}^{-1}\boldsymbol{S}_{X_1j.Y_1}, \qquad i, j = \boldsymbol{X}_2, \boldsymbol{Y}_2,$$

festgelegt.

Unter der Voraussetzung einer $(p + q)$-dimensionalen Normalverteilung für $\begin{pmatrix} \boldsymbol{X} \\ \boldsymbol{Y} \end{pmatrix}$ berechnet sich Wilks Lambda zur Prüfung der Redundanz von $\boldsymbol{X}_2$ und $\boldsymbol{Y}_2$ aus

$$\Lambda_1 = \frac{AB}{CD} \tag{4.34}$$

mit

$$A = \det\left(\boldsymbol{S}_{X_2X_2.X_1Y_1} - \boldsymbol{S}_{X_2Y_2.X_1Y_1}\boldsymbol{S}_{Y_2Y_2.X_1Y_1}^{-1}\boldsymbol{S}_{Y_2X_2.X_1Y_1}\right),$$

$$B = \det\left(\boldsymbol{S}_{Y_2Y_2.X_1Y_1}\right), \qquad C = \det\left(\boldsymbol{S}_{X_2X_2.X_1}\right), \qquad D = \det\left(\boldsymbol{S}_{Y_2Y_2.Y_1}\right).$$

Fujikoshi leitet gleichfalls eine Approximation von Λ_1 mittels χ^2-Verteilung ab. Dazu ist

$$\chi^2 = -m \lg \Lambda_1 \tag{4.35}$$

mit

$$m = N - \frac{p+q+1}{2} - \frac{(p-p_1)(q-q_1)(p_1+q_1)}{2f}$$

und

$$f = pq - (p-p_1)(q-q_1)$$

zu berechnen.

Die Variablen in $\boldsymbol{X}_2$ und $\boldsymbol{Y}_2$ sind entbehrlich, wenn gilt

$$\hat{\chi}^2 \leqq \chi^2_{\alpha,f} + \frac{\beta}{m^2}(\chi^2_{\alpha,f+4} - \chi^2_{\alpha,f})$$

mit

$$\beta = \frac{1}{48}\left(af + b + 2p_1q_1c - \frac{d}{f}\right)$$

und

$$a = (p-p_1)^2 + p_1^2 + (q-q_1)^2 + q_1^2 - 5,$$

$$b = 2(p-p_1)^2 p_1 q + 2(q-q_1)^2 q_1 p,$$

$$c = (p-p_1)p_1 + (q-q_1)q_1 - 3(p-p_1)(q-q_1),$$

$$d = 3(p-p_1)^2(q-q_1)^2(p_1+q_1)^2.$$

Es ist ersichtlich, daß eine Variablenreduktion, die Signifikanzprüfungen nicht umgeht, hohe Aufwendungen in der Berechnung erfordert.

THORNDIKE/WEISS [138] untersuchten die Stabilität der kanonischen Korrelationskoeffizienten für die vollständigen und die reduzierten Variablenvektoren. Sie fanden mit der double cross-validation-Methode heraus, daß sich stabilere Resultate für die reduzierten Variablenstichproben ergeben.

4.7. Vorangehende Orthogonalisierungen

In der angewandten Literatur, z. B. bei BORTZ [12], findet sich der Vorschlag, die Daten beider Bereiche getrennt nach dem Modell der Hauptkomponenten vorab zu analysieren, um danach eine kanonische Korrelationsanalyse der ermittelten Hauptkomponenten durchzuführen, da es nur so möglich sei, Suppressoreffekte zu vermeiden und die kanonischen Gewichte problemlos zu interpretieren. Diese vorgeschalteten Hauptkomponentenanalysen sind nicht notwendig (vgl. Abschnitt 1.2.3) oder nützlich. Eine Vereinfachung der Interpretation läßt sich auf diese Weise nicht begründen.

5. Aufgabenklassen der Anwendung der kanonischen Korrelationsanalyse

Ein grundsätzliches methodologisches Problem im Hinblick auf die Anwendung der kanonischen Korrelationsanalyse besteht darin, typische Aufgabenklassen für ihren Einsatz zu finden. Die Spezifik dieser Klassen muß ihren Ausdruck in unterschiedlichen Einsatzvarianten des Modells der kanonischen Korrelation, die sich in einer der Zielstellung angemessenen Auswahl passender methodischer Hilfsmittel unterscheiden, finden. Darlington/Weinberg/Walberg [32] treffen eine Einteilung in vier derartige Komplexe: praktische Prädiktionsaufgaben, theoretische Probleme zu inhaltlichen Beziehungen zweier Bereiche, Zweipunktmessungen für eine Variablenmenge, Messung einer Variablenmenge an Individuenpaaren. Die hier getroffene Unterscheidung kennzeichnet Prädiktionsaufgaben, Datenreduktionsprobleme und Deskriptionsaufgaben. Dabei nimmt die Klasse der Deskriptionsprobleme eine gewisse Sonderstellung ein. Diese Anwendungsrichtung erfordert Modifikationen im Modell der kanonischen Korrelation bzw. betrachtet grundsätzlich neue Modelle, die zusammengefaßt unter der Bezeichnung „Interbereich-Faktoranalyse" in Paragraph 5.3 behandelt werden. Für Interbereich-Faktoranalysen sind zwei Besonderheiten charakteristisch. Erstens wird als Endergebnis eine (inhaltliche) Deutung der gefundenen Faktoren/Dimensionen gefordert. Zum zweiten werden Rotationen nicht nur zugelassen, sondern sind in der Regel sogar erwünscht.
Prädiktionsaufgaben in Paragraph 5.1 sowie Datenreduktionsprobleme in Paragraph 5.2 lassen sich dagegen mit dem klassischen Modell der kanonischen Korrelation behandeln. Für ihre Lösung reicht i. allg. die (formale) Ermittlung numerischer Werte wie kanonische Korrelationskoeffizienten, Gewichte oder Ladungen aus.

5.1. Prädiktion

Hotellings erste Arbeit zur kanonischen Korrelationsanalyse [63] widmet sich der Verallgemeinerung der linearen multiplen Regressionsanalyse in folgender Richtung: Bei der multiplen Regression liegt ein Prädiktionsproblem für eine einfache Kriteriumsvariable Y vor, das darin besteht, die „beste" Schätzung $\hat{Y}$ für Y aufgrund von p Prädiktoren X_i, $i = 1, \ldots, p$, zu ermitteln. Die von Hotelling vorgesehene Erweiterung besteht in der Postulierung einer

gewissen Zahl q meßbarer Kriteriumsvariablen Y_j, die im Komplex als Indikatoren für ein nicht direkt meßbares und schwer zu operationalisierendes Kriterium stehen. Soll dieses komplexe Kriterium mittels einer Menge von p Prädiktoren X_i vorhergesagt werden, kann eine Regressionsgleichung für ein einziges Y_j keine adäquate Lösung ergeben. Statt dessen liegt es nahe, eine Linearkombination $V = \boldsymbol{b}^{\circ\mathsf{T}}\boldsymbol{Y}^{\circ}$ der Kriteriumsvariablen als abhängige Variable in einer Regressionsgleichung zu verwenden. Der in solchen Fällen üblichen und in gewissen Situationen auch berechtigten subjektiven Gewichtung der Kriterien Y_j stellt HOTELLING eine Methode der objektiven Gewichtung gegenüber. Die Lösung ergibt sich durch die Wahl der Gewichte b_j so, daß die Linearkombination V die größtmögliche multiple Korrelation mit den Prädiktoren $\boldsymbol{X}$ erreicht. In Punkt 3.5.1.2 wurde der Nachweis geführt, daß dieser Ansatz zum Modell der kanonischen Korrelation führt.
Die Logik der Prädiktion erfordert nun eine Rollenzuweisung an die bislang gleichberechtigten Zufallsvektoren $\boldsymbol{X}$ und $\boldsymbol{Y}$. Infolge der Vorhersagerichtung von $\boldsymbol{X}$ zu $\boldsymbol{Y}$ werden die Prädiktoren X_i als Regressoren im Sinn unabhängiger Variablen betrachtet. Den Kriterien Y_j kommt als Regressanden die Rolle der abhängigen Variablen zu. Im Zusammenhang mit diesen Überlegungen besteht auch kein Anlaß mehr, die in Paragraph 1.1 getroffene Festlegung für die Relation der Elementezahlen von $\boldsymbol{X}$ und $\boldsymbol{Y}$ aufrechtzuerhalten.
Nach der Untersuchung der Frage, welche Beziehungen zwischen den Vorhersageresultaten bestehen, wenn als Prädiktoren und/oder Kriterien kanonische Variablen Verwendung finden, wenden wir uns der Durchführung der Vorhersage zu.
Rückblickend läßt sich einschätzen, daß die kanonische Korrelationsanalyse als Prädiktionsmodell zwar dem Bedürfnis nach theoretischer Erweiterung der univariaten Regressionsanalyse als Prädiktionsverfahren entspricht, aber praktisch, wie GULLIKSEN [53] darlegt, kaum Bedeutung besitzt. Auf einige der dafür verantwortlichen Ursachen wird in Abschnitt 5.1.3 eingegangen.

5.1.1. Kriterien: Ausgangsvariablen $\boldsymbol{Y}$

Der Prädiktionsansatz ist durch eine Konstellation gekennzeichnet, die in jedem Fall Ausgangsvariablen Y_j als die Kriterien verwendet. Dagegen kommen als Prädiktoren entweder die Ausgangsvariablen X_i oder die kanonischen Variablen U_m des Prädiktorbereichs in Betracht.
Das lineare Modell zur Vorhersage der Kriterien Y_j aus den Prädiktoren X_j lautet nach Punkt 3.5.1.2 beim Datenmodell Abweichungsvariablen

$$\boldsymbol{Y}^{\circ\mathsf{T}} = \boldsymbol{X}^{\circ\mathsf{T}}\boldsymbol{B} + \boldsymbol{E}.$$

Die Schätzung $\boldsymbol{B}$ der Regressionskoeffizienten ergibt sich aus

$$\boldsymbol{B} = \boldsymbol{S}_{XX}^{-1}\boldsymbol{S}_{XY}, \tag{5.1}$$

so daß für die Vorhersagewerte gilt:

$$\hat{\boldsymbol{Y}}_B^{\circ\mathsf{T}} = \boldsymbol{X}^{\circ\mathsf{T}}\boldsymbol{B} = \boldsymbol{X}^{\circ\mathsf{T}}\boldsymbol{S}_{XX}^{-1}\boldsymbol{S}_{XY}. \tag{5.2}$$

Wenn die Kriterien Y_j nun auf der Basis der kanonischen Variablen U_m des X-Bereichs als Prädiktoren vorhergesagt werden sollen, lautet der lineare Ansatz

$$\boldsymbol{Y}^{\circ\mathsf{T}} = \boldsymbol{U}^{\mathsf{T}}\boldsymbol{B}_1 + \boldsymbol{E}_1. \tag{5.3}$$

$\boldsymbol{U}$ ist darin die $p \times N$-Standardmatrix der Werte in den kanonischen Variablen U_m. Nach (1.3) gilt

$$\boldsymbol{U} = \boldsymbol{A}^{\circ\mathsf{T}}\boldsymbol{X}^{\circ}. \tag{5.4}$$

Für die Schätzung $\boldsymbol{B}_1$ der Regressionskoeffizienten gilt nach (5.1) $\boldsymbol{B}_1 = \boldsymbol{S}_{UU}^{-1}\boldsymbol{S}_{UY}$. Unter Verwendung von (5.4) und (1.15) folgt

$$\boldsymbol{B}_1 = \boldsymbol{I}_p \operatorname{cov}(\boldsymbol{A}^{\circ\mathsf{T}}\boldsymbol{X}^{\circ}, \boldsymbol{Y}^{\circ}) = \boldsymbol{A}^{\circ\mathsf{T}}\boldsymbol{S}_{XY}.$$

Damit berechnen sich die Vorhersagewerte

$$\hat{\boldsymbol{Y}}_{B_1}^{\circ\mathsf{T}} = \boldsymbol{U}^{\mathsf{T}}\boldsymbol{A}^{\circ\mathsf{T}}\boldsymbol{S}_{XY} = \boldsymbol{X}^{\circ\mathsf{T}}\boldsymbol{A}^{\circ}\boldsymbol{A}^{\circ\mathsf{T}}\boldsymbol{S}_{XY}.$$

Bei Beachtung der aus (1.15) abgeleiteten Beziehung $\boldsymbol{S}_{XX} = (\boldsymbol{A}^{\circ}\boldsymbol{A}^{\circ\mathsf{T}})^{-1}$ zeigt sich schließlich mit

$$\hat{\boldsymbol{Y}}_{B_1}^{\circ\mathsf{T}} = \boldsymbol{X}^{\circ\mathsf{T}}\boldsymbol{S}_{XX}^{-1}\boldsymbol{S}_{XY}$$

die Invarianz der Vorhersagewerte $\hat{\boldsymbol{Y}}^{\circ\mathsf{T}}$ für die Kriterien im Hinblick auf die Art der verwendeten Prädiktoren.

Krzyśko [80] zeigt, daß es zur Durchführung der Vorhersage ausreicht, die $k < p$ kanonischen Variablen U_m zu verwenden, die zu den von Null verschiedenen kanonischen Korrelationskoeffizienten gehören.

5.1.2. Kriterien: kanonische Variablen V

Während auf der Seite der Prädiktoren wieder Ausgangsvariablen X_i oder kanonische Variablen U_m betrachtet werden können, handelt es sich bei den Kriterien nun in jedem Fall um die kanonischen Variablen V_n des Kriterienbereichs. Da das Symbol $\boldsymbol{B}$ zur Kennzeichnung der Matrix der Schätzungen der kanonischen Gewichte des Y-Bereichs beibehalten werden soll, führen wir zur Bezeichnung der $p \times q$-Matrizen der Regressionskoeffizienten das Symbol $\boldsymbol{C}$ ein.

Die Kriterien V_n sind aus den Prädiktoren X_i vorherzusagen. Das lineare Modell der multivariaten Regressionsanalyse von S. 57 nimmt die Gestalt $\boldsymbol{V}^{\mathsf{T}} = \boldsymbol{X}^{\circ\mathsf{T}}\boldsymbol{C} + \boldsymbol{E}$ an. Die Schätzung $\boldsymbol{C}$ der $p \times q$-Matrix der Regressionskoeffizienten berechnet sich aus $\boldsymbol{C} = \boldsymbol{S}_{XX}^{-1}\boldsymbol{S}_{XV}$. Unter Verwendung von (1.4) gilt

$$\boldsymbol{C} = \boldsymbol{S}_{XX}^{-1} \operatorname{cov}(\boldsymbol{X}^{\circ}, \boldsymbol{B}^{\circ\mathsf{T}}\boldsymbol{Y}^{\circ}) = \boldsymbol{S}_{XX}^{-1}\boldsymbol{S}_{XY}\boldsymbol{B}^{\circ}.$$

Dann heißen die Vorhersagewerte

$$\hat{V}_C^{\mathsf{T}} = X^{\circ\mathsf{T}} S_{XX}^{-1} S_{XY} B^{\circ}. \tag{5.5}$$

Berücksichtigt man in (5.5) die Beziehung (5.2), so folgt

$$\hat{V}_C^{\mathsf{T}} = \hat{Y}_B^{\circ\mathsf{T}} B^{\circ}. \tag{5.6}$$

Die Kriterien V_n lassen sich auch mit Hilfe der kanonischen Variablen U_m vorhersagen. In diesem Fall geht man von dem linearen Modell

$$V^{\mathsf{T}} = U^{\mathsf{T}} C_1 + E_1$$

aus. Für die Schätzung C_1 der Regressionskoeffizienten gilt der Ansatz

$$C_1 = S_{UU}^{-1} S_{UV} = I_p \operatorname{cov}(A^{\circ\mathsf{T}} X^{\circ}, B^{\circ\mathsf{T}} Y^{\circ}).$$

Nach der 4. Eigenschaft von Paragraph 1.1 (s. S. 21) folgt daraus $C_1 = L^{1/2}$. Damit kann der Vorhersagewert berechnet werden:

$$\hat{V}_{C_1}^{\mathsf{T}} = U^{\mathsf{T}} L^{1/2} = X^{\circ\mathsf{T}} A^{\circ} A^{\circ\mathsf{T}} S_{XY} B^{\circ}. \tag{5.7}$$

Diese Werte entsprechen direkt denen nach (5.5), so daß sich auch Invarianz der Vorhersagewerte für die kanonischen Variablen der Kriteriumsseite bezüglich beider Arten von Prädiktoren zeigt.

GREEN/HALPERT/ROBINSON [52] erhalten (5.7) unmittelbar aus den Eigenschaften der Regressionsanalyse (Datenmodell Standardvariablen). Wegen E1 des Modells der kanonischen Korrelation gilt für die N Vorhersagewerte $v_{(m)}^{\mathsf{T}}$ in der kanonischen Variablen V_m beim einfachen linearen Regressionsansatz:

$$v_{(m)}^{\mathsf{T}} = u_{(m)} r_m, \qquad m = 1, \ldots, \min(p, q).$$

Beispiel (Fortsetzung): Aus den drei Variablen des einen Bereichs seien die zwei des anderen vorherzusagen. Deswegen macht sich die Rückbenennung der Variablen erforderlich, weil die Prädikatoren als X-Variablen X_i ($p = 3$) definiert wurden. – Kriterien Ausgangsvariablen Y:
(nach Formel (5.2)):

$$\hat{Y}_B^{\circ\mathsf{T}} = \begin{pmatrix} 1.22 & -1.56 \\ -6.57 & -1.84 \\ -5.61 & 1.04 \\ 1.86 & 3.27 \\ 5.59 & 0.02 \\ -2.20 & 2.65 \\ -0.07 & -2.49 \\ 3.98 & 1.04 \\ 1.54 & -0.60 \\ 0.26 & -1.53 \end{pmatrix}$$

Mit

$$U^{\mathsf{T}} = \begin{pmatrix} 0.880 & 0.163 & -0.809 \\ 0.440 & -1.808 & -0.110 \\ -0.943 & -1.308 & -0.643 \\ -1.514 & 0.759 & -0.035 \\ 0.409 & 1.399 & -1.425 \\ -1.504 & -0.310 & 0.403 \\ 1.252 & -0.241 & 1.031 \\ -0.230 & 1.090 & 1.721 \\ 0.419 & 0.330 & -0.987 \\ 0.791 & -0.074 & 0.853 \end{pmatrix}$$

ergibt sich

$$\hat{Y}_{B_1}^{\circ\mathsf{T}} = \begin{pmatrix} 1.22 & -1.58 \\ -6.56 & -1.85 \\ -5.60 & 1.03 \\ 1.85 & 3.28 \\ 5.59 & -0.01 \\ -2.20 & 2.67 \\ -0.07 & -2.47 \\ 3.97 & 1.08 \\ 1.54 & 0.62 \\ 0.25 & 1.51 \end{pmatrix}.$$

Kriterien kanonische Variablen $\boldsymbol{V}$:

(nach Formel (5.6) mit der umbenannten Gewichtsmatrix

$$\boldsymbol{B}^{\circ} = \begin{pmatrix} 0.067 & 0.110 \\ -0.454 & 0.040 \end{pmatrix}$$ für die $q = 2$ Kriterien Y_j, vgl. S. 25)

$$\hat{V}_C^{\mathsf{T}} = \begin{pmatrix} 0.791 & 0.071 \\ 0.395 & -0.795 \\ -0.848 & -0.575 \\ -1.361 & 0.334 \\ 0.367 & 0.615 \\ -1.351 & -0.136 \\ 1.126 & -0.106 \\ -0.206 & 0.479 \\ 0.377 & 0.145 \\ 0.711 & -0.033 \end{pmatrix}.$$

5.1.3. Durchführung der Vorhersage

Aus (5.6) und (5.7) ist zu erkennen, daß von einer kanonischen Lösung für Prädiktionsprobleme linearkombinierter Kriterien V_n nur die Werte der kanonischen Gewichte und Korrelationskoeffizienten Bedeutung besitzen. Deshalb muß deren Stabilität mittels Kreuzvalidierung näher untersucht und bewertet werden. Die kanonischen Variablen V_n erhielten von Hotelling die Bezeichnung *most-predictable-Kriterien*. Für die kanonischen Variablen U_m hat sich dementsprechend der Terminus *most-predicting-Prädiktoren* eingebürgert.
Oft wird es genügen, die Prädiktion für die erste kanonische Variable V_1 der Kriterien Y_j vorzunehmen. Allerdings können ohne großen Aufwand auch mehrere kanonische Variablen V_n, z. B. $n = 1, \ldots, k_s$, vorhergesagt werden. Die Ermittlung der Matrix $\hat{V}^T$ der Vorhersagewerte erfolgt aus (5.5). In jedem Fall werden nicht-meßbare Größen vorhergesagt, denn die kanonischen Variablen V_n sind als Linearkombination „künstliche" Variablen. Das hat zur Folge, daß kein „natürliches" Maß für die Genauigkeit der Prädiktion, vergleichbar der Restvarianz in Y bei der linearen multiplen Regressionsanalyse, bereitsteht. Darüber hinaus muß eine Wertung der kanonischen Korrelationsanalyse als Prädiktionsprozedur die Möglichkeit in Rechnung stellen, daß ein most-predictable-Kriterium mit der Mehrzahl der Kriterien Y_j schwach korreliert ist, was seinen Ausdruck in der Matrix $\boldsymbol{R}_{YV}$ der Intrabereichsladungen für den Y-Bereich findet und darauf hinweist, daß die vorherzusagende Größe V_n den vorherzusagenden Sachverhalt schlecht repräsentiert.

5.2. Datenreduktion

Bei der Aufgabenklasse „Datenreduktion" geht es in erster Linie um die Darstellung eines empirisch vorgefundenen und i. allg. schwer überschaubaren Sachverhalts mit Hilfe einiger weniger, künstlich konstruierter neuer Variablen. Dabei sollte in den linear kombinierten neuen Variablen die in den Ausgangsvariablen enthaltene Information möglichst ohne Verlust aufgehoben sein. Um einfach interpretieren zu können, stellt man an die Linearkombinationen bestimmte Forderungen der Unkorreliertheit.
Die Hauptkomponentenanalyse und die kanonische Korrelationsanalyse sind klassische Verfahren zur Lösung von Problemen der Datenreduktion. Im Fall der Hauptkomponentenanalyse (vgl. Paragraph 3.1) stand die Aufgabe, eine Lösung mit möglichst wenigen Hauptkomponenten zu ermitteln, die möglichst viel der Gesamtvarianz des zu untersuchenden Gegenstandsbereichs aufklärt. Das fand seinen Ausdruck in den Modelleigenschaften E 1 der Hauptkomponenten- bzw. E 2 der Komponentenanalyse. Darüber hinaus sollen die Analyseresultate Rückschlüsse auf eine den Variablen des Bereichs zugrunde liegende Struktur zulassen. Bei der kanonischen Korrelationsanalyse sucht man eine

Lösung mit möglichst wenigen kanonischen Dimensionen, die einen möglichst großen Anteil der Interkorrelation zweier Bereiche widerspiegelt. Diese Forderung findet sich als Eigenschaft E 2 des Modells der kanonischen Korrelation. Weitergehend soll die Struktur des Wechselverhältnisses beider Bereiche vereinfacht zum Ausdruck gebracht werden.
In den folgenden Abschnitten werden die Bestimmung der optimalen Zahl k kanonischer Dimensionen und Fragen der Interpretation kanonischer Dimensionen im Kontext der Verwendung der kanonischen Korrelationsanalyse zur Datenreduktion behandelt. Der Einsatz von Rotationsprozeduren auf eine kanonische Lösung vom Rang k sollte hier unterbleiben, da die Rotation einige Eigenschaften des Modells der kanonischen Korrelation aufhebt. Diese Problematik wurde bereits in Paragraph 4.6 diskutiert.

5.2.1. Anzahl relevanter kanonischer Dimensionen

Die Bestimmung der Dimensionszahl k erfolgt in einer mehrstufigen Prozedur. Ausgehend von der vollständigen kanonischen Lösung mit $k_e = \min(p, q) = p$ kanonischen Dimensionen werden die in Tabelle 5.1 angegebenen Schritte ausgeführt.
Im Ergebnis dieses Vorgehens läßt sich für die in der Lösung erforderlichen kanonischen Dimensionen ein eindeutig bestimmter Wert k festlegen.

Tabelle 5.1: Schrittfolge zur Ermittlung der Zahl k kanonischer Dimensionen bei Datenreduktion

Schritt Nr.	Eliminierung der kanonischen Dimensionen mit	mittels	Anzahl der im Modell verbleibenden kanonischen Dimensionen
1	nichtsignifikanten kanonischen Korrelationskoeffizienten	Signifikanzprüfung (Abschnitt 4.1.1)	$k_s \leqq k_e \leqq p$
2	nichtstabilen kanonischen Korrelationskoeffizienten	Kreuzvalidierung (Punkt 4.2.4.1.)	$k_v \leqq k_s$
3	praktisch nichtrelevanten kanonischen Korrelationskoeffizienten	heuristischem Kriterium (Paragraph 4.3)	$k_r \leqq k_v$
4	praktisch nichtrelevanten Redundanzmaßen	heuristischem Kriterium (Abschnitt 4.4.3)	$k \leqq k_r$

5.2.2. Interpretation kanonischer Dimensionen

Zum einen kann der Begriff „Interpretation“ im Sinn der multiplen Regressionsanalyse verwendet werden. Dann quantifizieren die kanonischen Gewichte $\boldsymbol{a}_m^-$ und $\boldsymbol{b}_n^-$, $m, n = 1, \ldots, k$, als standardisierte partielle Regressionskoeffizienten (Beta-Gewichte) Stärke und Richtung der Beeinflussung der kanonischen Variablen U_m und V_n durch die Ausgangsvariablen X_i bzw. Y_j. Vor einer derartigen Interpretation empfiehlt es sich, die Stabilität der kanonischen Gewichte mittels Kreuzvalidierung (vgl. Abschnitt 4.2.3) zu untersuchen.
Zum anderen kann „Interpretation“ die inhaltliche Beschreibung oder Benennung der nicht-direkt meßbaren Größen U_m und V_n meinen. Stellt sich über das eigentliche Reduktionsproblem hinausgehend diese Frage, bilden in jedem Fall die Muster $\boldsymbol{R}_{XU}$ und $\boldsymbol{R}_{YV}$ der Intra- oder $\boldsymbol{R}_{XV}$ und $\boldsymbol{R}_{YU}$ der Interbereichsladungen die Basis der Interpretation (vgl. VELDMAN [150]). In Anbetracht dessen kommt der Stabilität dieser Ladungen einige Bedeutung zu. Einer Interpretation kann mehr vertraut werden, wenn sich die Ladungen bei Kreuzvalidierung als ausreichend stabil erweisen. Die Informationen zur Durchführung der Kreuzvalidierung sind in Punkt 4.4.1.3 enthalten.
Der Interpretation kanonischer Dimensionen kommt bei der Datenreduktion nur untergeordnete Bedeutung zu. Der Reduktionsprozeß ist in der Regel mit der Bestimmung der Zahl k der erforderlichen kanonischen Dimensionen sowie der dazugehörigen kanonischen Gewichte und Korrelationskoeffizienten abgeschlossen. Wird ergänzend eine Benennung der kanonischen Dimensionen angestrebt, verfährt man nach den Darlegungen von Abschnitt 5.3.5.

5.3. Deskription

Deskriptionsprobleme sind durch eine Sachlage gekennzeichnet, in der ein Untersucher eine Hypothese über die Struktur der Wechselbeziehungen zwischen zwei Bereichen $\boldsymbol{X}$ und $\boldsymbol{Y}$ theoretisch aufgestellt hat und vor der Aufgabe steht, die Existenz dieser hypothetischen Struktur anhand realer Daten zu bestätigen. Insbeondere muß das Denkmodell des Untersuchers explizit ausweisen, wieviele Grunddimensionen die Struktur enthält, d. h., die Zahl der gemeinsamen Faktoren ist selbst Bestandteil der Hypothese. Darüber hinaus muß a priori entschieden werden, ob die Grunddimensionen aus für beide Bereiche gleichen Faktoren bestehen, die allerdings mit den Ausgangsvariablen der Bereiche unterschiedlich korrelieren oder ob jeder Bereich „eigene“ Faktoren besitzt, die im Sinne einer Dimension als Paar zusammengehören und deren Korrelationen nur mit den Ausgangsvariablen des zugehörigen Bereichs interessieren. Diese Korrelationen zwischen Ausgangsvariablen und Faktoren sind bekanntlich die Ladungen. Bei den Deskriptionsaufgaben konzentriert man sich gewöhnlich auf die Berechnung der Ladungen $\boldsymbol{F}_X$ und $\boldsymbol{F}_Y$ in den gemeinsamen Faktoren.

Modelle, die eine Menge gemeinsamer Faktoren für beide Bereiche postulieren (Methode von TUCKER, Ansatz von KRISTOF), streben eine Faktorisierung der Stichprobenkorrelationsmatrix $\boldsymbol{R}$ an, die für den Faktor $\boldsymbol{A}$, die Matrix der Faktorladungen, als Zielvorstellung die Gestalt

$$\boldsymbol{A} = \begin{pmatrix} \underbrace{\boldsymbol{F}_X}_{} & \underbrace{\boldsymbol{G}_X}_{} & \underbrace{\boldsymbol{O}}_{} \\ \underbrace{\boldsymbol{F}_Y}_{f \text{ Spalten}} & \underbrace{\boldsymbol{O}}_{g_1 \text{ Spalten}} & \underbrace{\boldsymbol{G}_Y}_{g_2 \text{ Spalten}} \end{pmatrix} \begin{matrix} p \text{ Zeilen} \\ q \text{ Zeilen} \end{matrix} \tag{5.8}$$

vorsieht. $\boldsymbol{G}$ sind darin Matrizen von Faktorladungen in den g_1 bzw. g_2 bereichsspezifischen Faktoren. Aus der Faktorisierung $\boldsymbol{R} = \boldsymbol{A}\boldsymbol{A}^{\mathsf{T}}$ ergibt sich durch Verwendung von (5.8) die Beziehung

$$\begin{pmatrix} \boldsymbol{R}_{XX} & \boldsymbol{R}_{XY} \\ \boldsymbol{R}_{YX} & \boldsymbol{R}_{YY} \end{pmatrix} = \begin{pmatrix} \boldsymbol{F}_X\boldsymbol{F}_X^{\mathsf{T}} + \boldsymbol{G}_X\boldsymbol{G}_X^{\mathsf{T}} & \boldsymbol{F}_X\boldsymbol{F}_Y^{\mathsf{T}} \\ \boldsymbol{F}_Y\boldsymbol{F}_X^{\mathsf{T}} & \boldsymbol{F}_Y\boldsymbol{F}_Y^{\mathsf{T}} + \boldsymbol{G}_Y\boldsymbol{G}_Y^{\mathsf{T}} \end{pmatrix}. \tag{5.9}$$

TUCKER [143] verwendet zur Schätzung der Faktorladungen mit $\boldsymbol{R}_{XY} = \boldsymbol{F}_X\boldsymbol{F}_Y^{\mathsf{T}}$ nur eine der drei Teilgleichungen von (5.9). KRISTOF [78] wählt ein faktoranalytisches Grundkonzept, das anstelle der vollständigen Korrelationsmatrix $\boldsymbol{R}$ von einer reduzierten Korrelationsmatrix $\boldsymbol{R}^*$ ausgeht, deren Faktor $\boldsymbol{C}$ von $\boldsymbol{R}^* = \boldsymbol{C}\boldsymbol{C}^{\mathsf{T}}$ durch eine geeignete Transformation in das Muster (5.8) überführt wird. $\boldsymbol{R}^*$ enthält die aus der Faktoranalyse bekannten Kommunalitäten in der Hauptdiagonalen und stimmt in allen anderen Elementen mit $\boldsymbol{R}$ überein.
Modelle, die je eine Menge gemeinsamer Faktoren für jeden Bereich postulieren (Methode von MEREDITH, faktoranalytische Modifikation), gehen in jedem Fall von der reduzierten Matrix $\boldsymbol{R}^*$ aus. Die weiteren Ableitungen führen auf verallgemeinerte Eigenwertprobleme, die denen der kanonischen Korrelationsanalyse strukturgleich sind. Die gesuchten Ladungen ergeben sich wie beim Modell der kanonischen Korrelation, allerdings ist der Rechenaufwand zur Bestimmung der Gewichte größer, weil $\boldsymbol{R}^*_{XX}$ und $\boldsymbol{R}^*_{YY}$ in der Regel singulär sind.
Nach Abschluß der Datenanalyse stellt sich das Interpretationsproblem, d. h. die Frage, ob die ermittelte Struktur inhaltlich die Hypothese stützt oder nicht. Es wird versucht, eine allgemeingültige Anweisung zur objektiven Durchführung der Interpretation von Interbereich-Faktoren bzw. -Dimensionen anzugeben. Da Rotationen für Deskriptionsaufgaben zulässig und nicht selten nützlich sind, wird das Rotationsproblem für alle behandelten Modelle diskutiert.

5.3.1. Interbereich-Faktoranalyse vollständiger Matrizen

Mit Problemen der Interbereich-Faktoranalyse befaßte sich erstmalig TUCKER [143], der in seinem Ansatz *eine* Menge $\boldsymbol{Z}$ von Interbereich-Faktoren postuliert. Diese sollen in der Lage sein, die Beziehungen zwischen $\boldsymbol{X}$ und $\boldsymbol{Y}$ abzubilden. Da die Relationen zwischen beiden Bereichen interessieren, spielt in TUCKERS

Konzept nur die Matrix $\boldsymbol{R}_{XY}$ der Interkorrelationen zwischen den Variablen X_i, $i = 1, \ldots, p$, und Y_j, $j = 1, \ldots, q$, eine Rolle. $\boldsymbol{R}_{XX}$ und $\boldsymbol{R}_{YY}$ gehen nicht in die Ableitungen ein, so daß kein Problem im Hinblick auf Kommunalitäten entstehen kann. Von den unbekannten Größen im allgemeingültigen Ansatz (5.8) werden nur die Faktorladungen $\boldsymbol{F}_X$ und $\boldsymbol{F}_Y$ der Variablen X_i bzw. Y_j in den Interbereich-Faktoren Z_l, $l = 1, \ldots, f$, ermittelt. Als Grundgleichung des Modells wird eine Darstellung von $\boldsymbol{R}_{XY}$ der Gestalt

$$\boldsymbol{R}_{XY} = \boldsymbol{F}_X \boldsymbol{F}^{\mathsf{T}} \tag{5.10}$$

verwendet.

Browne [15] legt seinen Überlegungen das Datenmodell Abweichungsvariablen und ein faktoranalytisches Modell zugrunde. Unter gewissen Voraussetzungen der Unkorreliertheit von Interbereich-Faktoren, bereichsspezifischen und Fehlerfaktoren läßt sich eine (5.9) entsprechende Darstellung von $\boldsymbol{\Sigma}$ angeben. Browne leitet Maximum-Likelihood-Schätzungen für die Faktorladungen $\boldsymbol{F}_X$ und $\boldsymbol{F}_Y$ ab und zeigt die Skalenunabhängigkeit der erhaltenen Lösung. Obwohl vom Modellansatz her keine Beziehung der Interbereich-Faktoranalyse nach Browne zum Modell der kanonischen Korrelation besteht, stellen sich enge formale Bindungen zwischen den Ladungen beider Ansätze heraus.

5.3.1.1. Faktorladungen nach Tucker

Das Grundkonzept der Berechnungen von Tucker besteht in der Approximation von $\boldsymbol{R}_{XY}$ durch $\boldsymbol{F}_X$ und $\boldsymbol{F}_Y$ mittels Eckart-Young-Theorem. Es gelte $\operatorname{rg}(\boldsymbol{F}_X) = \operatorname{rg}(\boldsymbol{F}_Y) = f$. Im einzelnen sind dazu folgende Schritte auszuführen:

- Berechnung der Gramschen Matrix $\boldsymbol{R}_{XY}\boldsymbol{R}_{YX}$;
- Lösung des einfachen Eigenwertproblems

$$(\boldsymbol{R}_{XY}\boldsymbol{R}_{YX} - d^2\boldsymbol{I}_p)\,\boldsymbol{a} = \boldsymbol{o}_p; \tag{5.11}$$

  es ergeben sich die $p \times p$-Matrizen $\boldsymbol{A}$ der Eigenvektoren und $\boldsymbol{D}^2 = \operatorname{Dg}(d_i^2)$, $i = 1, \ldots, p$, der Eigenwerte von (5.11);
- Reduzierung der Resultatmatrizen gemäß des Ranges f; es wird von $\boldsymbol{A}$ und $\boldsymbol{D}^2$ zu ${}_f\boldsymbol{A}$ und ${}_f\boldsymbol{D}^2 = \operatorname{Dg}(d_i^2)$, $i = 1, \ldots, f$, übergegangen;
- Lösung des einfachen Eigenwertproblems

$$(\boldsymbol{R}_{YX}\boldsymbol{R}_{XY} - e^2\boldsymbol{I}_q)\,\boldsymbol{b} = \boldsymbol{o}_q; \tag{5.12}$$

  nach (10.17) lassen sich die Eigenvektoren $\boldsymbol{b}$ direkt aus der Lösung von (5.11) ermitteln. Es gilt

$${}_f\boldsymbol{B} = \boldsymbol{R}_{YX}\,{}_f\boldsymbol{A}\,{}_f\boldsymbol{D}^{-1}; \tag{5.13}$$

- Bestimmung der Faktorladungen;
  es gelten die Beziehungen

$$\boldsymbol{F}_X = {}_f\boldsymbol{A}\,{}_f\boldsymbol{D}^{1/2} \quad \text{und} \quad \boldsymbol{F}_Y = {}_f\boldsymbol{B}\,{}_f\boldsymbol{D}^{1/2}. \tag{5.14}$$

Die Faktorladungen (5.14) reproduzieren für einen festen Wert f die gegebene Korrelationsmatrix $\boldsymbol{R}_{XY}$ so, daß die Summe der Quadrate der Fehler $\boldsymbol{R}_{XY} - \boldsymbol{F}_X\boldsymbol{F}_Y^{\mathrm{T}}$ minimal wird.
Tuckers Methode hat keinen Bezug zum Modell der kanonischen Korrelation. Da für beide Bereiche eine Menge von Interbereich-Faktoren bestimmt wird, entfällt die Frage nach dem Zusammenhang der Faktoren. CUDECK [31] kritisiert, daß infolge der ausschließlichen Berücksichtigung von $\boldsymbol{R}_{XY}$ bei Variation der Korrelationen in $\boldsymbol{R}_{XX}$ und $\boldsymbol{R}_{YY}$ identische Interbereich-Lösungen erhalten werden. TUCKER [143] verweist darauf, daß die Lösung von (5.10) nicht eindeutig gelingt. Seien $\boldsymbol{T}_1$ und $\boldsymbol{T}_2$ nichtsinguläre Transformationsmatrizen der Ordnung f und also

$$\boldsymbol{F}_X^* = \boldsymbol{F}_X\boldsymbol{T}_1 \quad \text{und} \quad \boldsymbol{F}_Y^* = \boldsymbol{F}_Y\boldsymbol{T}_2. \tag{5.15}$$

Dann folgt aus (5.10) $\boldsymbol{R}_{XY} = \boldsymbol{F}_X^*(\boldsymbol{T}_2^{\mathrm{T}}\boldsymbol{T}_1)^{-1}\,\boldsymbol{F}_Y^{*\mathrm{T}}$. In allen Fällen mit

$$\boldsymbol{T}_2^{\mathrm{T}} = \boldsymbol{T}_1^{-1} \tag{5.16}$$

erfüllen die transformierten Ladungen $\boldsymbol{F}_X^*$ und $\boldsymbol{F}_Y^*$ gleichfalls die Grundgleichung (5.10).

Beispiel (Fortsetzung): Zur Lösung von (5.11) und (5.12) werden zwei Gramsche Produkte benötigt. Neben $\boldsymbol{R}_{YX}\boldsymbol{R}_{XY}$ von S. 51 gilt

$$\boldsymbol{R}_{XY}\boldsymbol{R}_{YX} = \begin{pmatrix} 0.16 & 0.04 \\ & 0.68 \end{pmatrix}.$$

Die formale Lösung der beiden einfachen Eigenwertprobleme ergibt für die Eigenwerte

$$\boldsymbol{D}^2 = \begin{pmatrix} 0.68 & 0 \\ & 0.16 \end{pmatrix} \quad \text{und} \quad \boldsymbol{E}^2 = \begin{pmatrix} 0.68 & 0 & 0 \\ & 0.16 & 0 \\ & & 0.00 \end{pmatrix}$$

sowie für die Eigenvektoren

$$\boldsymbol{A} = \begin{pmatrix} 0.07 & -1.00 \\ 1.00 & 0.07 \end{pmatrix} \quad \text{und} \quad \boldsymbol{B} = \begin{pmatrix} 0.93 & -0.08 & 0.37 \\ -0.33 & 0.31 & 0.89 \\ 0.19 & 0.95 & -0.26 \end{pmatrix}.$$

Angenommen, es gebe $f = 1$ Interbereich-Faktoren. Dann errechnen sich nach (5.14) folgende Ladungen der $p = 2$ Variablen X_i und $q = 3$ Variablen Y_j in diesem Faktor Z_1:

$$\boldsymbol{F}_X = \begin{pmatrix} 0.06 \\ 0.91 \end{pmatrix}, \quad \boldsymbol{F}_Y = \begin{pmatrix} 0.84 \\ -0.30 \\ 0.17 \end{pmatrix}.$$

Mit einem Vorzeichenwechsel der Ladungen in $\boldsymbol{F_X}$ (Spiegelung des Faktors Z_1) findet sich die reproduzierte Korrelationsmatrix

$$\hat{\boldsymbol{R}}_{XY} = \boldsymbol{F}_X \boldsymbol{F}_Y^\top = \begin{pmatrix} -0.05 & 0.02 & -0.01 \\ -0.76 & 0.27 & -0.16 \end{pmatrix}.$$

Der Vergleich mit $\boldsymbol{R}_{XY}$ von S. 27 zeigt bereits eine gute Anpassung.

5.3.1.2. Faktorladungen nach Browne

Sei S die Schätzung der Varianz-Kovarianz-Matrix $\boldsymbol{\Sigma}$ von Abschnitt 1.2.1 aus einer Stichprobe vom Umfang N. Aus den Likelihood-Gleichungen für $\boldsymbol{F}_X$ und $\boldsymbol{F}_Y$ ergibt sich durch geeignete Umformungen die Bestimmungsgleichung

$$(\boldsymbol{S}_{XY}\boldsymbol{S}_{YY}^{-1}\boldsymbol{S}_{YX}\boldsymbol{S}_{XX}^{-1} - r^2\boldsymbol{I}_p)\, \boldsymbol{S}_X^{1/2}\boldsymbol{f}_X = \boldsymbol{o}_p \tag{5.17}$$

für die Spalten $\boldsymbol{f}_X$ von $\boldsymbol{F}_X$ in Form eines nichtsymmetrischen einfachen Eigenwertproblems. Für die Spalten von $\boldsymbol{F}_Y$ gilt

$$\boldsymbol{f}_Y = \frac{1}{r}\, \boldsymbol{S}_Y^{-1/2}\boldsymbol{S}_{YX}\boldsymbol{S}_{XX}^{-1}\boldsymbol{S}_X^{1/2}\boldsymbol{f}_X.$$

Die Werte der gesuchten Faktorladungen ergeben sich für die f größten Eigenwerte r_i^2 der Gleichung (5.17), die sich unter Verwendung der Faktorisierung von $\boldsymbol{S}_{XX}$ in $\boldsymbol{C}\boldsymbol{C}^\top$ in ein einfaches symmetrisches Eigenwertproblem transformieren läßt. Mit $\boldsymbol{S}_{XX}^{-1} = (\boldsymbol{C}^\top)^{-1}\,\boldsymbol{C}^{-1}$ ergibt sich

$$\left(\boldsymbol{C}^{-1}\boldsymbol{S}_{XY}\boldsymbol{S}_{YY}^{-1}\boldsymbol{S}_{YX}(\boldsymbol{C}^\top)^{-1} - r^2\boldsymbol{I}_p\right)\boldsymbol{v}_X = \boldsymbol{o}_p,$$

d. h., die Eigenwerte $\boldsymbol{L} = \mathrm{Dg}\,(r_i^2)$ beider Eigenwertprobleme sind gleich. Nach Browne lautet die Beziehung der Eigenvektoren in Matrixform

$$\boldsymbol{S}_X^{1/2}\boldsymbol{F}_X = \boldsymbol{C}\,{}_f\boldsymbol{V}_X\,{}_f\boldsymbol{L}^{1/2} \quad \text{und} \quad \boldsymbol{S}_Y^{1/2}\boldsymbol{F}_Y' = \boldsymbol{S}_{YX}(\boldsymbol{C}^\top)^{-1}\,{}_f\boldsymbol{V}_X,$$

woraus sich ableitet:

$$\boldsymbol{F}_X = \boldsymbol{S}_X^{1/2}\boldsymbol{C}\,{}_f\boldsymbol{V}_X\,{}_f\boldsymbol{L}^{1/2} \tag{5.18}$$

und

$$\boldsymbol{F}_Y = \boldsymbol{S}_Y^{-1/2}\boldsymbol{S}_{YX}(\boldsymbol{C}^\top)^{-1}\,{}_f\boldsymbol{V}_X. \tag{5.19}$$

Davon ausgehend lassen sich die Verbindungen zur kanonischen Korrelationsanalyse herstellen. Nach den Rücktransformationsformeln von Abschnitt 10.4.3 gilt für die kanonischen Gewichte $\boldsymbol{A}^\circ$ des Eigenwertproblems (1.22):

$${}_f\boldsymbol{A}^\circ = (\boldsymbol{C}^\top)^{-1}\,{}_f\boldsymbol{V}_X. \tag{5.20}$$

Bei Berücksichtigung von (1.19) heißen die kanonischen Gewichte des Y-Bereichs:

$$_f\boldsymbol{B}^\circ = \boldsymbol{S}_{YY}^{-1}\boldsymbol{S}_{YX}(\boldsymbol{C}^\top)^{-1}\,{}_f\boldsymbol{V}_X\,{}_f\boldsymbol{L}^{-1/2}.$$

Die Intrabereichsladungen sind dann nach (4.14)

$$\boldsymbol{R}_{XU} = \boldsymbol{S}_X^{-1/2}\boldsymbol{S}_{XX}\,{}_f\boldsymbol{A}^\circ \tag{5.21}$$

und

$$\boldsymbol{R}_{YV} = \boldsymbol{S}_Y^{-1/2}\boldsymbol{S}_{YY}\,{}_f\boldsymbol{B}^\circ.$$

Einsetzen von (5.20) in (5.21) führt auf

$$\boldsymbol{R}_{XU} = \boldsymbol{S}_X^{-1/2}\boldsymbol{C}\,{}_f\boldsymbol{V}_X;$$

entsprechend ergibt sich

$$\boldsymbol{R}_{YV} = \boldsymbol{S}_Y^{-1/2}\boldsymbol{S}_{YX}(\boldsymbol{C}^\top)^{-1}\,{}_f\boldsymbol{V}_X\,{}_f\boldsymbol{L}^{-1/2}.$$

Der Vergleich dieser Resultate mit (5.18) bzw. (5.19) zeigt

$$\boldsymbol{F}_X = \boldsymbol{R}_{XU}\,{}_f\boldsymbol{L}^{1/2} \tag{5.22}$$

und

$$\boldsymbol{F}_Y = \boldsymbol{R}_{YV}\,{}_f\boldsymbol{L}^{1/2}.$$

Beachtet man schließlich (4.18), so gilt

$$\boldsymbol{F}_X = \boldsymbol{R}_{XV} \tag{5.23}$$

und

$$\boldsymbol{F}_Y = \boldsymbol{R}_{YU}.$$

Somit sind die Maximum-Likelihood-Schätzwerte der Interbereich-Faktorladungen den Interbereich-Ladungen einer kanonischen Korrelationsanalyse gleich. Diese formale Entsprechung darf nicht die wesentlichen inhaltlichen Unterschiede zwischen beiden Modellen in Bedeutung und Interpretation überdecken. Interbereich-Ladungen gehören zu einer kanonischen Dimension, d. h. zu einem Paar korrelierter, aber nicht identischer Variablen. Interbereich-Faktorladungen dagegen werden von einer einzigen Menge von Faktoren abgeleitet, die so definiert sind, daß sie die Wechselbeziehungen zwischen $\boldsymbol{X}$ und $\boldsymbol{Y}$ erklären.

Beispiel (Fortsetzung): Es seien die Faktorladungen für $f = 2$ Interbereich-Faktoren Z_1 und Z_2 in den $p = 2$ Variablen des X-Bereichs zu bestimmen. Dazu können mehrere Zwischenresultate von S. 24 übernommen werden, da dort das gleiche einfache Eigenwertproblem wie hier für $\boldsymbol{L}$ und $\boldsymbol{V}_X$ gelöst wurde. Dem Faktor $\boldsymbol{C}$ entspricht die dortige Matrix $\boldsymbol{F}_X$. Die Eigenvektoren $\boldsymbol{V}_X$ stehen dort in der Matrix $\boldsymbol{Q}^\circ$; die Eigenwerte $\boldsymbol{L}$ in der Diagonalmatrix $\boldsymbol{L}_1$. So ist für (5.18) lediglich $\boldsymbol{S}_X^{-1/2}$ zu ermitteln. Dafür gilt

$$\boldsymbol{S}_X^{-1/2} = \left(\mathrm{Dg}\,(\boldsymbol{S}_{XX})\right)^{-1/2} = \begin{pmatrix} 0.12 & 0 \\ & 0.41 \end{pmatrix}.$$

Es ergeben sich folgende Resultate:

$$F_X = \begin{pmatrix} 0.08 & 0.44 \\ -0.77 & 0.23 \end{pmatrix},$$

d. h., die Matrix F_X der Faktorladungen ist gleich der Redundanzmatrix R_{XV}.

5.3.2. Interbereich-Faktoranalyse reduzierter Matrizen

Das Gemeinsame der Verfahren dieser Klasse besteht darin, daß die Hauptdiagonalelemente von R gegenüber Abschnitt 5.3.1 modifiziert werden. Der Grund für diese Modifikation besteht in der Annahme, daß die gemessenen Variablen nicht perfekt aus einer Menge von gemeinsamen Faktoren erklärbar sind, sondern daß neben diesen sogenannte Fehlerfaktoren wirken. Dies führt — bei Beachtung bestimmter Unabhängigkeitsforderungen der im Modell auftretenden Faktoren — auf eine Reduzierung der Hauptdiagonalelemente im Sinn der Kommunalitäten bei der Faktoranalyse.
Kristof [78] nimmt ausgehend von der reduzierten Korrelationsmatrix R^* mit geschätzten Kommunalitäten eine Faktorisierung $R^* = CC^T$ vor und berechnet eine Transformationsmatrix P, so daß $A = CP$ die gewünschte Form (5.8) aufweist. Das Modell von Meredith [93] geht von der Annahme der klassischen psychometrischen Testtheorie aus, die besagt, daß sich jede gemessene Variable als Summe aus einem wahren und einem Fehler-Anteil ergibt. Unter der Bezeichnung *corrected-for-attenuation* kanonische Korrelation entwickelt Meredith ein Modell der kanonischen Korrelation für die wahren Komponenten der gemessenen Variablen. Ausgangspunkt der Berechnungen bildet die reduzierte Matrix R^* mit den Reliabilitäten in der Hauptdiagonalen, die in eine „korrigierte" Korrelationsmatrix R° transformiert wird. Ein dritter Ansatz für die Interbereich-Faktoranalyse bezieht sich unmittelbar auf die faktoranalytische Grundannahme, daß sich die gemessenen Variablen eines zu beschreibenden Sachverhalts additiv aus von gemeinsamen Faktoren Z abhängigen Teilen K und von spezifischen bzw. Fehlerfaktoren E abhängigen Teilen S ergeben: $X^= = K_X^\circ + S_X$ und $Y^= = K_Y^\circ + S_Y$. Als Interbereich-Faktoren werden Linearkombinationen $U = \alpha^T K_X^\circ$ und $V = \beta^T K_Y^\circ$ ermittelt. Den Berechnungen liegt dabei die reduzierte Matrix R^* mit geschätzten Kommunalitäten zugrunde. Es wird sich die formale Übereinstimmung von Meredith-Ansatz und faktoranalytischer Modellmodifikation herausstellen.

5.3.2.1. *Modell von Kristof*

In der Faktorisierung $R^* = CC^T$ gelte $\operatorname{rg}(C) = r = f + g_1 + g_2$. Wie in Abschnitt 5.3.1 wird von einer Menge von Interbereich-Faktoren ausgegangen. Zu bestimmen ist die orthogonale $r \times r$-Transformationsmatrix P, die den Faktor C von R^* in die Form (5.8) überführt. Der dazu in der Originalarbeit abgeleitete Algorithmus wird hier modifiziert dargestellt. Erstens beschränken wir uns auf die Berechnung der Faktorladungen $\boldsymbol{F_X}$ und $\boldsymbol{F_Y}$ der Interbereich-Faktoren und geben zweitens die Formeln in einer kompakteren Matrixschreibweise an.

Für die $(p+q)\times r$-Matrix $\boldsymbol{C}$ gelte die Zerlegung $\begin{pmatrix}\boldsymbol{C_X}\\ \boldsymbol{C_Y}\end{pmatrix}$. Dann sind die einfachen Eigenwertprobleme für die Gramschen Matrizen $\boldsymbol{C_X^\top C_X}$ und $\boldsymbol{C_Y^\top C_Y}$ zu lösen, d. h. $(\boldsymbol{C_X^\top C_X} - l\boldsymbol{I}_r)\,\boldsymbol{s} = \boldsymbol{o}_r$ und $(\boldsymbol{C_Y^\top C_Y} - m\boldsymbol{I}_r)\,\boldsymbol{t} = \boldsymbol{o}_r$. Es ergeben sich die Matrizen $\boldsymbol{L} = \mathrm{Dg}\,(l_i)$ und $\boldsymbol{M} = \mathrm{Dg}\,(m_j)$, $i, j = q, \ldots, r$, der Eigenwerte sowie die quadratischen Matrizen $\boldsymbol{S}$ und $\boldsymbol{T}$ der Eigenvektoren (der Ordnung r). ${}_a\boldsymbol{S}$ enthält als Spalten die Eigenvektoren zu den $a \leqq r$ positiven Eigenwerten l_i von $\boldsymbol{C_X^\top C_X}$. Entsprechend stehen in ${}_b\boldsymbol{T}$ die Eigenvektoren zu den $b \leqq r$ positiven Eigenwerten m_j von $\boldsymbol{C_Y^\top C_Y}$. Daraus wird die $a\times b$-Matrix $\boldsymbol{K} = {}_a\boldsymbol{S}^\top{}_b\boldsymbol{T}$ berechnet. Aus der Lösung des einfachen Eigenwertproblems

$$(\boldsymbol{KK}^\top - n\boldsymbol{I}_a)\,\boldsymbol{x} = \boldsymbol{o}_a \tag{5.24}$$

der Gramschen Matrix $\boldsymbol{KK}^\top$ läßt sich die gesuchte Matrix $\boldsymbol{P}$ bestimmen. Nehmen wir an, daß es l Eigenwerte $n_k = 1$, m Eigenwerte n_k mit $0 < n_k < 1$ und somit $(a - (l+m))$ Eigenwerte $n_k = 0$ von (5.24) gibt. Das führt zu den folgenden Zerlegungen der $a\times a$-Matrizen $\boldsymbol{N} = \mathrm{Dg}\,(n_k)$ und $\boldsymbol{X}$:

$$\boldsymbol{N} = \begin{pmatrix}\boldsymbol{I}_l & \boldsymbol{O} & \boldsymbol{O}\\ & \boldsymbol{N}_2 & \boldsymbol{O}\\ & & \boldsymbol{O}\end{pmatrix} \quad \text{und} \quad \boldsymbol{X} = (\boldsymbol{X}_1 \quad \boldsymbol{X}_2 \quad \boldsymbol{X}_3).$$

$\boldsymbol{N}_2$ ist eine Diagonalmatrix der Ordnung m, die Typen von $\boldsymbol{X}_1$, $\boldsymbol{X}_2$ bzw. $\boldsymbol{X}_3$ sind (a, l), (a, m) und $(a, a - \{l + m\})$.

Die Eigenwerte $n_k = 0$ werden nicht weiter betrachtet, da die dazugehörigen Eigenvektoren nur zur Berechnung der Ladungen $\boldsymbol{G_X}$ und $\boldsymbol{G_Y}$ der bereichsspezifischen Faktoren verwendet werden. Für die Transformationsmatrix $\boldsymbol{P}$ gilt dann

$$\boldsymbol{P} = (\boldsymbol{U} \quad \boldsymbol{V} \quad \boldsymbol{W})$$

mit der $r\times l$-Matrix $\boldsymbol{U}$ und den $r\times m$-Matrizen $\boldsymbol{V}$, $\boldsymbol{W}$:

$$\boldsymbol{U} = {}_a\boldsymbol{S}\boldsymbol{X}_1,$$

$$\boldsymbol{V} = {}_a\boldsymbol{S}\boldsymbol{X}_2\,\mathrm{Dg}\left(\left(\frac{1+\sqrt{n_k}}{2n_k}\right)^{1/2}\right), \quad k = l+1, \ldots, l+m,$$

und

$$\boldsymbol{W} = {}_a\boldsymbol{S}\boldsymbol{X}_2\,\mathrm{Dg}\left(-\left(\frac{1-\sqrt{n_k}}{2n_k}\right)^{1/2}\right).$$

Nach der Ermittlung von $\boldsymbol{P}$ lassen sich die Ladungen in den $f = l + 2m$ Interbereich-Faktoren Z_l berechnen:

$$\boldsymbol{F_X} = \boldsymbol{C_X P} \quad \text{und} \quad \boldsymbol{F_Y} = \boldsymbol{C_Y P}. \tag{5.25}$$

Beispiel (Fortsetzung): Zunächst sind für die Hauptdiagonalelemente der Gesamtkorrelationsmatrix der Ordnung 5 modifizierte Werte (Kommunalitäten) zu ermitteln. Dem gebräuchlichen Vorgehen entsprechend ersetzen wir diese durch die (auf eine Dezimale aufgerundeten) Maximalwerte der Zeilen. Zu faktorisieren ist somit die reduzierte Korrelationsmatrix

$$\boldsymbol{R}^* = \begin{pmatrix} 0.5 & 0.45 & -0.09 & 0.14 & 0.36 \\ & 0.8 & -0.76 & 0.26 & -0.18 \\ & & 0.8 & -0.05 & -0.01 \\ & & & 0.3 & -0.26 \\ & & & & 0.4 \end{pmatrix}.$$

Die Eigenwerte von $\boldsymbol{R}^*$ lauten 1.73, 0.81, 0.51, 0.26 und 0.00. Anhand dieser Eigenwerte ist über die Zahl r zu entscheiden. Dafür kann man z. B. die bei der Faktoranalyse üblichen Empfehlungen verwenden. Wir wählen hier den Wert $r = 2$. Unter Verwendung der ersten beiden Eigenvektoren

$$\begin{pmatrix} -0.31 & -0.63 \\ -0.70 & 0.06 \\ 0.61 & -0.12 \\ -0.19 & 0.23 \\ 0.05 & -0.73 \end{pmatrix}$$

von $\boldsymbol{R}^*$ ergibt sich folgender Faktor $\boldsymbol{C}$:

$$\boldsymbol{C} = \begin{pmatrix} -0.40 & -0.57 \\ -0.93 & 0.06 \\ 0.80 & -0.10 \\ -0.25 & 0.21 \\ 0.06 & -0.66 \end{pmatrix}$$

Daraus berechnen sich die Gramschen Matrizen

$$\boldsymbol{C}_X^{\mathsf{T}}\boldsymbol{C}_X = \begin{pmatrix} 1.02 & 0.18 \\ & 0.32 \end{pmatrix} \quad \text{und} \quad \boldsymbol{C}_Y^{\mathsf{T}}\boldsymbol{C}_Y = \begin{pmatrix} 0.71 & -0.18 \\ & 0.49 \end{pmatrix}.$$

Die Lösungen der einfachen Eigenwertprobleme für diese beiden Matrizen lauten

$$\boldsymbol{L} = \begin{pmatrix} 1.06 & 0 \\ & 0.28 \end{pmatrix} \quad \text{und} \quad \boldsymbol{M} = \begin{pmatrix} 0.81 & 0 \\ & 0.39 \end{pmatrix}$$

für die Eigenwerte sowie

$$S = \begin{pmatrix} 0.97 & -0.23 \\ 0.23 & 0.97 \end{pmatrix} \quad \text{und} \quad T = \begin{pmatrix} 0.88 & 0.48 \\ -0.48 & 0.88 \end{pmatrix}$$

für die Eigenvektoren. Nach den von Null verschiedenen Eigenwerten ergibt sich $a = b = 2$, so daß $\boldsymbol{K}$ eine quadratische Matrix der Ordnung 2 ist.

$$\boldsymbol{K} = {}_2\boldsymbol{S}^{\mathsf{T}}{}_2\boldsymbol{T} = \begin{pmatrix} 0.74 & 0.67 \\ -0.67 & 0.74 \end{pmatrix}.$$

Die weiteren Berechnungen vereinfachen sich stark, da sich hier speziell $\boldsymbol{K}\boldsymbol{K}^{\mathsf{T}} = \boldsymbol{I}_2$ ergibt, so daß $e = 2$ Eigenwerte $n_k = 1$ und $m = 0$ Eigenwerte mit $0 < n_k < 1$ vorliegen. Die Lösung des einfachen Eigenwertproblems lautet also $\boldsymbol{N} = \boldsymbol{I}_2$ und $\boldsymbol{X} = \boldsymbol{I}_2 = \boldsymbol{X}_1$, d. h., $\boldsymbol{N}$ und $\boldsymbol{X}$ sind nicht partitioniert. Die Transformationsmatrix $\boldsymbol{P}$ nimmt deshalb die Gestalt $\boldsymbol{S}\boldsymbol{X}_1 = \boldsymbol{S}$ an, so daß man die folgenden Kristof-Ladungen erhält:

$$\boldsymbol{F} = \boldsymbol{C}\boldsymbol{S} = \begin{pmatrix} -0.52 & -0.46 \\ -0.89 & 0.27 \\ 0.76 & -0.29 \\ -0.19 & 0.26 \\ -0.09 & -0.65 \end{pmatrix}.$$

5.3.2.2. *Methode von Meredith*

Für standardisierte Variablen wird von der Zerlegung

$$\begin{pmatrix} \boldsymbol{X}^{=} \\ \boldsymbol{Y}^{=} \end{pmatrix} = \begin{pmatrix} \boldsymbol{X}_{\mathrm{t}} \\ \boldsymbol{Y}_{\mathrm{t}} \end{pmatrix} + \begin{pmatrix} \boldsymbol{X}_{\mathrm{e}} \\ \boldsymbol{Y}_{\mathrm{e}} \end{pmatrix} \tag{5.26}$$

ausgegangen. Die Indizes t und e, abgeleitet von „true“ und „error“, kennzeichnen die Art des jeweiligen Summanden. Unter gewissen Voraussetzungen der Unabhängigkeit für die Komponenten der Zerlegung (5.26) gilt für die Varianz-Kovarianz-Matrix $\boldsymbol{P}$ von $\begin{pmatrix} \boldsymbol{X}^{=} \\ \boldsymbol{Y}^{=} \end{pmatrix}$;

$$\begin{pmatrix} \mathbf{P}_{XX} & \mathbf{P}_{XY} \\ \mathbf{P}_{YX} & \mathbf{P}_{YY} \end{pmatrix} = \begin{pmatrix} \boldsymbol{\Sigma}_{X_tX_t} + \boldsymbol{\Sigma}_{X_eX_e} & \boldsymbol{\Sigma}_{X_tY_t} \\ \boldsymbol{\Sigma}_{Y_tX_t} & \boldsymbol{\Sigma}_{Y_tY_t} + \boldsymbol{\Sigma}_{Y_eY_e} \end{pmatrix}. \tag{5.27}$$

Für die Linearkombinationen $U = \boldsymbol{\alpha}^{\mathsf{T}}\boldsymbol{X}^{=} = \boldsymbol{\alpha}^{\mathsf{T}}\boldsymbol{X}_{\mathrm{t}} + \boldsymbol{\alpha}^{\mathsf{T}}\boldsymbol{X}_{\mathrm{e}}$ und $V = \boldsymbol{\beta}^{\mathsf{T}}\boldsymbol{Y}^{=} = \boldsymbol{\beta}^{\mathsf{T}}\boldsymbol{Y}_{\mathrm{t}} + \boldsymbol{\beta}^{\mathsf{T}}\boldsymbol{Y}_{\mathrm{e}}$ gilt so ebenfalls eine Zerlegung in einen wahren und einen Fehler-Anteil. MEREDITH berücksichtigt in seinem Ansatz nur die reliablen Anteile $\boldsymbol{X}_{\mathrm{t}}$ und $\boldsymbol{Y}_{\mathrm{t}}$ der gemessenen Variablen. Es werden zwei Mengen von Interbereich-Faktoren betrachtet, die auf Interbereich-Dimensionen als

Paare von Interbereich-Faktoren führen, so daß sich auch die Frage nach dem Grad des Zusammenhangs der entsprechenden Interbereich-Faktoren stellt.
Seien $\mathbf{\Sigma}_X = \mathrm{Dg}\,(\mathbf{\Sigma}_{X_tX_t})$ und $\mathbf{\Sigma}_Y = \mathrm{Dg}\,(\mathbf{\Sigma}_{Y_tY_t})$ die Diagonalmatrizen der bekannten Reliabilitäten von $X^=$ und $Y^=$. Dann ergeben sich mit (10.7) und (10.8) die Teilmatrizen der *corrected-for-attenuation*-Korrelationen:

$$\begin{aligned} \mathbf{P}^\circ_{XY} &= \mathbf{\Sigma}_X^{-1/2}\mathbf{\Sigma}_{X_tY_t}\mathbf{\Sigma}_Y^{-1/2}, \\ \mathbf{P}^\circ_{XX} &= \mathbf{\Sigma}_X^{-1/2}\mathbf{\Sigma}_{X_tX_t}\mathbf{\Sigma}_X^{-1/2}, \\ \mathbf{P}^\circ_{YY} &= \mathbf{\Sigma}_Y^{-1/2}\mathbf{\Sigma}_{Y_tY_t}\mathbf{\Sigma}_Y^{-1/2}. \end{aligned} \tag{5.28}$$

Das verallgemeinerte Eigenwertproblem

$$\left(\mathbf{P}^\circ_{XY}(\mathbf{P}^\circ_{YY})^{-1}\,\mathbf{P}^\circ_{YX} - \lambda\mathbf{P}^\circ_{XX}\right)\boldsymbol{\alpha} = \boldsymbol{o}_p \tag{5.29}$$

liefert als Quadratwurzeln der Eigenwerte λ_i, $i = 1, \ldots, p$, die *corrected-for-attenuation* kanonischen Korrelationskoeffizienten, die den Grad des Zusammenhangs zwischen den Interbereich-Faktoren quantifizieren. Von diesen werden nur die f größten weiterverwendet.
Huynh [66] macht darauf aufmerksam, daß sich durch die Korrektur die Werte der Korrelationskoeffizienten gegenüber denen nach dem Modell der kanonischen Korrelation nur vergrößern können (vgl. Tab. 5.2).

Tabelle 5.2: Werte kanonischer Korrelationskoeffizienten nach verschiedenen Modellen (Daten von Wechsler [153])

	Modell	
	der kanonischen Korrelationsanalyse	von Meredith
kanonische Korrelations-koeffizienten	0.68	0.97
	0.20	0.47
	0.16	0.35
	0.12	0.30
	0.11	0.24
	0.05	0.10

Das beschriebene Vorgehen ist mit zwei praktischen Problemen verbunden. Zum einen kennt man die Reliabilitäten der gemessenen Variablen im allgemeinen nicht und muß sie gesondert ermitteln. Zum anderen erweisen sich die Matrizen $\mathbf{P}^\circ_{XX}$ und $\mathbf{P}^\circ_{YY}$ in der Regel als singulär. Deshalb müssen bei der Lösung von (5.29) die Ergebnisse von Punkt 1.2.4.4 Verwendung finden.

Während sich die korrigierten kanonischen Korrelationskoeffizienten direkt bestimmen lassen, ist für die korrigierten kanonischen Gewichte noch eine Rücktransformation von $\boldsymbol{A}^*$ und $\boldsymbol{B}^*$ aus Punkt 1.2.4.4 vorzunehmen (vgl. MEREDITH [93]). Seien $\boldsymbol{F}_X$ und $\boldsymbol{F}_Y$ nun Faktoren von $\boldsymbol{R}_{XX}$ bzw. $\boldsymbol{R}_{YY}$. Mit $\boldsymbol{P}_X = (\boldsymbol{F}_X^\mathsf{T}\boldsymbol{F}_X)^{-1}\,\boldsymbol{F}_X^\mathsf{T}$ und $\boldsymbol{P}_Y = (\boldsymbol{F}_Y^\mathsf{T}\boldsymbol{F}_Y)^{-1}\,\boldsymbol{F}_Y^\mathsf{T}$ gilt für die $p \times p^*$-Matrix $\boldsymbol{A}$ der Gewichte

$$\boldsymbol{A} = \boldsymbol{P}_X^\mathsf{T}\boldsymbol{A}^* \quad \text{und entsprechend} \quad \boldsymbol{B} = \boldsymbol{P}_Y^\mathsf{T}\boldsymbol{B}^*. \tag{5.30}$$

$\boldsymbol{B}^*$ enthält dabei die Eigenvektoren der Gramschen Matrix $\boldsymbol{S}_{Y^*X^*}\boldsymbol{S}_{X^*Y^*} = (\boldsymbol{F}_Y^\mathsf{T}\boldsymbol{F}_Y)^{-1}\,\boldsymbol{F}_Y^\mathsf{T}\boldsymbol{R}_{YX}^\circ(\boldsymbol{R}_{XX}^\circ)^+\,\boldsymbol{R}_{XY}^\circ\boldsymbol{F}_Y(\boldsymbol{F}_Y^\mathsf{T}\boldsymbol{F}_Y)^{-1}$. Die korrigierten Ladungen lassen sich jetzt mit den Formeln von Abschnitt 4.4.1 errechnen.

5.3.2.2. *Faktoranalytische Modifikation im Modell der kanonischen Korrelation*

Den von den gemeinsamen Faktoren $\boldsymbol{Z}$ abhängigen Teilen $\boldsymbol{K}^\circ$ in den additiven Zerlegungen der gemessenen Variablen wird die Modellgleichung $\boldsymbol{K}_i^\circ = \boldsymbol{F}_i\boldsymbol{Z}_i$, $i = \boldsymbol{X}, \boldsymbol{Y}$, zugrunde gelegt. Unter den Voraussetzungen der Orthogonalität der gemeinsamen Faktoren $\big(\mathrm{corr}\,(\boldsymbol{Z}_i, \boldsymbol{Z}_i) = \boldsymbol{I},\ i = \boldsymbol{X}, \boldsymbol{Y}\big)$, der Unabhängigkeit von gemeinsamen und Fehlerfaktoren $\big(\mathrm{cov}\,(\boldsymbol{Z}_i, \boldsymbol{E}_j) = \boldsymbol{O},\ i, j = \boldsymbol{X}, \boldsymbol{Y}\big)$ und der Unabhängigkeit der Fehlerfaktoren $\big(\mathrm{cov}\,(\boldsymbol{E}_i, \boldsymbol{E}_j) = \boldsymbol{O},\ i, j = \boldsymbol{X}, \boldsymbol{Y},\ i \neq j$ bzw. $\mathrm{cov}\,(\boldsymbol{E}_i, \boldsymbol{E}_j) = \boldsymbol{\psi}_i,\ i, j = \boldsymbol{X}, \boldsymbol{Y},\ i = j\big)$ gelten

$$\mathrm{D}^2\boldsymbol{X}^- = \mathbf{P}_{XX} = \boldsymbol{F}_X\boldsymbol{F}_X^\mathsf{T} + \boldsymbol{\psi}_X, \quad \mathrm{D}^2\boldsymbol{Y}^- = \mathbf{P}_{YY} = \boldsymbol{F}_Y\boldsymbol{F}_Y^\mathsf{T} + \boldsymbol{\psi}_Y$$

und

$$\mathrm{cov}\,(\boldsymbol{X}^-, \boldsymbol{Y}^-) = \mathbf{P}_{XY} = \boldsymbol{F}_X\,\mathrm{cov}\,(\boldsymbol{Z}_X, \boldsymbol{Z}_Y)\,\boldsymbol{F}_Y^\mathsf{T}.$$

Durch die gleichen Ableitungen wie in Paragraph 1.1 gelangt man zu den verallgemeinerten Eigenwertproblemen

$$[\mathbf{P}_{XY}(\mathbf{P}_{YY} - \boldsymbol{\psi}_Y)^{-1}\,\mathbf{P}_{YX} - \varrho^2(\mathbf{P}_{XX} - \boldsymbol{\psi}_X)]\,\boldsymbol{\alpha} = \boldsymbol{o}_p \tag{5.31}$$

und

$$[\mathbf{P}_{YX}(\mathbf{P}_{XX} - \boldsymbol{\psi}_X)^{-1}\,\mathbf{P}_{XY} - \varrho^2(\mathbf{P}_{YY} - \boldsymbol{\psi}_Y)]\,\boldsymbol{\beta} = \boldsymbol{o}_q.$$

Beachtet man in (5.28) die Zerlegung (5.27), ergeben sich

$$\mathbf{P}_{XY}^\circ = \boldsymbol{\Sigma}_X^{-1/2}\mathbf{P}_{XY}\boldsymbol{\Sigma}_Y^{-1/2} \quad \text{sowie} \quad \mathbf{P}_{XX}^\circ = \boldsymbol{\Sigma}_X^{-1/2}(\mathbf{P}_{XX} - \boldsymbol{\Sigma}_{X_eX_e})\,\boldsymbol{\Sigma}_X^{-1/2}$$

und entsprechend $\mathbf{P}_{YY}^\circ$. Mit diesen Beziehungen zeigt sich im Vergleich von (5.29) mit (5.31) die formale Übereinstimmung von faktoranalytischer Modellmodifikation und Meredith-Methode, die auch die rein rechentechnischen Fragen einbezieht. Der Unterschied zwischen beiden Verfahren besteht darin, daß die faktoranalytische Prozedur iterativ abläuft. Aus den Intraladungen des k-ten Lösungsschritts werden Intrabereichskommunalitäten berechnet und als $(k + 1)$-te Schätzung für $\hat{\psi}$ verwendet. Dieser Prozeß wird bis zur Erreichung eines definierten Abbruchkriteriums wiederholt.

5.3.3. Rang der Lösung

Der Rang f der Lösung einer Interbereich-Faktoranalyse ist als bekannt anzusehen, da die Logik der Aufgabenklasse Deskription erfordert, daß von vornherein eine Hypothese über die Zahl der Interbereich-Faktoren (Modelle von TUCKER bzw. KRISTOF) oder Interbereich-Dimensionen (Modell von MEREDITH bzw. faktoranalytische Modifikation) gebildet werden mußte. In diesem Sinn kann man das Vorgehen als konfirmatorisch bezeichnen. Somit besteht keine Notwendigkeit zur Einführung einer besonderen Prozedur, vergleichbar dem Vorgehen von Abschnitt 5.2.1.
Um zu einer Einschätzung der Güte des angenommenen Ranges f der Lösung zu gelangen, kann wie folgt vorgegangen werden. Beim Tucker-Modell berechnet man einen Rest

$$r(f) = \sum_{i=1}^{p} \sum_{j=1}^{q} r^2_{X_i Y_j} - \sum_{k=1}^{f} d^2_k.$$

Ist der Wert $r(f)$ klein, spricht das für den gewählten Rang. Um sich einen Maßstab für die Bewertung zu verschaffen, empfiehlt es sich, die Reste $r(k)$, $k = 1, \ldots, f$, sukzessiv zu berechnen und zu vergleichen.
Die Methode von KRISTOF liefert mit der Größe $l + 2m$ selbst eine direkte Aussage über den Rang der Lösung.
Die Adäquatheit der Hypothese über die Zahl der Interbereich-Dimensionen kann man anhand der Eigenwerte von (5.29) bzw. (5.31) bewerten, in dem man die Signifikanzprüfungen von Abschnitt 4.2.1 ausführt.

5.3.4. Interpretationsvorbereitung durch Rotation

Die ermittelten Ladungsmatrizen von Interbereich-Faktoranalysen sollen benutzt werden, um Interbereich-Faktoren zu erkennen und zu benennen. Darin besteht das Ziel der Interpretation. Nicht selten repräsentieren die Ladungen jedoch deutlich formale mathematisch-statistische Aspekte des Lösungsalgorithmus, so daß die inhaltliche Aufarbeitung Schwierigkeiten bereitet. In solchen Fällen gelingt es durch Rotationen der gefundenen Lösung nach definierten Zielkriterien oft, in der Vorstufe der eigentlichen Interpretation plausiblere Ladungsmuster zu gewinnen.
Für die Methode von TUCKER stellte sich in Punkt 5.3.1.1 heraus, daß die Faktorladungen $\boldsymbol{F}_X$ und $\boldsymbol{F}_Y$ nicht eindeutig bestimmbar sind. Erfüllen die Rotationsmatrizen $\boldsymbol{T}_1$ und $\boldsymbol{T}_2$ die Bedingung (5.16), gilt mit den Faktorladungen $\boldsymbol{F}^*_X$ und $\boldsymbol{F}^*_Y$ aus (5.15) ebenfalls die Grundgleichung (5.10) des Modells.

Für Orthogonalrotationen folgt aus (5.16) $\boldsymbol{T}_1 = \boldsymbol{T}_2 := \boldsymbol{T}$. Das bedeutet für die Interpretationsvorbereitung, eine der beiden Ladungsmatrizen auf Einfachstruktur zu rotieren und die dabei erhaltene Transformationsmatrix $\boldsymbol{T}$ auf die andere Ladungsmatrix anzuwenden.

Die Maximum-Likelihood-Schätzwerte der Faktorladungen entsprachen nach (5.23) den Interbereich-Ladungen einer kanonischen Korrelationsanalyse. Deshalb kann man zur Interpretationsvorbereitung direkt den Gedanken von Bock (vgl. S. 96) folgen und daran anknüpfend eine Rotation der Interbereich-Ladungen ausführen. Da das Modell nur eine Menge von Faktoren zuläßt, können nur die Methoden der gewöhnlichen und der symmetrischen Rotation zur Anwendung kommen.

Kristof [78] verweist darauf, daß die extrahierten Interbereich-Faktoren einer passenden Rotation unterzogen werden können. Sei dazu

$$\boldsymbol{A} = \begin{pmatrix} \boldsymbol{F}_X^* & \boldsymbol{G}_X & \boldsymbol{O} \\ \boldsymbol{F}_Y^* & \boldsymbol{O} & \boldsymbol{G}_Y \end{pmatrix}.$$

Dann folgt aus (5.9) unter Verwendung der Transformationsgleichungen (5.15):

$$\begin{pmatrix} \boldsymbol{F}_X\boldsymbol{T}_1\boldsymbol{T}_1^{\mathrm{T}}\boldsymbol{F}_X^{\mathrm{T}} + \boldsymbol{G}_X\boldsymbol{G}_X^{\mathrm{T}} & \boldsymbol{F}_X\boldsymbol{T}_1\boldsymbol{T}_2^{\mathrm{T}}\boldsymbol{F}_Y^{\mathrm{T}} \\ \boldsymbol{F}_Y\boldsymbol{T}_2\boldsymbol{T}_1^{\mathrm{T}}\boldsymbol{F}_X^{\mathrm{T}} & \boldsymbol{F}_Y\boldsymbol{T}_2\boldsymbol{T}_2^{\mathrm{T}}\boldsymbol{F}_Y^{\mathrm{T}} + \boldsymbol{G}_Y\boldsymbol{G}^{\mathrm{T}} \end{pmatrix}. \tag{5.32}$$

Zunächst muß wie in (5.16) $\boldsymbol{T}_1^{-1}\mathrm{T} = \boldsymbol{T}_2^{\mathrm{T}}$ erfüllt sein, damit sich aus der Teilmatrix $\boldsymbol{F}_X\boldsymbol{T}_1\boldsymbol{T}_2^{\mathrm{T}}\boldsymbol{F}_Y^{\mathrm{T}}$ von (5.32) die Teilmatrix $\boldsymbol{F}_X\boldsymbol{F}_Y^{\mathrm{T}}$ von (5.9) ergibt. Darüber hinaus ist es notwendig, daß $\boldsymbol{T}_1$ und $\boldsymbol{T}_2$ orthogonal sind. Nur dann entsprechen die beiden anderen Teilmatrizen aus (5.32) den Teilmatrizen $\boldsymbol{F}_X\boldsymbol{F}_X^{\mathrm{T}} + \boldsymbol{G}_X\boldsymbol{G}_X^{\mathrm{T}}$ bzw. $\boldsymbol{F}_Y\boldsymbol{F}_Y^{\mathrm{T}} + \boldsymbol{G}_Y\boldsymbol{G}_Y^{\mathrm{T}}$ von (5.9). Aus diesen beiden Prämissen folgt wie bei der Rotation im Tucker-Modell die Bedingung $\boldsymbol{T}_1 = \boldsymbol{T}_2 := \boldsymbol{T}$. Es zeigt sich insgesamt für die Modelle mit nur einer Menge von gemeinsamen Interbereich-Faktoren, daß eine Rotationsmatrix zu bestimmen ist.

Für die Modell von Meredith und die faktoranalytische Modifikation dagegen sind auch asymmetrische Rotationen anwendbar.

5.3.5. Interpretation von Interbereich-Faktoranalysen

Unter Interpretation sei die Benennung bzw. inhaltliche Charakterisierung der mittels Interbereich-Faktoranalyse ermittelten Faktoren oder Dimensionen verstanden. Diese Interpretation steht im Erkenntnisprozeß nach Abschluß der Datenanalyse und versucht, die gefundenen Resultate in das Wissensgebäude der entsprechenden Fachdisziplin einzuordnen.

Dem Problem der Interpretation von Interbereich-Faktoranalysen wandte sich Reissmüller [113] zu. Ausgehend von einer Aufarbeitung der deutschsprachigen Literatur zur Anwendung von kanonischer Korrelations- und Interbereich-Faktoranalyse wurden dort in Anlehnung an die Modalitäten der Interpretation bei der Faktoranalyse Regeln zur Benennung von Interbereich-Faktoren ausgearbeitet. Ausgangspunkt der Überlegungen zur Interpretation einer Lösung sind im Normalfall die Matrizen der Intrabereichladungen. Diese Matrizen können rotierte oder unrotierte Ladungen enthalten. In der zu suchenden Benennung soll das Wesen der ermittelten Faktoren zum Ausdruck kommen. Für Interbereich-Faktoren im Sinn von TUCKER oder KRISTOF erfolgt die Inhaltscharakterisierung der Interbereich-Faktoren wie bei der Faktoranalyse üblich. Für Interbereich-Dimensionen sind dazu zwei Teilschritte notwendig: Zuerst werden die charakteristischen Eigenschaften der beiden Faktoren getrennt definiert und danach die Art ihrer Wechselbeziehung beschrieben.

Wie bei der Faktoranalyse werden die Ladungen der zu interpretierenden Muster in drei Klassen unterteilt: substantielle, Null- und interpretationsunsichere Ladungen. Die Grenzen zwischen diesen Klassen werden heuristisch festgelegt, entweder absolut oder wie bei FÜRNTRATT [44] und BARGMANN [4] in Abhängigkeit von Kommunalitäten.

Variablen, die einen Interbereich-Faktor substantiell laden, die also (dem Betrag nach) hoch mit dem Faktor korrelieren, markieren die charakteristische Eigenschaft dieses Interbereich-Faktors. Man bezeichnet sie deshalb als *Markiervariablen.*

Variablen, die einen Interbereich-Faktor nicht laden, die also mit diesem Faktor nicht korrelieren, bezeichnet man als *Hyperebenenvariablen.*

Zur Orientierung können folgende Richtwerte dienen: substantielle Ladungen sollten 0.5 über- und Nulladungen 0.1 (0.15) unterschreiten.

Variablen, die einen Interbereich-Faktor mit einem Wert zwischen diesen Grenzen laden, bezeichnet man als *indifferente Variablen.* Aufgrund ihrer interpretationsunsicheren Ladungen werden derartige Variablen zur Benennung nicht herangezogen.

Aus den Gemeinsamkeiten aller Markiervariablen eines Interbereich-Faktors soll dessen erste vorläufige Benennung erfolgen. Diese ist dann anhand der Gemeinsamkeiten aller Hyperebenenvariablen dieses Faktors zu kontrastieren, um die inhaltlichen Aspekte auszuklammern, die infolge der Unkorreliertheit nicht durch den Interbereich-Faktor repräsentiert werden können. Das ergibt die Benennung eines Interbereich-Faktors.

Ist eine Interbereich-Dimension zu charakterisieren, muß sich eine Kennzeichnung der zwischen beiden Faktoren dieser Dimension bestehenden Relation anschließen.

Die Interpretation stellt außerordentlich anspruchsvolle Forderungen an die theoriegeleitete Wertung der gewonnenen numerischen Befunde von Interbereich-Faktoranalysen. In diesem Sinn ist BRANDSTÄDTER [13] zuzustimmen, der für Anwendungen im Rahmen psychologischer Forschungen zu der Einschätzung kam:

„Es trifft vollkommen zu, daß wenn sich ... ‚unplausible' Ladungsmuster ergeben, die anhand oberflächlicher Testbezeichnungen und durch introspek-

tive Funktionsanalysen nicht erklärbar sind, dies kein Argument gegen die Methode ist, sondern vielmehr das Fehlen theoretischer Bezugssysteme zum Verständnis der Datensprache zeigt. Über den Sinn solcher Lösungen kann letztlich nur im Rahmen präziserer ... Funktionsmodelle für die betrachteten Variablen entschieden werden." ([13], S. 621)
Es soll abschließend ein empirischer Befund erwähnt werden, der sich bei einer Reihe von Datenanalysen zeigte. Wendet man nämlich auf ein Datenmaterial bei der Suche nach der Struktur der Wechselbeziehung zwischen zwei Sachverhalten unterschiedliche Modelle (kanonische Korrelation, Redundanzanalyse, Interbereich-Faktoranalyse) bzw. innerhalb der Interbereich-Faktoranalyse verschiedene Ansätze (Methoden von TUCKER, KRISTOF) an, ergeben sich Ladungsmuster mit für praktische Zwecke nicht zu großen Abweichungen. Obwohl zahlenmäßige Unterschiede durchaus bemerkbar sind, führen die Muster der Ladungen zu mindestens ähnlichen, oft sogar identischen Interpretationen. Dieser Fakt soll beispielhaft an den Daten von Tabelle 5.3, die einer Untersuchung von THURSTONE/THURSTONE (zit. bei TUCKER [143]) entstammen, demonstriert werden.

Tabelle 5.3: Daten von THURSTONE/THURSTONE [140] (Problemparameter: $p = 4$, $q = 5$)

1.00	0.55	0.23	0.19	0.46	0.51	0.41	0.28	0.24
	1.00	0.30	0.22	0.48	0.53	0.42	0.31	0.31
		1.00	0.77	0.24	0.24	0.30	0.72	0.73
			1.00	0.21	0.23	0.29	0.68	0.66
				1.00	0.52	0.51	0.31	0.25
					1.00	0.47	0.35	0.29
						1.00	0.37	0.31
							1.00	0.67
								1.00

Die für ausgewählte Modelle ermittelten Ladungsmuster sind in den Tabellen 5.4 bis 5.6 enthalten.

Tabelle 5.4: Kanonische Intrabereichsladungen, $k = 2$

U_1	U_2	V_1	V_2
0.44	−0.75	0.43	0.68
0.50	−0.74	0.46	0.77
0.94	0.26	0.49	0.51
0.87	0.24	0.90	−0.13
		0.90	−0.17

Tabelle 5.5: Redundanzladungen, $k = 2$

U_1	U_2	V_1	V_2
0.61	−0.61	0.51	0.62
0.67	−0.58	0.55	0.71
0.84	0.48	0.55	0.44
0.78	0.45	0.88	−0.24
		0.87	−0.27

Tabelle 5.6: Interbereichladungen, $r = l = 2$, Modell von Kristof

Kommunalitäten	Z_1	Z_2	Kommunalitäten	Z_1	Z_2
0.60	0.46	−0.56	0.55	0.47	−0.53
0.55	0.50	−0.51	0.55	0.50	−0.53
0.80	0.84	0.30	0.55	0.52	−0.42
0.80	0.80	0.33	0.75	0.82	0.15
			0.75	0.80	0.22

Existiert also eine reale Struktur der Beziehungen zwischen $\boldsymbol{X}$ und $\boldsymbol{Y}$, kommt dieser das Primat gegenüber dem Analysemodell zu, da die verschiedenen Modelle die Struktur für die Interpretation gleichartig abbilden.

6. Rechentechnik

Statistische Modelle wie die der kanonischen und „teilweisen“ kanonischen Korrelation, das der Redundanzanalyse oder die der Interbereich-Faktoranalyse erfordern infolge ihrer Modellgleichungen in Form von Eigenwertproblemen eine effektive numerische Bearbeitung. Ein sinnvolles Aufwand-Nutzen-Verhältnis läßt sich nur durch den Einsatz elektronischer Rechner erreichen. So erklärt sich auch, daß die klassischen Arbeiten zur kanonischen Korrelationsanalyse, die bekanntlich in der „Vor-Computer-Ära“ entstanden, sämtlich nur die minimale Variablenkonstellation $p = q = 2$ in der Lösung demonstrieren (Hotelling [65], Burt [17], Anderson [3]). Erst die Verfügbarkeit moderner Rechentechnik in ihrer Einheit von Hard- und Software ermöglichte den genannten Modellen den Durchbruch zur routinemäßigen Anwendung in praktisch bedeutsamen Fällen. Die ersten Computerprogramme zum Modell der kanonischen Korrelation waren wahrscheinlich die von Koons [76] und Cooley/Lohnes [26]. Koons gibt an, daß für eine kanonische Korrelationsanalyse mit $p = q = 10$ „nur“ rund drei Stunden CPU-Zeit erforderlich waren. Um das Entwicklungstempo der Rechentechnik selbst zu demonstrieren, sei erwähnt, daß die gleiche Aufgabe mit einem modernen Großrechner heute 10 Sekunden CPU-Zeit in Anspruch nimmt.
Neben einem Überblick zur Software-Situation für die Großrechentechnik wird ein Programmsystem für Kleinrechner ausführlich vorgestellt. Dieses bietet einem Nutzer die Möglichkeit, weitgehend adaptiv die seiner Fragestellung entsprechende Datenanalyse zu realisieren. Die Entscheidung für die Implementierung dieses Systems in der Programmiersprache BASIC beeinflußten mehrere Faktoren. Genannt seien die durchgängige Verfügbarkeit von BASIC in der angezielten Rechnerklasse, die unkomplizierte Anpassung an die unterschiedlichen BASIC-Dialekte für Rechner verschiedener Hersteller und die relativ hohen Leistungsparameter von BASIC für numerische Aufgaben.

6.1. Standard-Software für Großrechentechnik

In den 60er Jahren entstanden zunächst Einzelprogramme für Großrechner zur numerischen Lösung kanonischer Korrelationsanalysen. Autoren solcher Programme waren Koons [76], Cooley/Lohnes [26], Roskam [120], Veldman [150]. Später wurden ganze Programmpakete für statistische Aufgaben geschaffen, die die kanonische Korrelationsanalyse als ein Verfahren mitenthielten. Der heute erreichte Stand läßt sich dadurch kennzeichnen, daß Großrechner mit umfangreicher Standard-Software für Statistik ausgestattet sind, die sehr komfortable und leistungsfähige Elemente zur Berechnung kanonischer Korrelationsanalysen enthält (vgl. Tab. 6.1).

Tabelle 6.1: Übersicht über Standard-Programmsysteme für Großrechner mit Programmen zur kanonischen Korrelationsanalyse

Autor(en)	Bezeichnung	Literatur
Jones, K. J.	Multivariate statistical analyzer	[68]
Nie, N. H., Hull, C. H., Jenkins, J. G., Steinbrenner, K., Bent, D. H.	Statistical package for social sciences (SPSS)	[102] [9] [10]
Dixon, W. J., Brown, M. B.	Biomedical Computer Programs (BMDP)	[37] [14]
	Programmpaket Statistik-2	[107]
	Statistical Analysis System (SAS)	[123] [39]
Rasch, D., Herrendörfer, G., Bock, J., Busch, K.	Versuchsplanung und -auswertung	[112]

Zur Berechnung von teilweisen kanonischen Korrelationsanalysen und Redundanzanalysen sowie zur Durchführung der Kreuzvalidierungen wurden für dieses Buch mehrere Einzelprogramme auf dem ESER-Rechner EC 1040 implementiert. Diese unter dem Betriebssystem OS/ES Version 6.1-MVT abarbeitungsfähigen, in FORTRAN geschriebenen Programme weisen eine einheitliche Datenstruktur auf und sind unkompliziert zu nutzen, da nur zwei Parameterkarten erstellt werden müssen. Maximal lassen sich 50 Variablen pro Bereich verarbeiten.

Als Beispiel für diese Klasse sei das Einzelprogramm zur Berechnung der teilweisen kanonischen Korrelationsanalyse nach dem Algorithmus von Cooley/Lohnes angeführt.

Cooley/Lohnes [27] gehen von einem $(p + q + r)$-dimensionalen Vektor $\begin{pmatrix} \boldsymbol{W}^- \\ \boldsymbol{Z}^- \end{pmatrix}$ standardisierter Zufallsvariablen aus. $\boldsymbol{W}^-$ ist ein $(p + q)$-dimensionaler, $\boldsymbol{Z}^-$ ein r-dimensionaler Zufallsvektor und $\boldsymbol{R}$ die Schätzung der Varianz-Kovarianz-Matrix $\boldsymbol{\Sigma}^-$. Wie in den Modellen der „teilweisen" kanonischen Korrelation werden Fehlervariablen $\boldsymbol{E}^W = \boldsymbol{W} \mid \boldsymbol{Z} = \boldsymbol{W}^- - \hat{\boldsymbol{W}}$ betrachtet.

Die Varianz-Kovarianz-Matrix $\boldsymbol{\Sigma}_{E W}$ dieser Variablen wird bei Berücksichtigung einer Zerlegung von $\boldsymbol{W}^{=}$ in einen p-dimensionalen Zufallsvektor $\boldsymbol{X}^{=}$ und einen q-dimensionalen Zufallsvektor $\boldsymbol{Y}^{=}$ durch

$$\hat{\boldsymbol{\Sigma}}_{E W} = \begin{pmatrix} \boldsymbol{R}_{XX} & \boldsymbol{R}_{XY} \\ \boldsymbol{R}_{YX} & \boldsymbol{R}_{YY} \end{pmatrix} - \begin{pmatrix} \boldsymbol{R}_{XZ} \\ \boldsymbol{R}_{YZ} \end{pmatrix} \boldsymbol{R}_{ZZ}^{-1} \begin{pmatrix} \boldsymbol{R}_{XZ} \\ \boldsymbol{R}_{YZ} \end{pmatrix}^{\mathrm{T}}$$

geschätzt. $\hat{\boldsymbol{\Sigma}}_{E W}$ wird abschließend unter Benutzung von (10.7) und (10.8) in eine Korrelationsmatrix, die sogenannte Cooley-Lohnes-Matrix, transformiert und als Datenmatrix einer kanonischen Korrelationsanalyse verwendet. Die sich nach Analyse dieser Matrix nach dem Formelapparat des Modells der kanonischen Korrelation ergebenden Eigenwerte und -vektoren sind die Quadrate der partiellen kanonischen Korrelationskoeffizienten und Gewichte

Tabelle 6.2: Daten von TIMM/CARLSON [142]
(Problemparameter: $p = 3$, $q = 2$, $r = 6$)

1.00	0.06	0.08	−0.01	0.06	0.08	0.02	0.00	−0.08	0.01	0.03
	1.00	−0.25	0.57	0.40	0.09	0.28	0.34	0.53	0.20	0.50
		1.00	−0.35	−0.23	0.11	−0.09	−0.12	−0.36	−0.08	−0.19
			1.00	0.86	0.49	0.70	0.64	0.66	0.49	0.78
				1.00	0.55	0.77	0.62	0.52	0.47	0.65
					1.00	0.61	0.42	0.16	0.46	0.57
						1.00	0.60	0.41	0.53	0.64
							1.00	0.52	0.43	0.56
								1.00	0.45	0.55
									1.00	0.52
										1.00

Tabelle 6.3: Partielle kanonische Korrelationskoeffizienten und Gewichte (klassischer Ansatz)

partielle kanonische				
Gewichte				Korrelations-koeffizienten
für E_i^X		für E_j^Y		
0.134	−0.902	−1.130	0.637	0.436
−0.728	0.308	0.228	−1.276	0.150
0.662	0.444			

der partiellen kanonischen Variablen. Das erwähnte Programm dient der Berechnung und Ausgabe der Cooley-Lohnes-Matrix für sämtliche Teilmodelle der „teilweisen" kanonischen Korrelation.
Als Demonstrationsbeispiel werden die Daten von Tabelle 6.2 reanalysiert. In Tabelle 6.3 finden sich die Resultate nach dem Ansatz von Paragraph 2.3. Tabelle 6.4 enthält die Werte, die sich nach dem Cooley-Lohnes-Ansatz ergeben.

Tabelle 6.4: Partielle kanonische Korrelationskoeffizienten und Gewichte (Cooley-Lohnes-Ansatz)

Cooley-Lohnes-Matrix				
1.000				
0.106	1.000			
0.049	−0.027	1.000		
−0.016	0.308	−0.305	1.000	
0.092	0.130	−0.198	0.637	1.000

partielle kanonische				
Gewichte				Korrelations-koeffizienten
für E_i^X		für E_j^Y		
−0.135	0.902	1.131	−0.636	0.435
0.728	−0.306	−0.230	1.277	0.150
−0.662	−0.444			

6.2. Interaktives Programm für Kleinrechentechnik

Die zunehmenden Leistungsparameter des sog. Systems der Kleinrechentechnik gestatten die numerische Lösung der hier besprochenen statistischen Methoden auf der gerätetechnischen Basis von Personal- und Heimcomputern. Deshalb wurde für diese Rechnerklasse eine Reihe von Programmsegmenten nach dem Baukastenprinzip konzipiert, die, durch einen Nutzer sinnvoll verkettet, die Berechnung von kanonischen Korrelationsanalysen, Redundanzanalysen, Interbereich-Faktoranalysen sowie Hauptkomponenten- und Komponentenanalysen zulassen (vgl. Tab. 6.5). Die Implementierung erfolgt im Programmiersystem BASIC 1600 unter dem Betriebssystem MOOS 1.2 auf dem Mikrorechnergerätesystem MGS K 1600.
Die Grundstruktur der Bausteine besteht darin, daß

- im Vorlauf die Eingangsinformationen beschafft werden. Dazu werden die Werte der Problemparameter durch die Programme im Dialog direkt vom

Tabelle 6.5: Übersicht über die Elemente des interaktiven Programmsystems

Bezeichnung	realisierte Aufgabe
DATEN	Eingabe der Originaldaten, Berechnung einer Insgesamt- oder einer partitionierten Resultatdaten-Matrix
MAPRO2	Berechnung zweigliedriger Matrixprodukte
MAPRO3	Berechnung dreigliedriger Matrixprodukte (verallgemeinertes Gramsches Produkt)
CHOLE	Prüfung der positiven Definitheit, Berechnung der Rechtsinversen und Inversen einer symmetrischen Resultatdaten-Matrix nach Cholesky
EIGMAT	Berechnung der Matrix $\boldsymbol{A}$ des einfachen transformierten Eigenwertproblems für die kanonische Korrelations- und Redundanzanalyse
EIGEN	Ermittlung der Eigenwerte und -vektoren eines einfachen symmetrischen Eigenwertproblems, Rücktransformation der Eigenvektoren
LADUNG	Berechnung von Ladungen
MOORE	Berechnung der Moore-Penrose-Inversen einer Resultatdaten-Matrix
DRUCK	Ausgabe einer Ergebnisdatei in Matrix-Form auf einen Drucker

Nutzer abgefordert. Daten werden über sequentielle Eingabedateien „*dateiname*.DAT" bereitgestellt. Die Bezeichnungen „*dateiname*" der Eingabedateien werden vom Nutzer festgelegt und durch das Programm abgefragt.

— in der Verarbeitung die gewünschte Transformation der Eingangsinformationen erfolgt.

— im Nachlauf die Ausgangsinformationen (Resultate) in sequentielle Ausgabedateien „*dateiname*.DAT" gespeichert werden. Sodann entscheidet der Nutzer über den Fortgang der Berechnungen. Möglich sind eine Wiederholung der Abarbeitung des aktuellen Programmsegments, die Verkettung eines anderen Bausteins oder die Beendigung der Abarbeitung.

In Anbetracht der Verarbeitungsgeschwindigkeiten wurden die Variablenzahlen für den X- und Y-Bereich auf 10 begrenzt. Durch Modifikation der jeweiligen Dimension-Anweisung DIM lassen sich größer dimensionierte

Fälle realisieren, allerdings dann bei deutlich wachsenden Zeitparametern. Eingangsdaten können wahlweise Original- oder Resultatdaten sein. Im ersten Fall ist mit dem Programmsegment DATEN zu starten. Sonst erfolgt der Einstieg in die Berechnungen direkt über einen der anderen Bausteine. Die Programmsegmente wurden nicht unter dem Prinzip der Speicherplatz- oder Laufzeitminimierung entwickelt. Demgegenüber wurde einer übersichtlichen Programmstruktur Vorrang eingeräumt. Dadurch soll eine Übertragung der Programmsegmente in andere BASIC-Versionen erleichtert werden.

6.2.1. Kanonische Korrelationsanalyse

Um die vollständigen Resultate einer kanonischen Korrelationsanalyse zu erhalten, sind prinzipiell zwei Berechnungsläufe erforderlich. Diese lösen (1.22) und (1.24) oder deren Entsprechungen für ein anderes Datenmodell. Die vereinfachte Ermittlung der Eigenvektoren von (1.24) mit Hilfe von (1.19) aus den Eigenvektoren von (1.22) ist nicht programmiert. Den eigentlichen Berechnungen geht der Einsatz von DATEN voraus, wenn Originaldaten gegeben sind. Dabei werden nach (1.20) oder entsprechend dem anderen Datenmodell die Resultatdaten-Matrizen $\boldsymbol{S}_{XX}$, $\boldsymbol{S}_{XY}$, $\boldsymbol{S}_{YX}$ und $\boldsymbol{S}_{YY}$ (oder $\boldsymbol{R}_{XX}$, $\boldsymbol{R}_{XY}$, $\boldsymbol{R}_{YX}$ und $\boldsymbol{R}_{YY}$) bestimmt.
Der Ablauf für (1.22) umfaßt die folgenden Schritte:

(0)	DATEN	vier Resultatdaten-Matrizen (zwei Resultatdaten-Vektoren von Standardabweichungen)
1	CHOLE	Inverse $\boldsymbol{S}_{YY}^{-1}$ von $\boldsymbol{S}_{YY}$ für (1.23); Rechtsinverse $(\boldsymbol{F}_X^{-1})^\mathsf{T} = \boldsymbol{R}_X^{-1}$ für (1.23)
2	EIGMAT	Formel (1.23)
3	EIGEN	mit der symmetrischen Matrix aus Schritt 2 direkt $\boldsymbol{L}_1$ und nach (10.23) $\boldsymbol{A}°$
4	LADUNG	Formel (4.14); Formel (4.17)

Für (1.24) wiederholen sich die Schritte 1 bis 4 entsprechend. Anstelle von EIGMAT ist auch die zweimalige Anwendung von MAPRO3 möglich:

2.1	MAPRO3	$\boldsymbol{S}_{XY}\boldsymbol{S}_{YY}^{-1}\boldsymbol{S}_{YX}$ für (1.23) mit der symmetrischen Matrix $\boldsymbol{S}_{YY}^{-1}$ aus Schritt 1 und der Rechteckmatrix $\boldsymbol{S}_{YX}$;
2.2		Formel (1.23) mit der symmetrischen Matrix aus Schritt 2.1 und der Rechteckmatrix $\boldsymbol{R}_X^{-1}$ aus Schritt 1 (hier speziell quadratisch)

Erweisen sich bei CHOLE die Matrizen S_{XX} und S_{YY} als singulär, nimmt der Umfang der Berechnungen für die Werte der kanonischen Korrelationskoeffizienten bedeutend zu:

1.1	EIGEN	(10.13) für $A = S_{XX}$, $p^* = \mathrm{rg}\,(S_{XX})$;
1.2	↓	(10.13) für $A = S_{YY}$, $q^* = \mathrm{rg}\,(S_{YY})$
2.1	LADUNG	(10.28) für F_X, $n = p$, $m = p^*$; P und Δ aus Schritt 1.1;
2.2	↓	(10.28) für F_Y, $n = q$, $m = q^*$; P und Δ aus Schritt 1.2
3	MOORE	(1.32) mit F_Y aus Schritt 2.2
	↓	
4	MAPRO3	mit der symmetrischen Matrix S^+_{YY} aus Schritt 3 und der Rechteckmatrix S_{YX}
	↓	
5	MAPRO2	$F^T_X F_X$ für (1.34) mit F_X aus Schritt 2.1
	↓	
6	CHOLE	Inverse $(F^T_X F_X)^{-1}$ der symmetrischen Matrix aus Schritt 5 für (1.34)
	↓	
7	MAPRO2	mit der Rechteckmatrix F_X aus Schritt 2.1 und der symmetrischen Matrix aus Schritt 6
	↓	
8	MAPRO3	mit der symmetrischen Matrix aus Schritt 4 und der Rechteckmatrix aus Schritt 7
	↓	
9	EIGEN	mit der symmetrischen Matrix aus Schritt 8 direkt L_1

6.2.2. Redunanzanalyse

Da in der Regel die Redundanz in einem der Bereiche untersucht wird, genügt ein Berechnungslauf. Dabei wird (3.33) oder deren Entsprechung für die Redundanz in Y gelöst. Sind Originaldaten gegeben, müssen in einem Vorschritt mittels DATEN die Resultatdaten-Matrizen R_{XY}, R_{YX} und R_{YY} ausgerechnet werden.

Der Ablauf für (3.33) umfaßt folgende Schritte:

(0)	DATEN	drei Resultatdaten-Matrizen
	↓	
1	CHOLE	Rechtsinverse $(F_Y^{-1})^T = R_Y^{-1}$ zur Transformation auf einfaches Eigenwertproblem
	↓	
2	EIGMAT	A-Matrix des (3.33) entsprechenden transformierten einfachen Eigenwertproblems
	↓	
3	EIGEN	mit der symmetrischen Matrix aus Schritt 2 direkt M und nach (10.23) $Z^=$

Für die Redundanz in $\boldsymbol{Y}$ wiederholen sich die Schritte 1 bis 3 entsprechend. Die Berechnung von Redundanz-Intrabereichsladungen ist im Programmsegment LADUNG explizit nicht vorgesehen. Diese Ladungen berechnen sich aus $\boldsymbol{R}_{YY}\boldsymbol{Z}^{=}$ bzw. $\boldsymbol{R}_{XX}\boldsymbol{W}^{=}$, so daß ihre Bestimmung mittels MAPRO2 realisiert werden kann. Anstelle von EIGMAT ist auch der folgende zweistufige Ablauf möglich:

2.1	MAPRO2 ↓	mit der Rechteckmatrix $\boldsymbol{R}_{XY}$ für $\boldsymbol{R}_{YX}\boldsymbol{R}_{XY}$
2.2	MAPRO3	mit der symmetrischen Matrix aus Schritt 2.1 und der quadratischen Matrix aus Schritt 1.

6.2.3. Hauptkomponenten- und Komponentenanalyse

Je nach Datenmodell ist (3.15) oder (3.17) für eine Hauptkomponentenanalyse zu lösen. Die Berechnung der Hauptkomponentenladungen erfolgt gemäß

$$\boldsymbol{S}_X^{-1/2}\boldsymbol{P}^{\circ}(\boldsymbol{L}^{\circ})^{1/2} \text{ beim Datenmodell Abweichungsvariablen} \quad (6.1)$$

und

$$\boldsymbol{P}^{=}(\boldsymbol{L}^{=})^{1/2} \text{ beim Datenmodell Standardvariablen.} \quad (6.2)$$

Der Ablauf für (3.15) umfaßt die folgenden Schritte:

(0)	DATEN ↓	eine Resultatdaten-Matrix (ein Resultatdaten-Vektor von Standardabweichungen)
1	EIGEN ↓	mit der symmetrischen Matrix aus Schritt (0) direkt $\boldsymbol{L}^{=}$ und $\boldsymbol{P}^{=}$
2	LADUNG	Formel (6.2); (Formel (6.1))

Da sich die Resultate einer Komponentenanalyse nur in der Normierung der Eigenvektoren von denen einer Hauptkomponentenanalyse unterscheiden, werden durch EIGEN die Hauptkomponenten-Eigenvektoren nach (3.14) in Eigenvektoren nach dem Modell der „standardisierten Hauptkomponenten" transformiert. Entsprechend wird mit den Ladungen verfahren, wobei sich herausstellt:

Das Eigenwertproblem der Komponentenanalyse in der Stichprobe lautet $(\boldsymbol{R}_{XX} - l^{=}\boldsymbol{I}_p)\,\boldsymbol{c} = \boldsymbol{o}_p$, so daß $\boldsymbol{R}_{XX}\boldsymbol{C} = \boldsymbol{C}\boldsymbol{L}^{=}$. Für die Komponentenladungen $\operatorname{corr}(\boldsymbol{X}^{=}, \boldsymbol{C}^{\mathrm{T}}\boldsymbol{X}^{=}) = \operatorname{cov}(\boldsymbol{X}^{=}, \boldsymbol{C}^{\mathrm{T}}\boldsymbol{X}^{=})$ folgt dann $\operatorname{corr}(\boldsymbol{X}^{=}, \boldsymbol{C}^{\mathrm{T}}\boldsymbol{X}^{=}) = \boldsymbol{R}_{XX}\boldsymbol{C} = \boldsymbol{C}\boldsymbol{L}^{=}$. Berücksichtigt man (3.14) in Matrixform, ergibt sich schließlich

$$\operatorname{corr}(\boldsymbol{X}^{=}, \boldsymbol{C}^{\mathrm{T}}\boldsymbol{X}^{=}) = \boldsymbol{P}^{=}(\boldsymbol{L}^{=})^{-1/2}\,\boldsymbol{L}^{=} = \boldsymbol{P}^{=}(\boldsymbol{L}^{=})^{1/2},$$

d. h., Komponenten- und Hauptkomponentenladungen sind gleich.

6.2.4. Interbereich-Faktoranalyse nach Tucker

Um eine derartige Analyse zu bewerkstelligen, sind zwei Berechnungsläufe erforderlich. Sie dienen der Lösung der Eigenwertprobleme (5.11) und (5.12). Die direkte Bestimmung der Eigenvektoren $\boldsymbol{B}$ mittels (5.13) unter Verwendung der Ergebnisse von (5.11) ist im Programm nicht realisiert. Liegen noch nicht aufbereitete Originaldaten vor, sind diese in die Resultatdaten-Matrix $\boldsymbol{R}_{XY}$ zu verdichten.
Der Ablauf für (5.11) schließt folgende Schritte ein:

(0)	DATEN	eine Resultatdaten-Matrix
	↓	
1	MAPRO2	Gramsches Produkt $\boldsymbol{R}_{XY}\boldsymbol{R}_{YX}$ für (5.11)
	↓	
2	EIGEN	mit der symmetrischen Matrix aus Schritt 1 direkt $\boldsymbol{D}^2$ und $\boldsymbol{A}$
	↓	
3	LADUNG	$\boldsymbol{F}_X$ aus (5.14)

Zur Lösung von (5.12) sind die Schritte 1 bis 3 entsprechend modifiziert noch einmal auszuführen.
Sollen die Maximum-Likelihood-Schätzungen der Faktorladungen $\boldsymbol{F}_X$ und $\boldsymbol{F}_Y$ berechnet werden, ist nach den Überlegungen von Punkt 5.3.1.2 die Programmstruktur des Abschnitts 6.2.1 zu verwenden und die Berechnung der Interbereichsladungen auszuführen.

7. Einsatz der kanonischen Korrelationsanalyse

Eine ganze Reihe interessierender Größen bedarf zur adäquaten Operationalisierung unzweifelhaft eines multivariaten Herangehens. Als Beispiele seien aus der Psychologie solche Begriffe wie Intelligenz, Berufszufriedenheit, Angst oder Schulleistung, aus der Ökonomie Effektivität oder Preisniveau und aus der Ökologie Bodenqualität sowie Bewuchs genannt. Stellt sich in einer Untersuchung die Frage nach der wechselseitigen Beziehung zweier derartiger Größen, ist der Einsatz von Verfahren wie kanonische Korrelations-, Redundanz- oder Interbereich-Faktoranalyse zur Datenauswertung sachlogisch notwendig.
Für die in Kapitel 5 definierten drei Aufgabenklassen zur Anwendung des Modells der kanonischen Korrelation sollen mehrere Untersuchungen vorgestellt werden. Nicht alle Fachwissenschaften, die sich bei der Analyse experimenteller/empirischer Daten statistischer Verfahren bedienen, erwiesen sich hinsichtlich ihres Einsatzes als in gleichem Maß offen und interessiert. Eine nachhaltige Bedeutung erlangten die Methoden der Orthogonalisierungsverfahren zuerst in der Psychologie. Deshalb entstammt die Mehrzahl der hier verwendeten sowie der überhaupt publizierten Anwendungen der kanonischen Korrelationsanalyse aus psychologischen Forschungen. Insbesondere handelt es sich in diesem Kapitel um Untersuchungen aus der pädagogischen Psychologie (Lerndaten von Parker/Fleishman), der Psychodiagnostik (Lerntestforschung) und der medizinischen Psychologie (Belastungsfaktoren nach Schröder). Daneben werden zwei Anwendungen aus der Ökologie behandelt.

In den folgenden Darlegungen wird bei der Darstellung der Resultate besonderer Wert auf methodische Probleme gelegt. Die Herstellung inhaltlicher Rückbezüge sowie eine umfassende Diskussion der sich für die Einzelwissenschaften ergebenden Konsequenzen dagegen werden nicht angestrebt. In dieser Hinsicht erschöpfende Ausführungen findet man z. B. für die Ökologie bei Gittins [47].

7.1. Prädiktion

Mukherjee [99] zählt zu den ersten Autoren, die sich mit der Anwendung der kanonischen Korrelationsanalyse befaßten. In seiner Arbeit über Lerndaten wird in einem Abschnitt versucht, gewisse Lernleistungen aufgrund sogenannter externaler Variablen vorherzusagen. Das zugrunde gelegte Paradigma unterstellt Lernen als ein komplexes multivariates Phänomen, das durch eine Reihe von Einzelvariablen, die inhaltlich getrennte Teilaspekte repräsentieren sollen, zu operationalisieren ist. Um die Nützlichkeit der Anwendung der kanonischen Korrelationsanalyse zu demonstrieren, bedient sich MUKHERJEE der Lerndaten aus Tabelle 7.1 von PARKER/FLEISHMAN [104]. Diese Autoren untersuchten die Vorhersage von $\boldsymbol{Y}$, *„Fertigkeit im Kontakthalten beim Punktverfolgen"*. In einem Experiment hatten $N = 203$ Studenten als Versuchspersonen in 17 zeitlich aufeinanderfolgenden Sitzungen mittels geeigneter Steuereinrichtungen einen beweglichen Punkt möglichst durchgängig im Zentrum eines Kathodenstrahloszillographen zu fixieren. Diese Lernaufgabe diente der Simulation bestimmter Aspekte der Tätigkeit in Radarstationen. Zur Kennzeichnung des Kriteriums wurden vier Einzelmerkmale Y_1, Y_2, Y_4 und Y_5 erfaßt (u. a. Höhenfehler, Seitenabweichungen, Zielzeit). Daraus wurde mit $Y_3 = 0.5Y_2 + 0.5Y_5 + Y_4$ eine subjektiv gewichtete Linearkombination als Gesamtfehlermaß berechnet. Die Menge der Prädiktoren umfaßte mehrere psychomotorische und traditionelle psychologische Tests als Bezugsverfahren, aus denen schließlich $p = 6$ ausgewählt wurden (u. a. Reaktionszeit, Verfolgungsverwechslungen, mechanische Vorstellung). Der Untersuchungsplan sah eine Aufteilung der 17 Teilversuche in drei Phasen vor: Anfangs-, Mittel- und Endstadium des Lernzustands. Vorherzusagen war die Lernleistung, charakterisiert durch $\boldsymbol{Y}$ im Endzustand des Experiments.

Aus der Tatsache, daß die meisten der Einzelkorrelationen zwischen den Y-Variablen von Anfangs- und Endstadium kleiner als die zwischen Y-Variablen im Endzustand und externalen Prädiktoren ausfielen, folgerten PARKER/FLEISHMAN, daß sich die Lernergebnisse durch die externen Variablen besser als durch die Ausgangsleistungen vorhersagen lassen. Zur Abschätzung der Vorhersagekraft von $\boldsymbol{X}$ wurde das Modell der multiplen Korrelation mit dem

Tabelle 7.1: Daten von PARKER/FLEISHMAN [104] (zit. nach MUKHERJEE [99]) (Problemparameter: $p = 6$, $q = 5$, $N = 203$)

1.00	0.21	0.29	0.31	0.37	0.26	0.33	0.22	0.30	0.25	0.12
	1.00	0.21	0.19	0.35	0.27	0.28	0.21	0.26	0.18	0.14
		1.00	0.31	0.14	0.31	0.29	0.17	0.27	0.26	0.18
			1.00	0.29	0.48	0.29	0.09	0.26	0.28	0.15
				1.00	0.25	0.25	0.09	0.26	0.18	0.10
					1.00	0.28	0.15	0.26	0.22	0.17
						1.00	0.70	0.90	0.76	0.63
							1.00	0.72	0.39	0.66
								1.00	0.74	0.68
									1.00	0.40
										1.00

Kriterium Y_3 herangezogen. Die berechnete multiple Korrelation $R_{Y_3.X_1 \ldots X_6} = 0.427$ überschritt den Signifikanzwert für $\alpha = 0.01$. Die Vorhersagegleichung ergab sich zu

$$\hat{Y}_3 = 0.152X_1^{=} + 0.129X_2^{=} + 0.135X_3^{=} + 0.079X_4^{=} + 0.096X_5^{=} + 0.082X_6^{=}\,.$$

MUKHERJEE kritisiert an diesem Vorgehen, daß zur Prädiktion durch die Bildung und Verwendung der Linearkombination Y_3 nur die multiple Regressionstechnik genutzt wurde und meint, daß die Existenz des multivariaten Kriteriums offenkundig ein kanonisches Prädiktionsmodell erfordert. Um die Überlegenheit dieses Ansatzes hinsichtlich der Vorhersagequalität nachzuweisen, reanalysiert MUKHERJEE die Daten von PARKER/FLEISHMAN.

Tabelle 7.2: Kanonische Korrelationskoeffizienten und Gewichte der ersten kanonischen Dimension nach MUKHERJEE und bei verändertem Kriteriumsbereich

i	r_i	Gewichte	
		$a_1^{=}$	$b_1^{=}$
1	0.477 (s.)	0.371	0.972
2	0.221	0.280	−0.286
3	0.166	0.275	0.476
4	0.081	0.250	−0.127
5	0.036	0.231	−0.232
		0.164	
1	0.470 (s.)	0.389	1.219
2	0.218	0.294	−0.190
3	0.108	0.285	−0.010
4	0.079	0.266	−0.162
		0.169	
		0.164	

Von formaler Seite muß an diesem Vorgehen kritisiert werden, daß die Verwendung der Linearkombination Y_3 als selbständige Kriteriumsvariable nicht zulässig ist. Bei Rechnungen ohne Rundungsungenauigkeiten wird sich die Korrelationsmatrix $\boldsymbol{R}_{YY}$ als singulär erweisen. Wegen dieses formalen Fehlers ist es notwendig, die Reanalyse zu wiederholen. Die Verwendung des kanonischen Modells mit $q = 4$, d. h. Y_1, Y_2, Y_4 und Y_5, ergibt die Resultate von Tabelle 7.2, unterer Teil. Es lassen sich zwei Sachverhalte erkennen:

1. Die Vorhersagequalität läßt sich durch das Modell der kanonischen Korrelation nicht entscheidend verbessern. Der Wert des ersten kanonischen Korrelationskoeffizienten liegt kaum über dem des multiplen Korrelationskoeffizienten von PARKER/FLEISHMAN. Das am besten vorhersagbare Einzelkriterium ist Y_1 mit $R_{Y_1.X_1...X_6} = 0.459$; dieser Wert wird gleichfalls durch den ersten kanonischen Korrelationskoeffizienten nur unbedeutend übertroffen.
2. Die Elimination des Merkmals Y_3 zeigt — wie erwartet — keinerlei Wirkung auf die Werte der kanonischen Korrelationskoeffizienten.

MUKHERJEE unterlaufen im Zusammenhang mit der Deutung der Befunde einige inhaltliche Unkorrektheiten, die von LEVONIAN [85] ausführlich diskutiert werden. So ist die aus der Größe der kanonischen Gewichte $\boldsymbol{b}_1$ von Tabelle 7.2 abgeleitete Folgerung, daß Y_1 und nicht — wie bei PARKER/FLEISHMAN behauptet — Y_3 das „most predictable"-Kriterium darstelle, fehlerhaft. Wegen $R_{Y_1.X_1...X_6} > R_{Y_3.X_1...X_6}$ ist Y_1 zwar besser prädizierbar als Y_3, aber „most predictable" ist $V_1 = \boldsymbol{b}_1^T \boldsymbol{Y}^=$.

7.2. Datenreduktion

7.2.1. Lerntestforschung

Die pädagogische Praxis erhebt immer eindringlicher die Forderung nach effektiven Methoden zur Ermittlung von Bildungsergebnissen für die Evaluation und Optimierung pädagogischer Prozesse. In der pädagogisch-psychologischen Schulleistungsdiagnostik sind dabei zwei Konzeptionen erkennbar:

1. Entwicklung von Diagnostizierungsstrategien, die der Lehrer immanent in den pädagogischen Prozeß einbetten kann;
2. Aufbereitung bewährter Ansätze der psychologischen Testmethodik.

MÜLLER [98] erarbeitete als Synthese beider Trends das schulfachbezogene diagnostische Programm „Addition gebrochener Zahlen" für die Klassenstufe 6. Dieser Unterrichtsfachtest trägt der Forderung nach tätigkeitsbezogenen prozeßanalytischen Verfahren für die pädagogische Praxis weitgehend Rechnung. Seine Konstruktion folgte theoretischen Vorstellungen von GUTHKE [54], der für allgemeine Fähigkeitstest die Lerntestkonzeption entwickelte. Als Alternative zur statusmäßigen Erfassung der Bewältigung definierter Leistungsanforderungen werden in einer Zweipunkt-Erhebung mit eingeschobener Pädagogisierungsphase die individuellen Potenzen zu einer Steigerung der jeweiligen Leistung gemessen. Die prognostische Valenz dieses Herangehens im Hinblick auf die weitere Leistungsentwicklung der Probanden steht außer Zweifel.
Das diagnostische Programm von MÜLLER besteht aus einem Prätest, der adaptiven Pädagogisierungsphase in Form eines verzweigten Lehrprogramms und einem Posttest. Durch eine das Lehrplanziel repräsentierende „Siebauf-

gabe" wird jedem Probanden ein Weg durch das Lehrprogramm zugewiesen, der der Spezifik seiner individuellen Leistungsfähigkeit angemessen ist. Prä- und Posttest bestehen aus je fünf Aufgaben zur Addition gebrochener Zahlen, die als Variablen für die kanonische Korrelationsanalyse betrachtet werden. Der Einsatz des diagnostischen Programms erfolgte durch CARUSO/GREBENSTEIN [20]. In einer Erhebung untersuchten sie $N = 164$ Schüler mit Schwierigkeiten bei der Bewältigung derartiger Aufgaben. Zu den einzelnen Aufgaben lag den Versuchspersonen ein Lösungsangebot mit fünf Wahlmöglichkeiten vor. Die genutzten Lösungsvorgaben wurden — gewichtet nach der Qualität des erhaltenen Resultats — ausgewertet. Die dabei erhaltenen Prä- (X-Bereich) und Posttestwerte (Y-Bereich) waren zur Ermittlung des Lerngewinns mittels kanonischer Korrelationsanalyse zu reduzieren. Für Stabilitätsabschätzungen wurden nach Zufall zwei Teilstichproben ($n_1 = 84$, $n_2 = 80$) gebildet. Eine Übersicht der kanonischen Korrelationskoeffizienten enthält Tabelle 7.3. Diese Ergebnisse legen — in Verbindung mit der Analyse der Gesamtstichprobe — nahe, sich in der Datenreduzierung auf $k = 1$ kanonische Dimension festzulegen. Die dazugehörigen kanonischen Gewichte bzw. Ladungen stehen in den Tabellen 4.2 und 4.6.

Die Resultate der Tabellen 4.6 und 7.4 enthalten eine nennenswerte Information. Im Rahmen der Lerntestkonzeption zählt zu den gesicherten Erkenntnissen, daß sich die faktorielle Struktur von Intelligenztest-Leistungen nach kurzzeitigem Training verändert. Diese Tatsache findet ihren Ausdruck in den Ladungsmustern von Faktoranalysen, die in der Datenanalyse bei Lerntestuntersuchungen standardmäßig eingesetzt wird. Möglich sind dabei Veränderungen in der Größe der Faktorladungen der Markiervariablen oder in der Menge der Markiervariablen selbst.

Tabelle 7.3: Kanonische Korrelationskoeffizienten (Daten von MÜLLER [98])

i	Basis-stichprobe	Validierungs-stichprobe	Gesamt-stichprobe
original:			
1	0.50	0.57 (s.)	0.46 (s.)
2	0.25	0.40	0.24
3	0.19	0.27	0.21
4	0.11	0.11	0.10
5	0.01	0.00	0.07
kreuzvalidiert:			
1	—	0.35 (s.)	

Tabelle 7.4: Intra- und Interbereichsladungen Gesamtstichprobe

	Intrabereichsladungen		Interbereichsladungen	
$k = 1$	U_1	V_1	U_1	V_1
	0.23	−0.07	0.11	−0.03
	0.63	0.88	0.29	0.41
	0.94	0.83	0.43	0.38
	0.43	0.61	0.20	0.28
	0.77	0.57	0.36	0.26

Offenbar treten solche strukturellen Veränderungen auch bei Fähigkeitstests spezieller Art wie dem diagnostischen Programm „Addition gebrochener Zahlen“ auf. Die einzige Variable, die durchgängig hoch mit den kanonischen Variablen U_1 und V_1 korreliert, wird durch die dritte Aufgabe gestellt. Veränderungen im Sinn einer Zunahme an Wichtigkeit deuten sich für die vierte Aufgabe an und werden für die zweite Aufgabe deutlich, während die fünfte Aufgabe an Einfluß verliert.

7.2.2. Ökologie

Gittins [47] untersuchte die Beziehungen zwischen der Beschaffenheit des Bodens in einem tropischen Niederungsregenwald und dessen Vegetation. Dazu wurden aus einem 1 km² großen Areal in Guyana, Südamerika, $N = 25$ ein Hektar große Teilflächen ausgesucht und in ausgewählten Bodenparametern zusammen mit den vorherrschenden Vegetationskomponenten erfaßt. Das Material umfaßte bei der Datenerhebung 20 physikalische bzw. chemische Bodeneigenschaften sowie 170 Arten von Waldpflanzen. Dieses Gesamtmaterial reduzierte sich in einer Aufbereitungsphase auf $q = 9$ beibehaltene Bodencharakteristika (u. a. Basensättigung, pH, aktiver Säuregehalt, Feuchtekapazität), die den Y-Bereich konstituierten. In einer Zweistufenprozedur ermittelte Gittins aus den 170 Spezies des Bewuchses $p = 6$ „verallgemeinerte“ Vegetationsmerkmale als Variablen des X-Bereichs. Diesen Merkmalen wird unterstellt, daß sie die Vegetation angemessen widerspiegeln können. Ihre Benennung erfolgte durch eine sie repräsentierende Art (u. a. *Ocotea rodiaei* (Schomb.) Mez., *Eperua falcata* Aubl., *Mora excelsa* Bth., *Eschweilera sagitiana* Miers.). Somit kann für die Datenanalyse von folgenden Gegebenheiten ausgegangen werden. Aus einer kleinen systematischen Stichprobe von 25 Individuen (hier: Stellen eines Regenwaldes) sollen aufgrund der Werte in $p = 6$ Variablen X_i und $q = 9$ Variablen Y_j Aussagen über die Beziehungen zwischen der Walddifferenzierung in dem analysierten Gebiet (X-Bereich) und den erhobenen Bodeneigenschaften (Y-Bereich) abgeleitet werden. Gittins macht darauf aufmerksam, daß die Fakten zu einer vorsichtigen Wertung der Ergebnisse zwingen, da die Stichprobe sehr klein ist und zusätzlich auch die Unabhängigkeit ihrer Elemente fraglich erscheint. Ungeachtet dessen kann die Datenreduktion in Verbindung mit anderen ökologischen Erkundungsmessungen zu nützlichen Einsichten verhelfen.

Aus den oben genannten Gründen kann zur Ermittlung des Ranges k nicht die Schrittfolge von Abschnitt 5.2.1 zum Einsatz kommen. GITTINS fällt seine Entscheidung aufgrund einer informellen Abschätzung der Größe der einzelnen kanonischen Korrelationskoeffizienten heuristisch. Daneben werden die relativen Beiträge der kanonischen Dimensionen zur erklärbaren Varianz $s_G^2 = \mathrm{tr}\,(\boldsymbol{R}_{YY}^{-1}\boldsymbol{R}_{YX}\boldsymbol{R}_{XX}^{-1}\boldsymbol{R}_{XY})$ des Systems herangezogen. s_G^2 ergibt sich in Tabelle 7.5 als Spaltensumme der Schätzungen l_i der Eigenwerte. Mit diesen Werten wird bei GITTINS $k = 4$ festgelegt. Dieser Wert dürfte aber bei Beachtung aller Umstände zu hoch liegen. Insbesondere zeigen die Werte der Redundanzmaße an, daß $k = 2$ angemessener ist: sämtliche Redundanzmaße, $i = 3, \ldots, 6$, unterschreiten die in Abschnitt 4.4.3 angegebene Minimalforderung deutlich. Die kanonischen Gewichte für die Dimensionen der kanonischen Lösung vom Rang 2 stehen in Tabelle 7.6.

Die in [47] ausgearbeitete, sehr detaillierte Interpretation sieht die kanonischen Variablen des Y-Bereichs als vorgeordnete Faktoren an.

KRYŚKO [80] berichtet über die Analyse experimenteller Daten aus einer Population *Pinus mugo* Turra, die für die Nadeln und Zapfen von $N = 95$ Individuen (hier: Schweizer Bergkiefern) erhoben wurden. Gefragt war, ob ein Zusammenhang zwischen der Form der Nadeln (X-Bereich), gemessen durch $p = 8$ Variable X_i (u. a. Anzahl der Stomata auf der Flachseite, Anzahl der Harzkanäle pro Nadel, Höhe der Epidermiszellen, Gefäßbündelentfernung) und der Struktur der Zapfen (Y-Bereich), beschrieben durch $q = 6$ Merkmale Y_j (u. a. Länge des Zapfens; geschlossen, Anzahl der Schuppen, Schuppendicke), nachweisbar ist. Die ermittelten kanonischen Korrelationskoeffizienten

Tabelle 7.5: Kanonische Korrelationskoeffizienten und Anteile der einzelnen kanonischen Dimensionen an der erklärbaren Varianz (absolut und kumulativ)

i	r_i	l_i	l_i/s_G^2	$\sum_{k=1}^{i} l_k/s_G^2$
1	0.926	0.857	0.291	0.291
2	0.904	0.817	0.277	0.568
3	0.745	0.556	0.189	0.757
4	0.653	0.427	0.145	0.902
5	0.468	0.220	0.075	0.977
6	0.265	0.070	0.024	1.001
Σ		2.947	1.001	

Tabelle 7.6: Gewichte der ersten beiden kanonischen Dimensionen

$a_1^=$	$a_2^=$	$b_1^=$	$b_2^=$
−0.794	−0.276	0.040	0.127
−0.762	−1.588	0.023	0.404
−0.411	−0.452	1.182	0.106
0.425	−0.529	−0.265	0.306
0.256	−0.430	−0.163	0.276
−0.386	−0.485	−0.172	0.424
		0.277	−0.285
		−0.073	−0.796
		−0.736	0.365

Tabelle 7.7: Kanonische Korrelationskoeffizienten und Gewichte der ersten kanonischen Dimension
(Daten von KRYSKO [80])

i	r_i ($N = 95$)	r_i ($N = 256$)	$a_1^=$	$b_1^=$
1	0.571 (s.)	0.310	0.14	−0.03
2	0.354	0.201	−0.23	1.18
3	0.314	0.162	0.39	−1.50
4	0.158	0.117	0.37	−0.51
5	0.152	0.084	0.02	−0.01
6	0.064	0.047	0.71	0.32
			−1.08	
			−0.24	

in Tabelle 7.7 weisen darauf hin, daß mit dem Rang $k = 1$ des kanonischen Modells ein Zusammenhang angenommen werden kann. Die kanonischen Gewichte für die einzige bedeutsame kanonische Dimension finden sich in den letzten Spalten von Tabelle 7.7.

Der hier zum Ausdruck kommende geringe Grad des Zusammenhangs zwischen Zapfen- und Nadelcharakteristika überrascht nicht. Zapfen und Nadeln sind Organe, die völlig unterschiedliche Aufgaben zu lösen haben und folglich unterschiedlichen Selektionseinflüssen ausgesetzt sind. Deshalb finden sich immer derartig unbedeutende Zusammenhänge zwischen vegetativen und generativen Größen. In einer weiteren gleichgearteten Analyse mit $N = 256$ für eine Reliktpopulation *Pinus mugo* Turra fand sich keine signifikante kanonische Korrelation (vgl. 3. Spalte von Tabelle 7.7).

Tabelle 7.8: Daten von SCHRÖDER [127], Patientengruppe
(Problemparameter: $p = 15$, $q = 4$, $N = 51$)

1.00	0.37	0.46	—0.24	0.66	0.11	0.07	0.50	—0.15	—0.67	—0.38	—0.50	0.47	—0.19	—0.06	0.36	0.19	0.13	0.00
	1.00	0.33	0.30	0.49	0.48	—0.09	0.32	—0.08	—0.16	—0.01	—0.09	0.24	0.01	—0.16	0.23	0.23	0.16	0.21
		1.00	0.18	0.50	0.11	0.15	0.44	—0.09	—0.34	—0.49	—0.39	0.29	—0.05	0.05	0.38	0.29	0.27	0.27
			1.00	0.06	0.18	—0.13	—0.09	—0.03	0.22	0.23	0.18	0.12	0.12	0.14	0.26	0.25	0.35	0.33
				1.00	0.32	0.06	0.48	—0.02	—0.42	—0.37	—0.32	0.38	—0.19	—0.03	0.49	0.31	0.25	0.24
					1.00	0.07	0.17	—0.33	—0.11	—0.05	—0.23	0.25	—0.22	—0.11	0.13	0.25	0.40	0.35
						1.00	0.29	—0.13	—0.21	—0.25	—0.26	0.12	—0.16	0.11	0.13	0.29	0.29	0.31
							1.00	—0.30	—0.45	—0.62	—0.58	0.32	—0.13	—0.07	0.32	0.12	0.04	—0.03
								1.00	0.40	0.34	0.75	0.04	—0.11	0.11	0.04	0.06	—0.22	0.00
									1.00	0.56	0.81	—0.33	—0.06	—0.08	—0.42	—0.16	—0.10	0.00
										1.00	0.75	—0.23	0.16	0.01	—0.35	—0.10	—0.23	—0.09
											1.00	—0.25	0.00	0.01	—0.29	—0.13	—0.26	—0.05
												1.00	—0.10	0.20	0.32	0.13	0.25	0.19
													1.00	0.21	—0.09	—0.11	—0.24	—0.13
														1.00	0.08	0.11	0.13	0.07
															1.00	0.55	0.39	0.42
																1.00	0.47	0.55
																	1.00	0.76
																		1.00

7.3. Deskription

Persönlichkeitspsychologische Forschung im Bereich der Psychopathologie sollte auf die Analyse von Mechanismen der Dysregulation und der sie bedingenden personalen Kompetenz in ihrer Beziehung zu objektiven Anforderungsparametern orientiert sein. Die Diskrepanz zwischen Tätigkeitsanforderungen und den dafür notwendigen psychischen Leistungspotenzen ist ein wichtiges Kriterium zur Bewertung individueller Persönlichkeitsbesonderheiten. Dabei

Tabelle 7.9: Eigenwerte e_i^2 nach Tucker, l_i nach Hotelling und n_k nach Kristof

i, k	Gesunde		Patienten		
	e_i^2	l_i	e_i^2	l_i	n_k
1	0.959	0.472	2.844	0.630 (s.)	1.00
2	0.165	0.233	0.353	0.445	1.00
3	0.115	0.177	0.083	0.270	0.26E-6
4	0.040	0.121	0.015	0.182	0.21E-6

Tabelle 7.10: Ladungen der ersten beiden Faktoren nach Kristof; Teilstichprobe Patienten

Kommunalität	F_X		Kommunalität	F_Y	
0.67	0.65	0.31	0.55	0.26	0.67
0.49	0.14	0.31	0.55	−0.26	0.69
0.50	0.34	0.49	0.76	−0.35	0.78
0.35	−0.30	0.34	0.76	−0.33	0.80
0.66	0.50	0.51			
0.48	−0.23	0.36			
0.31	−0.30	0.35			
0.62	0.45	0.26			
0.75	0.30	0.00			
0.81	−0.47	−0.27			
0.75	−0.36	−0.32			
0.81	−0.18	−0.26			
0.47	0.33	0.41			
0.24	−0.07	−0.20			
0.21	0.01	0.17			

können subjektive Belastungsgrade und konflikthafte Lebensbereiche des Individuums als Ausdruck ineffizienter Verhaltensregulation betrachtet werden.

In einer empirischen Untersuchung widmet sich SCHRÖDER [127] den multivariaten Beziehungen zwischen Komponenten interpersonaler Fähigkeiten und dem Erleben subjektiver Belastungsbedingungen. Dieser Gegenstand verlangt die Einbeziehung zweier Variablengruppen: Der X-Bereich umfaßt $p = 15$ Persönlichkeitsvariablen, die gemäß theoretischer Modellvorstellungen über die Struktur interpersonaler Kompetenz ausgewählt wurden (u. a. kognitive Komplexität, Selbstbild, Selbstbild-Idealbild-Kongruenz, Konformitätsstreben). Der Y-Bereich enthält als Variablen Y_j $q = 4$ Skalen subjektiver Belastungsbedingungen (u. a. Belastungserleben durch Beruf, Belastungserleben durch Ehepartner). Die Datenerhebung erfolgte aus zwei Populationen. Neben einer Stichprobe von psychisch unauffälligen Personen (Population I) wurde eine Stichprobe von psychotherapiebedürftigen Personen (Population II) untersucht (vgl. Tab. 7.8). In beiden Teilstichproben belief sich der Umfang auf $N = 51$. Einfache und multiple Korrelationsanalysen im Vorfeld belegten, daß es Unterschiede zwischen beiden Populationen auch in den Wechselbeziehungen zwischen den ausgewählten Personvariablen und Belastungsmerkmalen geben muß.

Die komplexe Deskriptionshypothese umfaßte mehrere Erwartungen:

- für Population I besteht kein Zusammenhang zwischen $\boldsymbol{X}$ und $\boldsymbol{Y}$;
- für Population II wird ein Zusammenhang auf der Basis Rang = 1 erwartet. Inhaltlich sollte es sich dabei um einen Faktor „*Personale Fehleinstellungen*" im X-Bereich sowie „*Durch familiäre Lebensumstände bedingtes Belastungserleben*" im Y-Bereich handeln.

Die Angaben von Tabelle 7.9 bestätigen die Teilhypothesen hinsichtlich der Anzahl der Dimensionen. Bei Verwendung der Methode von KRISTOF für Population II finden sich (unter Berücksichtigung der Zwischenergebnisse $r = 4$, $a = 4$, und $b = 2$) die Eigenwerte von Tabelle 7.9, letzte Spalte, so daß zwei Faktoren beachtet werden müßten, deren Ladungsmuster in Tabelle 7.10 gegeben sind.

In zwei Arbeiten diskutiert SCHRÖDER [127], [128] den Charakter der Interdependenz zwischen den betrachteten interpersonalen Fähigkeiten und dem Erleben subjektiver Belastungsbedingungen und ordnet die Resultate in eine umfassendere Konzeption der Streß-Forschung ein.

Von methodischer Seite sollten die Tatsachen Beachtung finden, daß die Ladungsmuster, wie schon in Abschnitt 5.3.5 bei einem formalen Beispiel, nicht völlig gegensätzliche Formen ausweisen. Weiterhin sind die Kristof-Ladungen, bedingt durch eine gewisse Nivellierung ihrer Zahlenwerte, schlechter interpretierbar.

8. Anwendungen zur „teilweisen" kanonischen Korrelationsanalyse

Eine inhaltliche Deutung von Befunden, die durch Datenanalyse mittels der Modelle der „teilweisen" kanonischen Korrelation gestützt werden, erweist sich als ausgesprochen kompliziert, sofern die Interpretation über die Größe der ermittelten partiellen bzw. semipartiellen Korrelationskoeffizienten hinausgehen soll. Deshalb werden in den weiteren Ausführungen die Bezüge nur zu solchen Hypothesen gesucht, die sich anhand der Werte der (partiellen oder semipartiellen) kanonischen Korrelationskoeffizienten entscheiden lassen. Der Einsatz der Modelle der „teilweisen" kanonischen Korrelation an Realdaten erfolgte bislang sehr selten. Die Ursache dürfte, neben einer relativen Unbekanntheit dieser Ansätze, vor allem in den Interpretationsproblemen liegen.

8.1. Lerntestforschung

Burkert [16] befaßte sich mit der Frage, welche Zusammenhänge zwischen Intelligenztestleistungen und leistungsbedingenden Merkmalen bestehen, wenn die Beeinflussung dieses Beziehungsgefüges durch bestimmte außerintellektuelle Eigenschaften im theoretischen Modell berücksichtigt werden soll. Da diese Untersuchung, als Fortsetzung der Arbeit von Gitter [46], in der Lerntestforschung angesiedelt war, erfolgte die Erfassung der Intelligenztestleistungen (Y-Bereich) mit Lerntests (Raven-Kurzzeit-Lerntest, Mengenfolgentest). Unter den leistungsbedingenden Faktoren (X-Bereich) werden Variablen wie Ausdauer, Konzentrationsfähigkeit, Wißbegier, Leistungshaltung verstanden. Bei den außerintellektuellen Eigenschaften (Z-Bereich) handelte es sich um Merkmale wie Affektivität, Selbständigkeit, Emotionalität. Zur Messung der Variablen X_i und Z_k diente der Erziehungsfragebogen EFT 69 nach Gutjahr/Roether/Frost/Schmidt [55]. Die Stichprobe der Untersuchung umfaßte $N = 230$ Kinder der älteren Kindergartengruppe (vgl. Tab. 8.1). Für eine spätere Kreuzvalidierung wurden daraus drei Teilstichproben ($n_1 = n_2 = 77$, $n_3 = 76$) gebildet. Die Variablenzahlen in den drei Bereichen betrugen $p = 6$, $q = 2$ und $r = 7$. Da davon ausgegangen werden kann, daß die genannten außerintellektuellen Eigenschaften sowohl zu den leistungsbedingenden Faktoren als auch zu den Intelligenzleistungen in Beziehung stehen, ist $\boldsymbol{Z}$ aus $\boldsymbol{X}$ und $\boldsymbol{Y}$ auszupartialisieren, d. h. das Modell der

Tabelle 8.1: Daten von BURKERT [16], Gesamtstichprobe
(Problemparameter: $p = 6$, $q = 2$, $r = 7$, $N = 230$)

1.00	0.66	0.44	0.46	0.34	0.25	0.22	0.29	0.37	0.42	0.13	0.07	0.13	0.27	0.29
	1.00	0.44	0.40	0.18	0.32	0.17	0.33	0.28	0.41	0.12	0.12	0.10	0.20	0.30
		1.00	0.63	0.36	0.33	0.33	0.39	0.36	0.30	0.04	0.16	0.03	0.31	0.05
			1.00	0.38	0.36	0.29	0.35	0.42	0.49	0.15	0.15	0.20	0.31	0.21
				1.00	0.30	0.15	0.12	0.38	0.31	0.08	0.14	0.05	0.07	0.15
					1.00	0.11	0.02	0.25	0.32	0.13	0.11	0.06	0.07	0.23
						1.00	0.30	0.26	0.17	0.14	−0.02	0.06	0.14	0.05
							1.00	0.17	0.21	0.12	0.03	0.09	0.26	0.10
								1.00	0.51	0.02	0.20	0.14	0.24	0.10
									1.00	0.24	0.13	0.32	0.14	0.38
										1.00	0.15	0.71	0.02	0.58
											1.00	0.16	0.29	0.08
												1.00	0.22	0.51
													1.00	−0.01
														1.00

partiellen kanonischen Korrelation anzuwenden. Zu Vergleichszwecken erfolgte im ersten Schritt eine kanonische Korrelationsanalyse ohne Berücksichtigung des Z-Bereichs. Die dabei erhaltenen kanonischen Korrelationskoeffizienten haben die Werte 0.51(s.) und 0.16. In einem zweiten Schritt schloß sich eine partielle kanonische Korrelationsanalyse für die Gesamtstichprobe an: $r_1 = 0.41$ (s.), $r_2 = 0.13$. Den abschließenden Schritt der Datenanalyse bildeten Kreuzvalidierungsuntersuchungen zur Ermittlung der Stabilität der berechneten partiellen kanonischen Korrelationskoeffizienten. Hier interessieren nur deren Werte für die drei Teilstichproben, die in Tabelle 8.2 stehen (vgl. auch Tab. 4.5).

Tabelle 8.2: Partielle kanonische Korrelationskoeffizienten, Teilstichproben

i	$r_{i,1}$	$r_{i,2}$	$r_{i,3}$
1	0.533 (s.)	0.548 (s.)	0.620 (s.)
2	0.352 (s.)	0.254	0.202

Es zeigt sich insgesamt eine hohe Stabilität in den Werten der partiellen kanonischen Korrelationskoeffizienten. Zu berücksichtigen ist dabei die Tatsache, daß sich mit abnehmendem Umfang der Stichproben die Zahlenwerte der Korrelationskoeffizienten bei gleichem Grad des Zusammenhangs vergrößern. Darüber hinaus liefert der Vergleich der Resultate von partieller kanonischer und kanonischer Korrelationsanalyse die Information, daß Art und Stärke der Beziehung zwischen Intelligenztestleistungen und leistungsbedingenden Faktoren relativ unabhängig von $\boldsymbol{Z}$ ist. Dies kommt in den Ladungsmustern der ersten kanonischen Dimension von Tabelle 8.3 ebenso deutlich wie bei den Werten der Korrelationskoeffizienten zum Ausdruck. Zusammenfassend werden also bekannte Beziehungen zwischen Intelligenztestleistungen im regelfindenden schlußfolgernden Denken und außerintellektuellen Eigenschaften wie Wißbegier, Leistungshaltung oder Ausdauer durch die gefundenen Daten gestützt.

Tabelle 8.3: Intrabereichsladungen nach verschiedenen Modellen, Gesamtstichprobe

	kanonische Korrelation		partielle kanonische Korrelation	
$k = 1$	U_1	V_1	U_1	V_1
	0.64	0.65	0.44	0.56
	0.65	0.92	0.57	0.94
	0.86		0.82	
	0.78		0.63	
	0.31		0.13	
	0.11		−0.16	

8.2. Drogenkonsum

Sieber/Bentler [129] widmeten sich Zusammenhängen zwischen Persönlichkeit und späterem Konsum von Alkohol, Zigaretten und illegalen Drogen bei Berücksichtigung eines vorangehenden Konsumausmaßes. Während derartige Forschungen zwischen Persönlichkeitsstruktur und dem Abusus von Alkohol schon seit längerem realisiert wurden, traten in den kapitalistischen Ländern in den letzten zwei Jahrzehnten zunehmend Wirkungen durch die Verbreitung des Konsums illegaler Drogen hinzu. Alle Untersuchungen dieser Gesamtproblematik führen auf die Frage, ob es eine „Suchtpersönlichkeit" überhaupt gibt, ob sie die Folge oder Ursache des Drogenmißbrauchs ist oder ob nicht ganz andere (z. B. gesellschaftlich-soziale) Faktoren dominieren.
Sieber/Bentler wandten sich, ausgehend von der gesicherten Erkenntnis, daß ein Zusammenhang zwischen Persönlichkeit und Konsumausmaß existiert, speziell der Frage zu, ob diese Wechselbeziehung erhalten bleibt, wenn das Ausmaß des vorangegangenen Konsums Berücksichtigung findet. Aus einer

umfangreicheren Analyse wird hier nur ein Aspekt herausgegriffen, die sogenannte Analyse B 3 (vgl. Tab. 8.4). Ihr liegt eine Konzeption zugrunde, die Wechselbeziehungen zwischen Persönlichkeitsvariablen Y_j und Regressionsresiduen E_i^X, die sich aus den Drogenkonsum-Variablen X_i (im Alter von 22

Tabelle 8.4: Daten von SIEBER/BENTLER [129]
(Problemparameter: $p = 8$, $q = 9$, $r = 8$, $N = 750$)

Korrelationsmatrix X-Bereich

1.00	0.11	0.10	0.33	0.20	0.07	0.04	−0.01
	1.00	0.17	0.09	0.01	0.04	−0.01	−0.03
		1.00	0.00	0.03	0.10	0.03	0.02
			1.00	0.24	0.04	0.01	0.02
				1.00	0.38	0.48	0.37
					1.00	0.72	0.74
						1.00	0.78
							1.00

Korrelationsmatrix Y-Bereich

1.00	0.35	0.01	0.40	−0.23	−0.25	0.18	0.39	0.26
	1.00	0.48	0.55	0.06	−0.08	0.52	0.10	0.54
		1.00	0.57	−0.32	−0.40	0.27	0.50	0.42
			1.00	−0.07	−0.32	0.56	0.29	0.45
				1.00	0.36	0.09	−0.62	0.01
					1.00	−0.10	−0.43	−0.09
						1.00	0.02	0.34
							1.00	0.15
								1.00

Korrelationsmatrix Z-Bereich

1.00	0.53	0.67	0.40	0.31	0.08	0.19	0.41
	1.00	0.53	0.53	0.15	0.10	0.20	0.22
		1.00	0.53	0.21	0.08	0.17	0.32
			1.00	0.18	0.11	0.14	0.20
				1.00	0.12	0.18	0.40
					1.00	0.32	0.15
						1.00	0.11
							1.00

Kreuzkorrelationsmatrix X- und Y-Bereich

0.28	0.20	0.15	0.15	0.15	0.01	0.13	−0.13	0.11
0.13	0.13	0.07	0.17	0.02	0.00	0.15	0.03	0.10
0.14	0.02	0.15	0.11	−0.02	−0.10	0.05	0.05	0.04
0.14	0.14	0.11	0.09	0.14	0.01	0.00	−0.06	0.11
0.15	0.03	0.15	−0.05	−0.03	−0.04	−0.16	−0.02	−0.01
0.09	−0.04	0.07	−0.02	−0.03	−0.05	−0.06	0.02	−0.01
0.06	−0.05	0.04	−0.06	0.00	−0.02	−0.05	−0.02	−0.03
0.04	−0.06	0.00	−0.05	−0.01	0.00	−0.09	−0.01	−0.05

Kreuzkorrelationsmatrix X- und Z-Bereich

0.30	0.13	0.19	0.08	0.33	0.13	0.12	0.72
0.00	0.04	0.00	0.01	0.08	0.39	0.15	0.12
0.04	0.01	0.00	−0.03	0.03	0.12	0.20	0.05
0.17	0.02	0.02	0.01	0.31	0.08	0.09	0.27
0.48	0.21	0.41	0.22	0.16	0.05	0.07	0.24
0.14	0.08	0.15	0.02	0.04	0.02	0.07	0.13
0.17	0.04	0.15	0.05	0.03	0.05	0.04	0.10
0.10	−0.01	0.08	0.08	0.08	0.02	0.03	0.09

Kreuzkorrelationsmatrix Y- und Z-Bereich

0.30	0.26	0.27	0.20	0.23	0.18	0.28	0.36
0.11	0.08	0.06	0.03	0.19	0.08	0.09	0.20
0.22	0.15	0.17	0.10	0.18	0.15	0.22	0.18
−0.01	0.04	−0.03	−0.05	0.13	0.13	0.09	0.12
−0.03	−0.09	−0.07	−0.09	0.10	−0.02	−0.06	0.13
−0.08	−0.05	−0.07	−0.03	−0.01	−0.08	−0.10	0.01
−0.14	−0.08	−0.12	−0.08	0.11	0.07	0.03	0.09
−0.06	−0.02	0.01	0.02	−0.04	0.10	0.11	−0.11
0.04	0.00	−0.04	−0.08	0.11	0.09	0.06	0.09

Jahren/1974) unter Berücksichtigung derselben Variablen Z_i (im Alter von 19 Jahren/1971) ergeben, erkunden soll. Diese Konstellation erfordert eine semipartielle kanonische Korrelationsanalyse $\boldsymbol{Z}$ aus $\boldsymbol{X}$ als Auswerteverfahren. Bei den $q = 9$ Variablen Y_j handelt es sich um die Primärskalen des Freiburger Persönlichkeitsinventars FPI, erhoben zum Zeitpunkt 1971. Die $p = r = 8$ Variablen X_i bzw. Z_i erfassen das individuelle Konsumverhalten (u. a. Menge und Frequenz bezüglich Tabak, Schlafmitteln, Alkohol, Opiaten). Die Datenerhebung erfolgte durch Befragung von 841 jungen Männern zu den genannten Zeitpunkten. Für die Datenanalyse selbst wurden die Angaben von $N = 750$ Probanden verwendet. Diese Stichprobe wurde für Kreuzvalidierungen in zwei Teile ($n_1 = 373$, $n_2 = 377$) untergliedert. Es ergeben sich mit $r_1 = 0.234$ und $r_2 = 0.195$ zwei signifikante semipartielle kanonische Korrelationskoeffizienten. Die Muster der Intrabereichsladungen zu diesen beiden Dimensionen finden sich in Tabelle 8.5. Der Interpretationsansatz von SIEBER/BENTLER beschränkt sich auf eine Aufzählung der Markiervariablen, weshalb hier nicht weiter darauf eingegangen wird. Anstatt dessen seien zwei andere Fragen aus dem Umfeld dieser Untersuchung erwähnt.

1. Kanonische Korrelationsanalysen für beide Teilstichproben führen auf die kanonischen Korrelationskoeffizienten von Tabelle 8.6. Unter Beachtung der im vorangehenden Paragraphen bereits verwendeten Tatsache über die Beziehungen der Werte kanonischer Korrelationskoeffizienten und Stichprobengrößen läßt sich sagen, daß die Bereinigung von $\boldsymbol{X}$ durch $\boldsymbol{Z}$ praktisch kaum Einfluß auf die Korrelationsmaße ausübt. Allerdings verändern sich die

Tabelle 8.5: Intrabereichsladungen der ersten beiden semipartiellen kanonischen Dimensionen

U_1	U_2	V_1	V_2
0.45	0.10	0.08	−0.05
0.02	0.20	0.40	0.32
−0.03	−0.30	−0.15	−0.24
−0.13	0.60	0.51	0.14
−0.56	0.12	0.28	0.25
−0.27	−0.24	0.18	0.30
−0.20	−0.36	0.82	−0.41
−0.29	0.05	−0.25	−0.15
		0.27	0.12

Tabelle 8.6: signifikante kanonische Korrelationskoeffizienten, Teilstichproben

i	Stichprobe 1 ($n_1 = 373$)	Stichprobe 2 ($n_2 = 377$)
1	0.451 (s.)	0.462 (s.)
2	0.384 (s.)	0.322 (s.)

Ladungsmuster deutlich. Das verwundert nicht, denn die in den U-Linearkombinationen auftretenden Variablen sind völlig verschiedene (Originalvariablen X_i bzw. Residualvariablen E_i^X).

2. Mit Hilfe von Rotationen versuchten Sieber/Bentler, die Interpretierbarkeit ihrer Lösungen zu verbessern. Es kamen die Ein- und Zwei-Matrix-Varianten der Orthosim-Methode (vgl. Paragraph 4.5) zum Einsatz. Dabei erwiesen sich die rotierten Ladungsmuster den unrotierten als hochgradig ähnlich.

9. Beispiele für die Redundanzanalyse

Die Analyse der Beziehungen zwischen X und Y unterscheidet sich vom Herangehen in Kapitel 7 jetzt dadurch, daß eine (hypothetische oder tatsächliche) Gerichtetheit in den Ansatz eingeht. Gesucht werden Linearkombinationen der Variablen des Bereichs, denen die Rolle von Ursachen, von Größen unabhängigen Charakters zukommt. Diese sollen im anderen Bereich, dessen Variablen als nachgeordnet, als Größen abhängigen Charakters betrachtet werden, (sukzessiv) maximale Varianz erklären. Zu Vergleichszwecken werden den Resultaten der entsprechenden Redundanzanalysen die Ergebnisse kanonischer Korrelationsanalysen gegenübergestellt.

9.1. Persönlichkeitspsychologie

Bei persönlichkeitspsychologischer Forschung ist die Untersuchung psychischer Prozesse des gesellschaftlich tätigen Menschen unter dem Aspekt individueller Besonderheiten der Handlungsregulation in der Ontogenese eine Hauptaufgabe, wobei die Relation von Anforderungsstruktur gesellschaftlicher Tätigkeitsbereiche und individueller Aktivitätsform ein Kernproblem darstellt. Daraus folgt für eine persönlichkeitspsychologische Analyse von Sozialverhalten, anforderungsbezogene psychische Funktionspotenzen in ihrer strukturellen Organisation und Funktion im Prozeß der Handlungsregulation zu erforschen. Im Mittelpunkt des Forschungsbemühens müssen dann psychische Funktionspotenzen des Menschen stehen, die seitens der Persönlichkeit für die Bewältigung definierter interpersoneller Anforderungen eingesetzt werden. In diesem theoretischen Kontext versuchte Schröder [126], Zusammenhänge zwischen Personvariablen und konstruktexternen Erfolgskriterien aufzuklären. Dabei bildet die Bewertung der deskriptiven Variablen an Kriterien des Tätigkeitserfolgs einen Schwerpunkt. In diesen sogenannten Wirkanalysen wurden $p = 4$ Parameter (u. a. Dezentrierung, Kommunikationsbereitschaft) unabhängig von ihrem hypothetischen Stellenwert im Prozeß der Verhaltensregulation als Personvariablen gleichartig behandelt. Bei den konstruktexternen Erfolgskriterien handelt es sich um $q = 3$ Merkmale (u. a. sozialpersonale Identifikationsbereitschaft, Komplexkriterium Tätigkeitserfolg). Die Gerichtetheit in den Beziehungen beider Bereiche ist darin zu sehen, den Personvariablen prädiktiven Charakter zuzumessen und die Erfolgskriterien als davon abhängig zu betrachten. Die Datenanalyse besteht deshalb in einer Redundanzanalyse in $\boldsymbol{Y}$.

Die Daten wurden an einer Stichprobe von $N = 100$ Lehrern erhoben (vgl. Tab. 9.1). In die Stichprobe gelangten nur solche Personen, die hinsichtlich ihres Beschwerdestatus und der Dimension Neurotizismus psychisch gesund waren. Es ergaben sich die Werte der Redundanzkoeffizienten von Tabelle 9.2, die besagen, daß sich insgesamt 20,1% der Varianz von $\boldsymbol{Y}$ durch alle vier Redundanzvariablen U_m erklären lassen. Von diesem Potential sind 95,5% der ersten Redundanzvariablen zuzuordnen, so daß bei der Beschreibung der Beziehung die restlichen drei Redundanzvariablen vernachlässigt werden können. Die Redundanzgewichte und -ladungen von U_1 sind in Tabelle 9.3 enthalten.

Tabelle 9.1: Daten von SCHRÖDER [126]
(Problemparameter: $p = 4$, $q = 3$, $N = 100$)

1.00	−0.03	0.16	0.00	0.24	0.39	0.20
	1.00	−0.24	0.03	0.01	0.16	0.10
		1.00	0.20	0.20	0.29	0.23
			1.00	0.20	0.25	0.34
				1.00	0.74	0.53
					1.00	0.55
						1.00

Tabelle 9.2: Redundanzkoeffizienten in $\boldsymbol{Y}$

m	1	2	3	4	Σ
$g^2_{Y\|U_m}$	0.576	0.021	0.006	0.000	0.603

Tabelle 9.3: Gewichte und Ladungen der ersten Redundanzvariablen U_1 in $\boldsymbol{Y}$ und der ersten kanonischen Variablen U_1 des X-Bereichs

Gewichte $\boldsymbol{w}_1^=$	Redundanz-ladungen	Gewichte $\boldsymbol{a}_1^=$	Intrabereichs-ladungen
0.588	0.648	0.598	0.657
0.336	0.228	0.456	0.341
0.441	0.554	0.454	0.523
0.499	0.597	0.413	0.518

Das gewonnene Ladungsmuster legt eine Interpretation von U_1 als Faktor „*Kommunikationsbeherrschung*" nahe, der Aspekte der Kommunikationsvoraussetzungen, -bereitschaft und -fähigkeiten umfaßt. Diese Deutung steht in Übereinstimmung mit den Resultaten von SCHRÖDER [126], der mit $r_1 = 0.58$ einen signifikanten kanonischen Korrelationskoeffizienten fand. Die kanonischen Gewichte und Intrabereichsladungen von U_1 sind zum Vergleich in Tabelle 9.3, letzte Spalten, zusammengestellt.
Formal bestätigt sich in der nahezu perfekten Entsprechung der Ladungsmuster erneut die Tatsache, daß kanonische Korrelations- und Redundanzanalyse oft zu — für die Interpretation — gleichwertigen Resultaten führen. Das trifft hier mit $g^2_{\mathbf{Y}|U_1} = 0.564$ auch auf das Redundanzmaß der kanonischen Variablen U_1 zu.

9.2. Lerntestforschung

Die folgenden Überlegungen schließen unmittelbar an die Betrachtungen zur Lerntestforschung von Abschnitt 7.2.2 an. Die modifizierte Sichtweise bei der Datenanalyse besteht darin, daß von der sachlogischen Gleichwertigkeit beider Bereiche, die zum Modell der kanonischen Korrelation als Datenanalyse führte, abgegangen wird. Demgegenüber wird unterstellt, daß mit Hilfe der Prätest-Variablen eine Aussage über den Y-Bereich der Posttestleistungen gewünscht wird, so daß eine Redundanzanalyse in $\mathbf{Y}$ angemessen erscheint. Es ergeben sich unter Verwendung der Daten der Validierungsstichprobe die Redundanzkoeffizienten von Tabelle 9.4. Es bestätigt sich der Wert für den Rang der Lösung; die Beziehung zwischen $\mathbf{X}$ und $\mathbf{Y}$ läßt sich mit einer Redundanzvariablen U_1 abbilden. Die Varianzaufklärungsrate aller Redundanzvariablen wird in Vergleich zum vorangehenden Paragraphen mit 11,4% allerdings bedeutend geringer und fällt für U_1 mit der Minimalforderung von Abschnitt 4.4.3 zusammen. Für die Ladungen der Validierungsstichprobe zeigt sich bei

Tabelle 9.4: Redundanzkoeffizienten in $\mathbf{Y}$ und $\mathbf{X}$;
Validierungsstichprobe
(Daten von MÜLLER [98])

m, n	$g^2_{\mathbf{Y}\|U_m}$	$g^2_{\mathbf{X}\|V_n}$
1	0.496	0.645
2	0.045	0.025
3	0.015	0.017
4	0.013	0.009
5	0.000	0.000
Σ	0.569	0.696

Gegenüberstellung von Redundanzladungen aus Tabelle 9.5 und Intrabereichsladungen aus Tabelle 4.6 der bekannte Effekt hoher Übereinstimmung. Als bemerkenswert sollte abschließend die Tatsache Erwähnung finden, daß bei einer Redundanzanalyse in $\boldsymbol{X}$, dargestellt durch die Redundanzkoeffizienten der letzten Spalte von Tabelle 9.4., die Redundanzvariable V_1 des Posttest-Bereichs besser in der Lage ist, Varianz in $\boldsymbol{X}$ aufzuklären, als es U_1 in $\boldsymbol{Y}$ vermag.

Tabelle 9.5: Gewichte und Ladungen der ersten Redundanzvariablen U_1 in $\boldsymbol{Y}$; Validierungsstichprobe
(Daten von MÜLLER [98])

Gewichte $\boldsymbol{w}_1^=$	0.161	0.147	0.545	−0.043	0.423
Redundanzladungen	0.408	0.763	0.917	0.581	0.820

10. Mathematische Begriffe

Für die Herleitungen in Teil 1 „*Theorie der kanonischen Korrelationsanalyse*“, aber auch an einigen Stellen des Teils 2 „*Anwendungsmethodik*“ werden Definitionen, Sätze und Verfahren, vor allem aus der linearen Algebra und der mathematischen Statistik, verwendet, die in diesem Kapitel zusammengefaßt sind. Von besonderer Bedeutung für die Gesamtheit der Orthogonalisierungsverfahren, insbesondere aber für das Modell der kanonischen Korrelation, erweisen sich die Fakten über Eigenwertprobleme symmetrischer Matrizen in Paragraph 10.4.

10.1. Begriffsbildungen und Symbolik zum Matrixkalkül

Unter *Matrix* verstehen wir ein rechteckiges Schema von pr in p Zeilen und r Spalten angeordneten Elementen (hier: Zahlen). Jede Zahl wird durch ein Paar (i, k), $i = 1, \ldots, p$; $k = 1, \ldots, r$, identifiziert. i ist die Nummer der Zeile, k die der Spalte des Schemas, in welcher die Zahl steht. Das Paar (p, r) heißt der *Typ* der Matrix. Wir bezeichnen Matrizen durch große (lateinische oder griechische) Buchstaben und geben im Bedarfsfall den Typ in folgender Weise an: Es sei $\boldsymbol{C}$ eine $p \times r$-Matrix. ${}_m\boldsymbol{C}$ bezeichnet die $p \times m$-Matrix, die die ersten $m < r$ Spalten von $\boldsymbol{C}$ enthält.

Seien c_{ik}, $i = 1, \ldots, p$; $k = 1, \ldots, r$, die Zahlen der $p \times r$-Matrix $\boldsymbol{C}$. $\boldsymbol{C}$ heißt *Quasi-Diagonalmatrix*, wenn alle Zahlen c_{ik} für $i \neq k$ Null sind. $\boldsymbol{C}$ nennt man *Nullmatrix*, wenn sämtliche Zahlen c_{ik} Null sind: $\boldsymbol{C} := \boldsymbol{O}$. Das Symbol „$:=$“ bedeutet „*wird gesetzt zu*“. Haben sämtliche Zahlen c_{ik} den Wert Eins, heißt $\boldsymbol{C}$ *Einsmatrix*. Die $r \times p$-Matrix $\boldsymbol{D}$ mit $d_{ki} = c_{ik}$, $k = 1, \ldots, r$; $i = 1, \ldots, p$, heißt *Transponierte* von $\boldsymbol{C}$: $\boldsymbol{D} := \boldsymbol{C}^{\mathsf{T}}$. Gilt $p = r$, nennt man eine Matrix *quadratisch*. Die Zahl p heißt *Ordnung* der quadratischen Matrix.

Sei $\boldsymbol{B}$ eine quadratische Matrix der Ordnung p mit den Zahlen b_{ik}, $i, k = 1, \ldots, p$.

$\boldsymbol{B}$ nennt man *untere Dreiecksmatrix*, wenn alle Zahlen b_{ik} für $i < k$ Null sind. $\boldsymbol{B}$ heißt *Diagonalmatrix*, wenn alle Zahlen b_{ik} für $i \neq k$ Null sind. Haben sämtliche Zahlen b_{ik} für $i = k$ einer Diagonalmatrix $\boldsymbol{B}$ den Wert Eins, heißt $\boldsymbol{B}$ *Einheitsmatrix*: $\boldsymbol{B} := \boldsymbol{I}_p$. Gilt $\boldsymbol{B} = \boldsymbol{B}^{\mathsf{T}}$, nennt man die Matrix $\boldsymbol{B}$ *symmetrisch*.

Sei $\boldsymbol{A}$ eine symmetrische Matrix der Ordnung p mit den Zahlen a_{ik}, $i, k = 1, \ldots, p$, und $r < p$.
Die $p \times r$-Matrix $\boldsymbol{C}$ heißt *Faktor* von $\boldsymbol{A}$, wenn $\boldsymbol{A} = \boldsymbol{C}\boldsymbol{C}^{\mathsf{T}}$ gilt. Mit $\operatorname{tr}(\boldsymbol{A}) = \sum_{i=1}^{p} a_{ii}$ bezeichnen wir die *Spur*, mit $\det(\boldsymbol{A})$ die *Determinante* und mit $\operatorname{rg}(\boldsymbol{A})$ den *Rang* der Matrix $\boldsymbol{A}$.
Eine $p \times 1$-Matrix nennt man einen *Vektor*[1]. Die Elemente (hier: entweder Zahlen oder Zufallsvariablen) bezeichnen wir als *Komponenten* des Vektors. Die Zahl p der Komponenten heißt die *Dimension* des Vektors. Wir bezeichnen Vektoren, deren Komponenten Zahlen sind, durch kleine (lateinische oder griechische) Buchstaben sowie Vektoren, deren Komponenten Zufallsvariablen sind, durch große lateinische Buchstaben und geben, sofern erforderlich, die Dimension mit an: Es sei $\boldsymbol{d}$ ein p-dimensionaler Vektor. Bezeichnen d_i, $i = 1, \ldots, p$, die Zahlen des Vektors $\boldsymbol{d}$.
$\boldsymbol{d}$ nennt man *Nullvektor*, wenn sämtliche Zahlen d_i Null sind: $\boldsymbol{d} := \boldsymbol{o}_p$.
Das Symbol Dg wird zur Bildung einer Diagonalmatrix $\boldsymbol{B}$ der Ordnung p aus einer (symmetrischen) Matrix $\boldsymbol{A}$ oder aus einer Menge von p Zahlen d_i verwendet. $\boldsymbol{B} = \operatorname{Dg}(\boldsymbol{A})$ meint $b_{ii} = a_{ii}$, $i = 1, \ldots, p$. $\boldsymbol{B} = \operatorname{Dg}(d_i)$ bedeutet $b_{ii} = d_i$, $i = 1, \ldots, p$.
Entsprechend bezeichnet dg die Bildung eines p-dimensionalen Vektors $\boldsymbol{b}$ aus einer (symmetrischen) Matrix $\boldsymbol{A}$: $\boldsymbol{b} = \operatorname{dg}(\boldsymbol{A})$ entsteht gemäß $b_i = a_{ii}$, $i = 1, \ldots, p$.

10.2. Mehrdimensionale Zufallsgrößen

Zufallsgrößen können ihrer Struktur nach ein- oder mehrdimensional sein. Für eindimensionale Zufallsgrößen wird die Bezeichnung *Zufallsvariable* verwendet. Mehrdimensionale Zufallsgrößen nennen wir *Zufallsvektoren*. Die Komponenten eines Zufallsvektors sind Zufallsvariablen.
In der multivariaten statistischen Analyse hat man es mit Zufallsvektoren zu tun, z. B. mit

$$\boldsymbol{X} = (X_1, \ldots, X_i, \ldots, X_p)^{\mathsf{T}}, \qquad \boldsymbol{Y} = (Y_1, \ldots, Y_j, \ldots, Y_q)^{\mathsf{T}}$$

oder

$$\boldsymbol{Z} = (Z_1, \ldots, Z_k, \ldots, Z_r)^{\mathsf{T}}.$$

Unter dem *Mittelwert* (*Erwartungswert*) des Zufallsvektors $\boldsymbol{X}$ versteht man den p-dimensionalen Mittelwertvektor $\boldsymbol{\mu}_X$, definiert durch

$$\boldsymbol{\mu}_X = \mathsf{E}\boldsymbol{X} = (\mu_1, \ldots, \mu_i, \ldots, \mu_p)^{\mathsf{T}} \quad \text{mit} \quad \mu_i = \mathsf{E}X_i.$$

---

[1] Eine $1 \times r$-Matrix heißt *Zeilenvektor*. Im Buch kommen nur Zeilenvektoren vor, deren Komponenten Zahlen sind. Wir bezeichnen sie durch kleine lateinische Buchstaben mit Klammerindizierung (vgl. Paragraph 10.3).

Unter der *Varianz* des Zufallsvektors $\boldsymbol{X}$ versteht man die Varianz-Kovarianz-Matrix $\boldsymbol{\Sigma}_{XX}$ der Ordnung p, definiert durch

$$\boldsymbol{\Sigma}_{XX} = \mathsf{D}^2\boldsymbol{X} = \begin{pmatrix} \sigma^2_{X_1} \ldots & \sigma_{X_1X_i} \ldots & \sigma_{X_1X_p} \\ \ddots & \vdots & \vdots \\ & \sigma^2_{X_i} & \ldots \sigma_{X_iX_p} \\ & \ddots & \vdots \\ & & \sigma^2_{X_p} \end{pmatrix}$$

mit

$$\sigma_{X_iX_j} = \mathsf{E}\{(X_i - \mathsf{E}X_i)\,(X_j - \mathsf{E}X_j)\} \quad \text{für} \quad i \neq j$$

und

$$\sigma_{X_iX_i} := \sigma^2_{X_i} = \mathsf{E}\{(X_i - \mathsf{E}X_i)^2\}$$

$\boldsymbol{\Sigma}_{XX}$ ist symmetrisch.
Sei $\boldsymbol{a}$ ein p-dimensionaler Vektor von Konstanten und $U = \boldsymbol{a}^\top\boldsymbol{X}$, dann gilt

$$\mu_U = \mathsf{E}\boldsymbol{a}^\top\boldsymbol{X} = \boldsymbol{a}^\top\boldsymbol{\mu}_X, \tag{10.1}$$

$$\sigma^2_U = \mathsf{D}^2\boldsymbol{a}^\top\boldsymbol{X} = \boldsymbol{a}^\top\boldsymbol{\Sigma}_{XX}\boldsymbol{a}. \tag{10.2}$$

U heißt *Linearkombination* (der Komponenten) *von* $\boldsymbol{X}$, $\boldsymbol{a}$ heißt *Gewichtsvektor* der Linearkombination U.
Unter der *Korrelation* (der Komponenten) des Zufallsvektors $\boldsymbol{X}$ versteht man die Korrelationsmatrix $\mathbf{P}_{XX}$ der Ordnung p, definiert durch

$$\mathbf{P}_{XX} = \mathsf{corr}\,(\boldsymbol{X}, \boldsymbol{X}) = \begin{pmatrix} 1 \ldots & \varrho_{X_1X_i} \ldots & \varrho_{X_1X_p} \\ \ddots & \vdots & \vdots \\ & 1 & \ldots \varrho_{X_iX_p} \\ & \ddots & \vdots \\ & & 1 \end{pmatrix}$$

mit $\varrho_{X_iX_j} = \dfrac{\sigma_{X_iX_j}}{\varrho_{X_i}\sigma_{X_j}}$.
$\mathbf{P}_{XX}$ ist symmetrisch.
Unter der *Kovarianz* der Zufallsvektoren $\boldsymbol{X}$ und $\boldsymbol{Y}$ versteht man die Kovarianzmatrix $\boldsymbol{\Sigma}_{XY}$ des Typs $p \times q$, definiert durch

$$\boldsymbol{\Sigma}_{XY} = \mathsf{cov}\,(\boldsymbol{X}, \boldsymbol{Y}) = \begin{pmatrix} \sigma_{X_1Y_1} & \ldots & \sigma_{X_1Y_j} & \ldots & \sigma_{X_1Y_q} \\ \vdots & & \vdots & & \vdots \\ \sigma_{X_iY_1} & \ldots & \sigma_{X_iY_j} & \ldots & \sigma_{X_iY_q} \\ \vdots & & \vdots & & \vdots \\ \sigma_{X_pY_1} & \ldots & \sigma_{X_pY_j} & \ldots & \sigma_{X_pY_q} \end{pmatrix}$$

mit $\sigma_{X_iY_j} = \mathsf{E}\{(X_i - \mathsf{E}X_i)\,(Y_j - \mathsf{E}Y_j)\}$.

Sei $\boldsymbol{b}$ ein q-dimensionaler Vektor von Konstanten und $V = \boldsymbol{b}^{\mathsf{T}}\boldsymbol{Y}$ eine Linearkombination von $\boldsymbol{Y}$, dann gelten die Beziehungen

$$\operatorname{cov}(\boldsymbol{X}, \boldsymbol{X}) = \mathsf{D}^2\boldsymbol{X} = \boldsymbol{\Sigma}_{XX},$$

$$\operatorname{cov}(\boldsymbol{X}, \boldsymbol{Y}) = \boldsymbol{\Sigma}_{XY} = \boldsymbol{\Sigma}_{YX}^{\mathsf{T}}$$

und

$$\operatorname{cov}(U, V) = \operatorname{cov}(\boldsymbol{a}^{\mathsf{T}}\boldsymbol{X}, \boldsymbol{b}^{\mathsf{T}}\boldsymbol{Y}) = \boldsymbol{a}^{\mathsf{T}}\boldsymbol{\Sigma}_{XY}\boldsymbol{b}. \tag{10.3}$$

Für s- bzw. t-dimensionale Vektoren $\boldsymbol{U} = \boldsymbol{A}^{\mathsf{T}}\boldsymbol{X}$ und $\boldsymbol{V} = \boldsymbol{B}^{\mathsf{T}}\boldsymbol{Y}$ von Linearkombinationen ergibt sich die $s \times t$-Matrix

$$\operatorname{cov}(\boldsymbol{U}, \boldsymbol{V}) = \boldsymbol{A}^{\mathsf{T}}\boldsymbol{\Sigma}_{XY}\boldsymbol{B}. \tag{10.4}$$

Der $(p+q)$-dimensionale partitionierte Zufallsvektor $\begin{pmatrix}\boldsymbol{X}\\ \boldsymbol{Y}\end{pmatrix}$ hat den Mittelwert $\boldsymbol{\mu} = \begin{pmatrix}\boldsymbol{\mu}_X\\ \boldsymbol{\mu}_Y\end{pmatrix}$, die Varianz

$$\boldsymbol{\Sigma} = \begin{pmatrix}\boldsymbol{\Sigma}_{XX} & \boldsymbol{\Sigma}_{XY}\\ \boldsymbol{\Sigma}_{YX} & \boldsymbol{\Sigma}_{YY}\end{pmatrix} \tag{10.5}$$

und die Korrelation

$$\mathbf{P} = \begin{pmatrix}\mathbf{P}_{XX} & \mathbf{P}_{XY}\\ \mathbf{P}_{XY}^{\mathsf{T}} & \mathbf{P}_{YY}\end{pmatrix}. \tag{10.6}$$

Zwischen den Elementen von $\boldsymbol{\Sigma}$ und $\mathbf{P}$ bestehen bei Berücksichtigung von $\boldsymbol{\Sigma}_X = \operatorname{Dg}(\boldsymbol{\Sigma}_{XX})$ und $\boldsymbol{\Sigma}_Y = \operatorname{Dg}(\boldsymbol{\Sigma}_{YY})$ die Beziehungen

$$\boldsymbol{\Sigma}_{XX} = \boldsymbol{\Sigma}_X^{1/2}\mathbf{P}_{XX}\boldsymbol{\Sigma}_X^{1/2} \quad \text{bzw.} \quad \boldsymbol{\Sigma}_{YY} = \boldsymbol{\Sigma}_Y^{1/2}\mathbf{P}_{YY}\boldsymbol{\Sigma}_Y^{1/2} \tag{10.7}$$

sowie

$$\boldsymbol{\Sigma}_{XY} = \boldsymbol{\Sigma}_X^{1/2}\mathbf{P}_{XY}\boldsymbol{\Sigma}_Y^{1/2}. \tag{10.8}$$

$\boldsymbol{\Sigma}_X^{1/2}$ ist dabei die Diagonalmatrix der Quadratwurzeln σ_{X_i} der Varianzen $\sigma_{X_i}^2$, $i = 1, \ldots, p$; entsprechend $\boldsymbol{\Sigma}_Y^{1/2}$.

10.3. Datenmodelle

Eine Zufallsvariable X besitze die Parameter $\mu_X = \mathsf{E}X := \mu$ (i. allg. $\neq 0$) und $\sigma_X^2 = \mathsf{D}^2X := \sigma^2$ (i. allg. $\neq 1$).
Die Transformationen $X^\circ = X - \mu$ bzw. $X^= = \dfrac{X-\mu}{\sigma}$ überführen X in andere, spezielle Zufallsvariablen. X° heißt *zentriert*; $X^=$ nennen wir *standardisierte* Zufallsvariable. Die Parameter von X° bzw. $X^=$ sind $\mathsf{E}X^\circ = \mathsf{E}X^= = 0$ sowie $\mathsf{D}^2X^\circ = \mathsf{D}^2X$ und $\mathsf{D}^2X^= = 1$. Ausgangspunkt der Datenanalyse sind die Ergebnisse der Ermittlung von X in N unabhängigen Messungen. Als (konkrete) *Stichprobe* vom Umfang N bezeichnen wir den N-dimensionalen Daten-

vektor

$$\boldsymbol{x}_{(\,)} = (x_1, \ldots, x_l, \ldots, x_N).$$

Seien $\bar{x} = \frac{1}{N} \sum_{l=1}^{N} x_l$ der empirische Mittelwert und $s_X^2 = \frac{1}{N-1} \sum_{l=1}^{N} (x_l - \bar{x})^2$ die empirische Varianz.

Dann verstehen wir unter der (konkreten) Stichprobe vom Umfang N beim *Datenmodell Abweichungsvariablen* den N-dimensionalen Vektor $\boldsymbol{x}^\circ_{(\,)} = (x^\circ_1, \ldots, x^\circ_l, \ldots, x^\circ_N)$ mit $x^\circ_l = x_l - \bar{x}$, $l = 1, \ldots, N$, und unter der (konkreten) Stichprobe vom Umfang N beim *Datenmodell Standardvariablen* den Vektor $\boldsymbol{x}^=_{(\,)} = (x^=_1, \ldots, x^=_l, \ldots, x^=_N)$ mit $x^=_l = \frac{x^\circ_l}{\sqrt{s_X^2}}$, $l = 1, \ldots, N$.

Zur Vereinfachung der Redeweise werden für $\boldsymbol{x}^\circ_{(\,)}$ und $\boldsymbol{x}^=_{(\,)}$ auch die Bezeichnungen *Abweichungsvektor* und *Standardvektor* verwendet.

Zwischen den Daten-, Abweichungs- und Standardvektoren bestehen folgende Beziehungen:

$$\boldsymbol{x}^\circ_{(\,)} = \boldsymbol{x}_{(\,)} - \bar{x}\boldsymbol{d}_{(\,)} \quad \text{und} \quad \boldsymbol{x}^=_{(\,)} = (s_X^2)^{-1/2}\, \boldsymbol{x}^\circ_{(\,)} \tag{10.9}$$

$\boldsymbol{d}_{(\,)}$ ist darin ein N-dimensionaler Zeilenvektor, dessen Komponenten sämtlich Eins sind.

Der p-dimensionale Zufallsvektor $\boldsymbol{X}$ habe die Parameter $\boldsymbol{\mu}_X = \mathsf{E}\boldsymbol{X}$(i. allg. $\neq \boldsymbol{o}_p$) und $\boldsymbol{\Sigma}_{XX} = \mathsf{D}^2\boldsymbol{X}$ (i. allg. $\neq \boldsymbol{I}_p$).

Durch die Transformationen $X^\circ_i = X_i - \mu_i$, $i = 1, \ldots, p$, bzw. $X^=_i = \frac{X_i - \mu_i}{\sigma_{X_i}}$, $i = 1, \ldots, p$, wird $\boldsymbol{X}$ in einen zentrierten ($\boldsymbol{X}^\circ$) bzw. standardisierten ($\boldsymbol{X}^=$) Zufallsvektor überführt. Die Parameter der Zufallsvektoren $\boldsymbol{X}^\circ$ und $\boldsymbol{X}^=$ sind $\mathsf{E}\boldsymbol{X}^\circ = \mathsf{E}\boldsymbol{X}^= = \boldsymbol{o}_p$ sowie

$$\mathsf{D}^2\boldsymbol{X}^\circ = \mathsf{D}^2\boldsymbol{X} \quad \text{und} \quad \mathsf{D}^2\boldsymbol{X}^= = \mathbf{P}_{XX}. \tag{10.10}$$

Unter einer (konkreten) Stichprobe vom Umfang N verstehen wir nun die $p \times N$-Datenmatrix[1])

$$\boldsymbol{X} = \begin{pmatrix} x_{11} & \ldots & x_{1l} & \ldots & x_{1N} \\ \vdots & & \vdots & & \vdots \\ x_{i1} & \ldots & x_{il} & \ldots & x_{iN} \\ \vdots & & \vdots & & \vdots \\ x_{p1} & \ldots & \underbrace{x_{pl}}_{\substack{l\text{-te Spalte} \\ := \boldsymbol{x}_l}} & \ldots & x_{pN} \end{pmatrix} \Big\} \, i\text{-te Zeile} := \boldsymbol{x}_{(i)}$$

1 Im mehrdimensionalen Fall werden durch das Symbol $\boldsymbol{X}$ zwei unterschiedliche Sachverhalte (Zufallsvektor bzw. Datenmatrix) bezeichnet. Im Zweifelsfall geht aus dem Text hervor, was gemeint sein soll.

Seien Dg $(\bar{x}_i)$ die Diagonalmatrix der empirischen Mittelwerte $\bar{x}_i = \frac{1}{N} \sum_{l=1}^{N} x_{il}$, $i = 1, \ldots, p$, und $\boldsymbol{S_X}$ die Diagonalmatrix der empirischen Varianzen $s_{X_i}^2 = \frac{1}{N-1} \sum_{l=1}^{N} (x_{il} - \bar{x}_i)^2$, $i = 1, \ldots, p$. Dann bezeichnen wir als (konkrete) Stichprobe vom Umfang N unter dem *Datenmodell Abweichungsvariablen* die $p \times N$-Matrix $\boldsymbol{X}^\circ$ mit $x_{il}^\circ = x_{il} - \bar{x}_i$, $i = 1, \ldots, p$, $l = 1, \ldots, N$.

Die $p \times N$-Matrix $\boldsymbol{X}^=$ mit $x_{il}^= = \frac{x_{il}}{\sqrt{s_{X_i}^2}}$, $i = 1, \ldots, p$, $l = 1, \ldots, N$, ist die (konkrete) Stichprobe vom Umfang N unter dem *Datenmodell Standardvariablen.*

Zur Abkürzung führen wir für $\boldsymbol{X}^\circ$ und $\boldsymbol{X}^=$ die Bezeichnungen *Abweichungsmatrix* und *Standardmatrix* ein.

Die (10.9) entsprechenden Beziehungen zwischen Daten-, Abweichungs- und Standardmatrix lauten

$$\boldsymbol{X}^\circ - \boldsymbol{X} - \mathrm{Dg}\,(\bar{x}_i)\,\boldsymbol{D} \quad \text{und} \quad \boldsymbol{X}^= = \boldsymbol{S}_{\boldsymbol{X}}^{-1/2}\boldsymbol{X}^\circ. \tag{10.11}$$

$\boldsymbol{D}$ ist darin eine $p \times N$-Einsmatrix.

10.4. Dekompositionstheoreme

10.4.1. Einfaches Eigenwertproblem

Sei $\boldsymbol{A}$ eine reelle symmetrische Matrix der Ordnung n. Dann gibt es eine orthogonale Matrix $\boldsymbol{P}$, so daß gilt

$$\boldsymbol{P}^\mathsf{T}\boldsymbol{A}\boldsymbol{P} = \boldsymbol{\Lambda} = \mathrm{Dg}\,(\lambda_i) \quad \text{und} \quad \boldsymbol{P}^\mathsf{T}\boldsymbol{P} = \boldsymbol{I}_n \tag{10.12}$$

mit $\lambda_1 \geqq \cdots \geqq \lambda_i \geqq \cdots \geqq \lambda_n > 0$. Die Vektoren $\boldsymbol{p}_i$, $i = 1, \ldots, n$, aus $\boldsymbol{P}$ erfüllen die Bedingung

$$(\boldsymbol{A} - \lambda \boldsymbol{I}_n)\,\boldsymbol{p} = \boldsymbol{o}_n. \tag{10.13}$$

Dies ist ein homogenes lineares Gleichungssystem für die n Komponenten von $\boldsymbol{p}$, das genau dann eine (nichttriviale) Lösung besitzt, wenn gilt

$$\det\,(\boldsymbol{A} - \lambda \boldsymbol{I}_n) = 0. \tag{10.14}$$

Dabei handelt es sich um eine Gleichung n-ten Grades in λ, die *charakteristische Gleichung von* $\boldsymbol{A}$ heißt. Ihre Lösungen sind die Zahlen λ_i, $i = 1, \ldots, n$; sie werden die *Eigenwerte von* $\boldsymbol{A}$ genannt. Die Vektoren $\boldsymbol{p}_i$ bezeichnet man als *Eigenvektoren von* $\boldsymbol{A}$. (10.13) heißt *einfaches Eigenwertproblem.* Die Eigenvektoren $\boldsymbol{p}$ eines einfachen Eigenwertproblems sind nur bis auf einen konstanten Faktor bestimmt.

Seien $\boldsymbol{N}$ eine positiv definite und $\boldsymbol{X}$ eine beliebige Matrix. Die Menge der von Null verschiedenen Eigenwerte der Eigenwertprobleme

$$(\boldsymbol{X}^{\mathrm{T}}\boldsymbol{N}\boldsymbol{X} - \lambda \boldsymbol{I}_q)\, \boldsymbol{t} = \boldsymbol{o}_q \tag{10.15}$$

und

$$(\boldsymbol{N}^{1/2}\boldsymbol{X}\boldsymbol{X}^{\mathrm{T}}\boldsymbol{N}^{1/2} - \lambda \boldsymbol{I}_q)\, \boldsymbol{p} = \boldsymbol{o}_q$$

stimmt überein (vgl. AHRENS/LÄUTER [1]).
Sei $\boldsymbol{K}$ eine $n \times r$-Matrix mit $n \leqq r$ und $\operatorname{rg}(\boldsymbol{K}) = n$. Für die Eigenwerte c_i bzw. d_i und die Eigenvektoren $\boldsymbol{a}_i$ bzw. $\boldsymbol{b}_i$ der einfachen Eigenwertprobleme $(\boldsymbol{K}\boldsymbol{K}^{\mathrm{T}} - c\boldsymbol{I}_n)\, \boldsymbol{a} = \boldsymbol{o}_n$ bzw. $(\boldsymbol{K}^{\mathrm{T}}\boldsymbol{K} - d\boldsymbol{I}_r)\, \boldsymbol{b} = \boldsymbol{o}_r$ der Gramschen Matrizen gelten

$$\operatorname{Dg}(d_i) = \begin{pmatrix} \boldsymbol{C} & \boldsymbol{O} \\ \boldsymbol{O} & \boldsymbol{O} \end{pmatrix} \tag{10.16}$$

mit $\boldsymbol{C} = \operatorname{Dg}(c_i)$ und

$$_n\boldsymbol{B} = \boldsymbol{K}^{\mathrm{T}}\boldsymbol{A}\boldsymbol{C}^{-1/2}. \tag{10.17}$$

$\operatorname{Dg}(d_i)$ bzw. $\boldsymbol{C}$ haben die Ordnungen r bzw. n.

10.4.2. Verallgemeinertes Eigenwertproblem

Seien $\boldsymbol{A}$ und $\boldsymbol{B}$ reelle symmetrische Matrizen der Ordnung n und $\boldsymbol{B}$ positiv definit.
Dann gibt es eine reguläre Matrix $\boldsymbol{Q}$, so daß gilt:

$$\boldsymbol{Q}^{\mathrm{T}}\boldsymbol{A}\boldsymbol{Q} = \boldsymbol{\Lambda} = \operatorname{Dg}(\lambda_i) \quad \text{und} \quad \boldsymbol{Q}^{\mathrm{T}}\boldsymbol{B}\boldsymbol{Q} = \boldsymbol{I}_n \tag{10.18}$$

mit $\lambda_1 \geqq \cdots \geqq \lambda_i \geqq \cdots \geqq \lambda_n > 0$. Die Vektoren $\boldsymbol{q}_i$, $i = 1, \ldots, n$, aus $\boldsymbol{Q}$ erfüllen die Bedingung

$$(\boldsymbol{A} - \lambda \boldsymbol{B})\, \boldsymbol{q} = \boldsymbol{o}_n. \tag{10.19}$$

Dies ist ein homogenes lineares Gleichungssystem für die n Komponenten von $\boldsymbol{q}$, das genau dann eine (nichttriviale) Lösung besitzt, wenn gilt

$$\det(\boldsymbol{A} - \lambda \boldsymbol{B}) = 0. \tag{10.20}$$

Hierbei handelt es sich um eine Gleichung n-ten Grades in λ, die *charakteristische Gleichung von* $\boldsymbol{A}$ *(in der Metrik* $\boldsymbol{B}$*)*. Die Lösungen der charakteristischen Gleichung sind die Zahlen λ_i, $i = 1, \ldots, n$; sie werden die *Eigenwerte von* $\boldsymbol{A}$ (in der Metrik $\boldsymbol{B}$) genannt. Die Vektoren $\boldsymbol{q}_i$ bezeichnet man als *Eigenvektoren von* $\boldsymbol{A}$ (in der Metrik $\boldsymbol{B}$). (10.19) heißt *verallgemeinertes Eigenwertproblem.* Die Eigenvektoren $\boldsymbol{q}$ sind nur bis auf einen konstanten Faktor eindeutig bestimmt.

Haben die Eigenwertprobleme $(\boldsymbol{A} - \lambda\boldsymbol{B})\,\boldsymbol{q} = \boldsymbol{o}_p$ bzw. $\big(\boldsymbol{A} - \theta(\boldsymbol{A} + \boldsymbol{B})\big)\,\boldsymbol{p} = \boldsymbol{o}_p$ die Eigenwerte λ_n bzw. θ_n, $n = 1, \ldots, p$, dann gilt die Eigenwertbeziehung

$$\theta_n = \frac{\lambda_n}{1 + \lambda_n} \quad \text{bzw.} \quad \lambda_n = \frac{\theta_n}{1 - \theta_n}. \tag{10.21}$$

10.4.3. Transformation verallgemeinerter Eigenwertprobleme

Einfache symmetrische Eigenwertprobleme werden mit Hilfe solcher Algorithmen wie Jacobi-Verfahren oder Methode von GIVENS/HOUSEHOLDER gelöst. Verallgemeinerte symmetrische Eigenwertprobleme führt man mittels Faktorisierung von $\boldsymbol{B}$ auf einfache zurück und löst diese unter Benutzung der obigen Verfahren.

Gesucht sei also die Lösung des verallgemeinerten Eigenwertproblems (10.19). Die Faktorisierung von $\boldsymbol{B}$ hat die Gestalt $\boldsymbol{B} = \boldsymbol{F}\boldsymbol{F}^{\mathrm{T}}$. Zur Ermittlung des Faktors $\boldsymbol{F}$ kann man unterschiedliche Ansätze verwenden. Es wird sich dabei die Invarianz der Eigenwerte λ_i von (10.19) zeigen.

Cholesky-Methode

Das Verfahren von CHOLESKY besteht in einer Zerlegung von $\boldsymbol{B}$ der Art $\boldsymbol{B} = \boldsymbol{L}\boldsymbol{L}^{\mathrm{T}}$ mit einer eindeutig bestimmten unteren Dreiecksmatrix $\boldsymbol{L}$ der Ordnung n. Man wählt $\boldsymbol{F} = \boldsymbol{L}$.

Transformation des Eigenwertproblems:

$$\begin{aligned} (\boldsymbol{A} - \lambda\boldsymbol{L}\boldsymbol{L}^{\mathrm{T}})\,\boldsymbol{q} &= \boldsymbol{o}_n, \\ (\boldsymbol{L}^{-1}\boldsymbol{A} - \lambda\boldsymbol{L}^{\mathrm{T}})\,(\boldsymbol{L}^{\mathrm{T}})^{-1}\,\boldsymbol{L}^{\mathrm{T}}\boldsymbol{q} &= \boldsymbol{o}_n, \\ \big(\boldsymbol{L}^{-1}\boldsymbol{A}(\boldsymbol{L}^{-1})^{\mathrm{T}} - \lambda\boldsymbol{I}_n\big)\,\tilde{\boldsymbol{q}} &= \boldsymbol{o}_n. \end{aligned} \tag{10.22}$$

Rücktransformation der Eigenvektoren: Aus

$$\tilde{\boldsymbol{q}} = \boldsymbol{L}^{\mathrm{T}}\boldsymbol{q} \quad \text{folgt} \quad \boldsymbol{q} = (\boldsymbol{L}^{-1})^{\mathrm{T}}\,\tilde{\boldsymbol{q}}. \tag{10.23}$$

Quadratwurzel-Methode

Nach AHRENS/LÄUTER [1] existieren zu jeder symmetrischen positiv definiten Matrix $\boldsymbol{B}$ symmetrische Matrizen $\boldsymbol{B}^{1/2}$ und $\boldsymbol{B}^{-1/2}$ mit $\boldsymbol{B}^{1/2}\boldsymbol{B}^{1/2} = \boldsymbol{B}$ und $\boldsymbol{B}^{1/2}\boldsymbol{B}^{-1/2} = \boldsymbol{I}_n$. Man wählt $\boldsymbol{F} = \boldsymbol{B}^{1/2}$. Infolge der Symmetrie von $\boldsymbol{B}^{1/2}$ liegt eine Faktorisierung vor.

Transformation des Eigenwertproblems:

$$\begin{aligned} (\boldsymbol{A} - \lambda\boldsymbol{B}^{1/2}\boldsymbol{B}^{1/2})\,\boldsymbol{q} &= \boldsymbol{o}_n, \\ (\boldsymbol{B}^{-1/2}\boldsymbol{A} - \lambda\boldsymbol{B}^{1/2})\,\boldsymbol{B}^{-1/2}\boldsymbol{B}^{1/2}\boldsymbol{q} &= \boldsymbol{o}_n, \\ (\boldsymbol{B}^{-1/2}\boldsymbol{A}\boldsymbol{B}^{-1/2} - \lambda\boldsymbol{I}_n)\,\boldsymbol{q}^* &= \boldsymbol{o}_n. \end{aligned} \tag{10.24}$$

Rücktransformation der Eigenvektoren: Aus

$$\boldsymbol{q}^* = \boldsymbol{B}^{1/2}\boldsymbol{q} \quad \text{folgt} \quad \boldsymbol{q} = \boldsymbol{B}^{-1/2}\boldsymbol{q}^*. \tag{10.25}$$

Dekompositionsmethode

Aus (10.12) folgt $\boldsymbol{B} = \boldsymbol{P\Delta P}^\mathsf{T}$. $\boldsymbol{\Delta}$ ist die Diagonalmatrix der Eigenwerte δ_i von $\boldsymbol{B}$. Man wählt $\boldsymbol{F} = \boldsymbol{P\Delta}^{1/2}$.
Transformation des Eigenwertproblems:

$$\begin{aligned}
&(\boldsymbol{A} - \lambda\boldsymbol{P\Delta P}^\mathsf{T})\,\boldsymbol{q} = \boldsymbol{o}_n,\\
&(\boldsymbol{P}^\mathsf{T}\boldsymbol{A} - \lambda\boldsymbol{\Delta P}^\mathsf{T})\,\boldsymbol{P}\boldsymbol{P}^\mathsf{T}\boldsymbol{q} = \boldsymbol{o}_n,\\
&(\boldsymbol{P}^\mathsf{T}\boldsymbol{AP} - \lambda\boldsymbol{\Delta}^{1/2}\boldsymbol{\Delta}^{1/2})\,\boldsymbol{P}^\mathsf{T}\boldsymbol{q} = \boldsymbol{o}_n,\\
&(\boldsymbol{\Delta}^{-1/2}\boldsymbol{P}^\mathsf{T}\boldsymbol{AP\Delta}^{-1/2} - \lambda\boldsymbol{I}_n)\,\boldsymbol{q}^\circ = \boldsymbol{o}_n.
\end{aligned} \tag{10.26}$$

Rücktransformation der Eigenvektoren: Aus

$$\boldsymbol{q}^\circ = \boldsymbol{\Delta}^{1/2}\boldsymbol{P}^\mathsf{T}\boldsymbol{q} \quad \text{folgt} \quad \boldsymbol{q} = \boldsymbol{P\Delta}^{-1/2}\boldsymbol{q}^\circ. \tag{10.27}$$

Der Dekompositionsmethode kommt deshalb besondere Bedeutung zu, weil sie die Faktorisierung von $\boldsymbol{B}$ auch im Fall rg $(\boldsymbol{B}) = m < n$ erlaubt. Es gilt dann

$$\boldsymbol{F} = \boldsymbol{P\Delta}^{1/2}. \tag{10.28}$$

10.5. Ableitungen nach einem Vektor

Sei $\boldsymbol{x}$ ein Vektor, der n Veränderliche $x_1, \ldots, x_i, \ldots, x_n$ enthält, und $y = f(\boldsymbol{x})$. Unter der Ableitung der Funktion f nach dem Vektor $\boldsymbol{x}$ versteht man den n-dimensionalen Vektor

$$\frac{\partial y}{\partial \boldsymbol{x}} = \left(\frac{\partial f}{\partial x_1}, \ldots, \frac{\partial f}{\partial x_i}, \ldots, \frac{\partial f}{\partial x_n}\right)^\mathsf{T}$$

der partiellen Ableitungen $\frac{\partial f}{\partial x_i}$, $i = 1, \ldots, n$. $\frac{\partial y}{\partial \boldsymbol{x}}$ heißt der *Gradient* der Funktion f bezüglich $\boldsymbol{x}$.
Seien $\boldsymbol{A}$ eine symmetrische Matrix der Ordnung n, $\boldsymbol{a}$ ein n-dimensionaler Vektor, der n Konstante enthält, und c eine Zahl. Dann gelten folgende Regeln:

$$\begin{aligned}
y = f(\boldsymbol{x}) &= c &&\Rightarrow \frac{\partial y}{\partial \boldsymbol{x}} = \boldsymbol{o}_n,\\
y = f(\boldsymbol{x}) &= \boldsymbol{a}^\mathsf{T}\boldsymbol{x} &&\Rightarrow \frac{\partial y}{\partial \boldsymbol{x}} = \boldsymbol{a},\\
y = f(\boldsymbol{x}) &= \boldsymbol{x}^\mathsf{T}\boldsymbol{Ax} &&\Rightarrow \frac{\partial y}{\partial \boldsymbol{x}} = 2\boldsymbol{Ax}.
\end{aligned} \tag{10.29}$$

11. Statistische Tabellen

Diese Tabellenauszüge enthalten kritische Werte der χ^2-Verteilung und zum Kriterium des größten Eigenwerts von ROY. In den χ^2-Werten von Tafel 1 wurde nur der Teil für den Freiheitsgrad ν gewählt, dessen Werte nicht allgemein zugänglich sind: $100 < \nu \leqq 200$. Reicht diese Tafel für größere Werte von p und q nicht aus, müssen die umfangreicheren Tabellen von PEARSON/HARTLEY [105] verwendet werden. Zum anderen besteht die Möglichkeit, nach VAN DER WAERDEN [149] die χ^2-Werte für $\nu > 100$ unter Verwendung der Normalfraktile zu berechnen.
Enthält Tafel 2 der θ_α-Werte nicht die benötigte Parameterkonstellation (s, m, n), sind die Nomogramme von HECK (vgl. KRES [77], AHRENS/LÄUTER [1]) zur Entscheidungsfindung heranzuziehen.

Tafel 1: Kritische Werte $\chi^2_{\alpha;\nu}$ der χ^2-Verteilung, $\nu = 101-200$

ν	0.10	0.05	0.01	ν	0.10	0.05	0.01
101	119.589	125.458	136.971	116	135.898	142.138	154.344
102	120.679	126.574	138.134	117	136.982	143.246	155.496
103	121.769	127.689	139.297	118	138.066	144.354	156.648
104	122.858	128.804	140.459	119	139.149	145.461	157.799
105	123.947	129.918	141.620	120	140.233	146.567	158.950
106	125.035	131.031	142.780	121	141.315	147.673	160.100
107	126.123	132.144	143.940	122	142.398	148.779	161.249
108	127.211	133.257	145.099	123	143.480	149.885	162.398
109	128.298	134.369	146.257	124	144.562	150.989	163.546
110	129.385	135.480	147.414	125	145.643	152.094	164.694
111	130.472	136.591	148.571	126	146.724	153.198	165.841
112	131.558	137.701	149.727	127	147.805	154.301	166.987
113	132.643	138.811	150.882	128	148.885	155.405	168.133
114	133.729	139.921	152.036	129	149.965	156.507	169.278
115	134.813	141.030	153.190	130	151.045	157.610	170.423

Tafel 1: Fortsetzung

ν	0.10	0.05	0.01	ν	0.10	0.05	0.01
131	152.125	158.712	171.567	166	189.737	197.064	211.304
132	153.204	159.814	172.711	167	190.808	198.154	212.431
133	154.283	160.915	173.854	168	191.878	199.244	213.558
134	155.361	162.016	174.996	169	192.948	200.334	214.685
135	156.440	163.116	176.138	170	194.017	201.423	215.812
136	157.518	164.216	177.280	171	195.087	202.513	216.938
137	158.595	165.316	178.420	172	196.156	203.601	218.063
138	159.673	166.415	179.561	173	197.225	204.690	219.189
139	160.750	167.514	180.701	174	198.294	205.779	220.314
140	161.827	168.613	181.840	175	199.363	206.867	221.438
141	162.904	169.711	182.979	176	200.432	207.955	222.562
142	163.980	170.809	184.117	177	201.500	209.042	223.686
143	165.056	171.907	185.255	178	202.568	210.130	224.810
144	166.132	173.004	186.393	179	203.636	211.217	225.933
145	167.207	174.101	187.530	180	204.704	212.304	227.056
146	168.283	175.198	188.666	181	205.771	213.391	228.178
147	169.358	176.294	189.802	182	206.839	214.477	229.301
148	170.432	177.390	190.938	183	207.906	215.563	230.423
149	171.507	178.485	192.073	184	208.973	216.649	231.544
150	172.581	179.581	193.207	185	210.040	217.735	232.665
151	173.655	180.676	194.342	186	211.106	218.820	233.786
152	174.729	181.770	195.475	187	212.173	219.906	234.907
153	175.803	182.865	196.609	188	213.239	220.991	236.027
154	176.876	183.959	197.742	189	214.305	222.076	237.147
155	177.949	185.052	198.874	190	215.371	223.160	238.266
156	179.022	186.146	200.006	191	116.437	224.245	239.385
157	180.094	187.239	201.138	192	217.502	225.329	240.504
158	181.167	188.332	202.269	193	218.568	226.413	241.623
159	182.239	189.424	203.400	194	219.633	227.496	242.741
160	183.311	190.516	204.530	195	220.698	228.580	243.859
161	184.382	191.608	205.660	196	221.763	229.663	244.977
162	185.454	192.700	206.789	197	222.828	230.746	246.095
163	186.525	193.791	207.919	198	223.892	231.829	247.212
164	187.596	194.883	209.047	199	224.957	232.912	248.328
165	188.667	195.973	210.176	200	226.021	233.994	249.445

Tafel 2: Kritische Werte $\theta_\alpha(s, m, n)$ des Kriteriums von Roy, $\alpha = 0.05$

$s = 2$ — m

n	0	1	2	3	4	5	7	10
5	0.565	0.651	0.706	0.746	0.776	0.799	0.834	0.868
10	0.374	0.455	0.514	0.561	0.598	0.629	0.679	0.732
15	0.278	0.348	0.402	0.445	0.483	0.515	0.567	0.627
20	0.222	0.281	0.329	0.369	0.403	0.434	0.486	0.546
25	0.183	0.236	0.278	0.314	0.346	0.375	0.424	0.483
30	0.157	0.203	0.241	0.274	0.303	0.330	0.376	0.433
40	0.121	0.158	0.190	0.218	0.243	0.265	0.306	0.358
60	0.084	0.110	0.133	0.154	0.173	0.191	0.223	0.266
80	0.064	0.085	0.103	0.119	0.134	0.149	0.176	0.211
100	0.052	0.069	0.084	0.097	0.110	0.122	0.143	0.175
130	0.040	0.054	0.065	0.076	0.086	0.096	0.114	0.140
160	0.033	0.047	0.054	0.063	0.071	0.079	0.095	0.116
200	0.026	0.035	0.043	0.051	0.058	0.064	0.077	0.095
300	0.018	0.024	0.029	0.034	0.039	0.044	0.052	0.065
500	0.011	0.014	0.018	0.021	0.024	0.027	0.032	0.039

$s = 3$

n	0	1	2	3	4	5	7	10
5	0.669	0.729	0.769	0.799	0.822	0.846	0.867	0.893
10	0.472	0.537	0.586	0.625	0.650	0.683	0.725	0.769
15	0.362	0.422	0.469	0.508	0.541	0.569	0.616	0.730
20	0.293	0.346	0.390	0.426	0.458	0.486	0.533	0.589
25	0.246	0.294	0.333	0.367	0.397	0.424	0.470	0.525
30	0.212	0.255	0.291	0.322	0.350	0.375	0.419	0.473
40	0.166	0.201	0.232	0.258	0.283	0.305	0.345	0.461
60	0.116	0.142	0.164	0.185	0.204	0.222	0.254	0.296
80	0.089	0.109	0.127	0.144	0.159	0.174	0.201	0.238
100	0.072	0.089	0.104	0.118	0.131	0.143	0.166	0.197
130	0.056	0.070	0.082	0.093	0.103	0.113	0.132	0.157
160	0.046	0.057	0.067	0.076	0.085	0.093	0.109	0.131
200	0.037	0.046	0.054	0.062	0.069	0.076	0.089	0.108
300	0.025	0.031	0.037	0.042	0.047	0.052	0.061	0.073
500	0.015	0.019	0.022	0.025	0.029	0.031	0.037	0.045

Tafel 2: Fortsetzung

$s = 4$	m				
n	0	1	2	3	4
5	0.739	0.783	0.813	0.836	0.854
10	0.547	0.600	0.641	0.674	0.700
15	0.431	0.482	0.523	0.558	0.587
20	0.354	0.402	0.441	0.474	0.503
25	0.301	0.344	0.380	0.412	0.439
30	0.261	0.300	0.334	0.364	0.390
40	0.206	0.240	0.268	0.294	0.318
60	0.145	0.170	0.193	0.213	0.231
80	0.112	0.132	0.150	1.167	0.182
100	0.091	0.108	0.123	0.137	0.150
130	0.071	0.085	0.097	0.108	0.118
160	0.059	0.070	0.080	0.089	0.098
200	0.047	0.056	0.065	0.072	0.080
300	0.032	0.038	0.044	0.049	0.054
500	0.019	0.023	0.027	0.030	0.033

$s = 5$					
5	0.788	0.821	0.845	0.863	0.877
10	0.607	0.651	0.685	0.712	0.735
15	0.488	0.533	0.569	0.599	0.625
20	0.407	0.449	0.485	0.515	0.541
25	0.349	0.388	0.422	0.451	0.476
30	0.305	0.341	0.373	0.400	0.425
40	0.243	0.275	0.302	0.327	0.349
60	0.173	0.197	0.219	0.238	0.257
80	0.134	0.154	0.171	0.188	0.203
100	0.110	0.126	0.141	0.155	0.168
130	0.086	0.099	0.111	0.122	0.133
160	0.071	0.082	0.092	0.101	0.110
200	0.057	0.066	0.074	0.082	0.090
300	0.039	0.045	0.051	0.056	0.061
500	0.024	0.027	0.031	0.034	0.037

$s = 6$	m				
n	0	1	2	3	4
5	0.825	0.850	0.868	0.883	0.895
10	0.655	0.692	0.721	0.744	0.763
15	0.537	0.576	0.608	0.635	0.658
20	0.453	0.491	0.523	0.551	0.575
25	0.392	0.428	0.458	0.485	0.509
30	0.345	0.378	0.407	0.433	0.456
40	0.278	0.307	0.333	0.356	0.378
60	0.199	0.223	0.243	0.262	0.280
80	0.156	0.174	0.192	0.208	0.222
100	0.128	0.143	0.158	0.172	0.184
130	0.100	0.113	0.125	0.136	0.147
160	0.083	0.093	0.104	0.113	0.122
200	0.067	0.076	0.084	0.092	0.099
300	0.045	0.052	0.057	0.063	0.068
500	0.028	0.031	0.035	0.038	0.042

12. Literatur

[1] Ahrens, H., und J. Läuter: Mehrdimensionale Varianzanalyse. 2. Auflage, Akademie-Verlag, Berlin 1981.

[2] Alpert, M. I., und R. A. Peterson: On the interpretation of canonical analysis. J. Mark. Res. **9** (1972), 187–192.

[3] Anderson, T. W.: An introduction to multivariate statistical analysis. Wiley, New York 1958.

[4] Bargmann, R.: Signifikanzuntersuchungen der einfachen Struktur in der Faktorenanalyse. Mitt.-bl. Math. Stat. **7** (1955), 1–24.

[5] Bartlett, M. S.: The statistical significance of canonical correlations. Biometrika **32** (1941), 29–38.

[6] —: Internal and external factor analysis. Br. J. Psych., Stat. Sect. **1** (1948), 73–81.

[7] Bentler, P. M.: Factor simplicity index and transformations. Psychometrika **42** (1977), 277–295.

[8] Bentler, P. M., und G. J. Huba: Symmetric and asymmetric rotations in canonical correlation analysis: New methods with drug variable examples. In: Hirschberg, N., und L. G. Humphreys (eds.): Multivariate applications in the social Sciences. Erlbaum Ass., Hillsdale 1982.

[9] Beutel, P., H. Küffner, E. Röck und W. Schubö: SPSS-7 Statistikprogrammsystem für die Sozialwissenschaften. Gustav-Fischer-Verlag, Stuttgart 1972.

[10] Beutel, P., und W. Schubö: SPSS-9 Statistikprogrammsystem für die Sozialwissenschaften. Gustav-Fischer-Verlag, Stuttgart 1983.

[11] Bock, R. D.: Multivariate statistical methods in behavioral research. McGraw-Hill Book Comp., New York 1975.

[12] Bortz, J.: Lehrbuch der Statistik für Sozialwissenschaftler. Springer-Verlag, Berlin 1977.

[13] Brandtstädter, J.: Die kanonische Korrelationsanalyse als Verfahren zur Bestimmung der Beziehungen zwischen Persönlichkeits- und Intelligenzmerkmalen. Psych. Beitr. **12** (1970), 603–624.

[14] Brown, M. B. (ed.): BMDP-77 Biomedical computer programs. Univ. of California Press, Los Angeles 1977.

[15] Browne, M. W.: The maximum-likelihood solution in interbattery factor analysis. Br. J. Math. Stat. Psych. **32** (1979), 75–86.

[16] Burkert, P.: Die Beziehungen zwischen Ergebnissen in Status- und Lerntests (CPM, RKL, MFT) und Persönlichkeitsbesonderheiten (EFB 69) bei Schul-

anfängern. Diplomarbeit, Karl-Marx-Universität Leipzig, Sektion Psychologie, Leipzig, 1981.

[17] Burt, C.: Factor analysis and canonical correlation. Br. J. Psych., Stat. Sect. **1** (1948), 96–106.

[18] Campbell, N. A.: Robust procedures in multivariate analysis I: Robust covariance estimation. J. R. Stat. Soc., Ser. C **29** (1980), 231–237.

[19] —: Robust procedures in multivariate analysis II: Robust canonical variate analysis. J. R. Stat. Soc., Ser. C **31** (1982), 1–8.

[20] Caruso, H., und E. Grebenstein: Zur Entwicklung des Unterrichtsfachlerntests „Addition gebrochener Zahlen". Diplomarbeit, Karl-Marx-Universität Leipzig, Sektion Mathematik, Leipzig 1980.

[21] Chen, C. W.: On some problems in canonical correlation analysis. Biometrika **58** (1971), 399–400.

[22] Clauss, G., und H. Ebner: Grundlagen der Statistik für Psychologen, Pädagogen und Soziologen. Volk und Wissen Volkseigener Verlag, Berlin 1974.

[23] Cliff, N., und D. J. Krus: Interpretation of canonical analysis: Rotated vs. unrotated solutions. Psychometrika **41** (1976), 35–42.

[24] Cohen, J.: Multiple regression as a general data-analytic system. Psych. Bull. **70** (1968), 426–443.

[25] Cohen, P., E. Gaughran und J. Cohen: Age patterns of childbearing: A canonical analysis. Multiv. Beh. Res. **14** (1979), 75–89.

[26] Cooley, W. W., und P. R. Lohnes: Multivariate procedures for the behavioral sciences. Wiley, New York 1962.

[27] —: Multivariate data analysis. Wiley, New York 1971.

[28] Coxhead, P.: Measuring the relationship between two sets of variables. Br. J. Math. Stat. Psych. **27** (1974), 205–212.

[29] Cramer, E. M.: A simple derivation of the canonical correlation equations. Biometrics **29** (1973), 379–380.

[30] Cramer, E. M., und W. A. Nicewander: Some symmetric, invariant measures of multivariate association. Psychometrika **44** (1979), 43–54.

[31] Cudeck, R.: Methods for estimation between-battery factors. Multiv. Beh. Res. **17** (1982), 47–68.

[32] Darlington, R. B., S. L. Weinberg und H. J. Walberg: Canonical variate analysis and related techniques. Rev. Educ. Res. **43** (1973), 433–454.

[33] Dawson-Saunders, B. K., und M. M. Tatsuoka: The effect of affine transformation on redundancy analysis. Psychometrika **48** (1983), 299–302.

[34] De Groot, M. H., und C. C. Li: Correlations between similar sets of measurements. Biometrics **22** (1966), 781–790.

[35] De Leeuw, J.: Canonical analysis of categorial data. Dissertation, University of Leiden 1973.

[36] De Sarbo, W. S.: Canonical/redundancy factoring analysis. Psychometrika **46** (1981), 307–330.

[37] Dixon, W. J., und M. B. Brown: Biomedical computer programs. University of California Press, Los Angeles 1968.

[38] FARRELL, R. H.: Techniques of multivariate calculation. Springer-Verlag, Berlin 1976.

[39] FAULBAUM, F., U. HANNING, A. MERKEL, R. SCHUEMER und M. SENGER: Statistik Analyse System, Band 1. Gustav-Fischer-Verlag, Stuttgart 1983.

[40] FINN, J. D.: A general model for multivariate analysis. Holt, Rinehardt and Winston, New York 1974.

[41] FORNELL, C.: Problems in the interpretation of canonical analysis: The case of power in distributive channels. J. Mark. Res. **15** (1978), 489–491.

[42] —: External single-set components analysis of multiple criterion/multiple predictor variables. Multiv. Beh. Res. **14** (1979), 323–338.

[43] FUJIKOSHI, Y.: A test for additional information in canonical correlation analysis. Ann. Inst. Stat. Math. **34** (1982), 523–530.

[44] FÜRNTRATT, E.: Zur Bestimmung der Anzahl interpretierbarer gemeinsamer Faktoren in Faktoranalysen psychologischer Daten. Diagnostica **15** (1969), 62–75.

[45] GAENSSLEN, H., und W. SCHUBÖ: Einfache und komplexe statistische Analyse. Reinhardt-Verlag, München 1973.

[46] GITTER, K.: Die prognostische Validität von Lern- und Statustests im Hinblick auf die Leistungsbewährung von Schulanfängern in der Unterstufe der allgemeinbildenden polytechnischen Oberschule. Dissertation, Karl-Marx-Universität Leipzig, Sektion Psychologie, Leipzig 1983.

[47] GITTINS, R.: Canonical analysis. A review with applications in ecology. Springer-Verlag, Berlin 1985.

[48] GLAHN, H. R.: Canonical correlation and its relationship to discriminant analysis and multiple regression. J. Atmosph. Sc. **25** (1968), 23–31.

[49] —: Some relationships derived from canonical correlation theory. Econometrica **37** (1969), 252–256.

[50] GLEASON, T. C.: On redundancy in canonical analysis. Psych. Bull. **83** (1976), 1004–1006.

[51] GOLLOB, H. F.: Cross-validation using samples of size one. Am. Psych. Ass. Meeting, Washington 1967.

[52] GREEN, P. E., M. H. HALBERT und P. J. ROBINSON: Canonical analysis: An exposition and illustrative applications. J. Mark. Res. **3** (1966), 32.29.

[53] GULLIKSEN, H.: Theory of mental tests. Wiley, New York 1950.

[54] GUTHKE, J.: Zur Diagnostik der intellektuellen Lernfähigkeit. Dt. Verlag d. Wissenschaften, Berlin 1977.

[55] GUTJAHR, W., D. ROETHER, G. FROST und K.-H. SCHMIDT: Verfahren zur Diagnostik der Schulfähigkeit. Dt. Verlag d. Wissenschaften, Berlin 1977.

[56] HAKSTIAN, A. R.: Two-matrix orthogonal rotation procedure, Psychometrika **41** (1976), 267–272.

[57] HAKSTIAN, A. R., und R. B. CATTELL: An examination of inter-domain relationships some ability and personality traits. Educ. Psych. Measurement **38** (1978), 275–290.

[58] HARRIS, R. J.: The invalidity of partioned U-tests in canonical correlation and multivariate analysis of variance. Multiv. Beh. Res. **11** (1976), 347–362.

[59] HOCKING, R. R.: The analysis and selection of variables in linear regression. Biometrics **62** (1976), 1–49.

[60] HOLLAND, T. R., M. LEVI und C. G. WATSON: Canonical correlation in the analysis of a contingency table. Psych. Bull. **87** (1980), 334–336.

[61] HOOPER, J. W.: Simultaneous equations and canonical correlation theory. Econometrica **27** (1959), 245–256.

[62] —: Partial trace correlations. Econometrica **30** (1962), 324–331.

[63] HOTELLING, H.: Analysis of a complex of statistical variables into principal components. J. Educ. Psych. **24** (1933), 417–441, 498–520.

[64] —: The most predictable criterion. J. Educ. Psych. **26** (1935), 139–142.

[65] —: Relations between two sets of variates. Biometrika **28** (1936), 321–377.

[66] HUYNH, H.: On canonical analysis with falliable data. Psychometrika **40** (1975), 575–577.

[67] JOHANSSON, J. K.: An extension of Wollenberg's redundancy analysis. Psychometrika **46** (1981), 93–103.

[68] JONES, K. J.: Multivariate statistical analyzer. Harvard University, Cambridge 1964.

[69] KAISER, H. F.: The varimax criterion for analytic rotation in factor analysis. Psychometrika **23** (1958), 187–200.

[70] KAISER, H. F., und B. A. CERNY: On the canonical analysis of contingency tables. Educ. Psych. Measurement **40** (1980), 95–99.

[71] KARPMAN, M. B.: Stagewise multivariate linear regression using SPSS or BMDP. Educ. Psych. Measurement **41** (1981), 213–216.

[72] KENDALL, M. G.: A course in multivariate analysis. Hafner, New York 1957.

[73] KENDALL, M. G., und A. STUART: The advanced theory of statistics. Vol. II, Griffin, London 1961, Vol. III, Griffin, London 1966.

[74] KHATRI, C. G.: A note on multiple and canonical correlation for a singular covariance matrix. Psychometrika **41** (1976), 465–470.

[75] KNAPP, T. R.: Canonical correlation analysis: A general parametric significance-testing system. Psych. Bull. **85** (1978), 410–416.

[76] KOONS, P. B.: Canonical analysis. In: BORKO, H. (ed.): Computer applications in the behavioral sciences. Prentice Hall, Englewood Cliffs (New Jersey) 1962.

[77] KRES, H.: Statistische Tafeln zur multivariaten Analyse. Springer-Verlag, Berlin 1975.

[78] KRISTOF, W.: Orthogonal inter-battery factor analysis. Psychometrika **32** (1967), 199–227.

[79] KRUS, D. J., T. J. REYNOLDS und P. H. KRUS: Rotation in canonical variate analysis. Educ. Psych. Measurement **36** (1976), 725–730.

[80] KRYŚKO, M.: Canonical analysis. Biom. J. **24** (1982), 211–228.

[81] LACHENBRUCH, P. A.: A relation between the correlation coefficient and the t-test using an indicator variable. Biometrika **60** (1973), 243–244.

[82] LAMBERT, Z. V., und R. M. DURAND: Some precautions in using canonical analysis. J. Mark, Res. **12** (1975), 468–475.

[83] LAWLEY, D. N.: Tests of significance in canonical analysis. Biometrika **46** (1959), 59–66.

[84] Lèbart, L., A. Morineau und J.-P. Fénelon: Statistische Datenanalyse. Akademie-Verlag, Berlin 1984.
[85] Levonian, E.: Comment on "Application of canonical correlation of analysis to learning data". Psych. Bull. **71** (1969), 140–143.
[86] Lohse, H., R. Ludwig und M. Röhr: Statistische Verfahren für Psychologen, Pädagogen und Soziologen. Volk und Wissen Volkseigener Verlag, Berlin 1982.
[87] Ludwig, R.: Statistische Auswertungsmethoden. In: Friedrich, W. (Hrsg.): Methoden der marxistisch-leninistischen Sozialforschung. Dt. Verlag d. Wissenschaften, Berlin 1972, 287–334.
[88] Marriott, F. H. C.: Tests of significance in canonical analysis. Biometrika **39** (1952), 58–64.
[89] —: The interpretation of multiple observations. Academic Press, London 1974.
[90] McDonald, P. R., Y. Tori und S. Nishisato: Some results on proper eigenvalues and eigenvectors with applications to scaling. Psychometrika **44** (1979), 211–227.
[91] McKeon, J. J.: Canonical analysis: Some relations between canonical correlation, factor analysis, discriminant analysis, and scaling theory. Psychometrika Monogr. **13** (1969).
[92] Mendoza, J. L., V. H. Markos und R. Gonter: A new perspective on sequential testing procedures in canonical analysis: A Monte Carlo evaluation. Multiv. Beh. Res. **13** (1978), 371–382.
[93] Meredith, W.: Canonical correlations with falliable data. Psychometrika **29** (1964), 55–65.
[94] Michalski, S.: Zur Theorie und Anwendung der partiellen und semipartiellen kanonischen Korrelationsanalyse in der psychodiagnostischen Forschung. Diplomarbeit, Karl-Marx-Universität Leipzig, Sektion Psychologie, Leipzig 1981.
[95] Miller, J. K., und D. S. Farr: Bimultivariate redundancy: A comprehensive measure of interbattery relationship. Multiv. Beh. Res. **6** (1971), 313–324.
[96] Morrison, D. F.: Multivariate statistical methods. McGraw-Hill, New York 1967.
[97] Mosier, C. I.: Problems and designs of cross validation. Educ. Psych. Measurement **11** (1951), 5–11.
[98] Müller, K.-H.: Überprüfung verschiedener Meßmodelle und Verfahrensvarianten für die objektive Schulleistungsermittlung. Dissertation, Karl-Marx-Universität Leipzig, Sektion Psychologie, Leipzig 1979.
[99] Mukherjee, B. N.: Application of canonical correlational analysis to learning data. Psych. Bull. **66** (1966), 9–21.
[100] Muller, K. E.: Relationships between redundancy analysis, canonical correlation and multivariate regression. Psychometrika **46** (1981), 139–142.
[101] —: Understanding canonical correlation through the general linear model and principal components. Am. Stat. **36** (1982), 342–354.
[102] Nie, N. H., C. H. Hull, J. G. Jenkins, K. Steinbrenner und D. H. Bent: Statistical package for the social sciences (SPSS). McGraw-Hill, New York 1975.
[103] Nollau, V.: Statistische Analysen. VEB Fachbuchverlag, Leipzig 1975.
[104] Parker Jr., J. F., und E. A. Fleishman: Ability factors and component performance measures as predictors of complex tracking behavior. Psych. Monogr. **74** (1960).

[105] Pearson, E. S., und H. O. Hartley: Biometrika tables for statisticans, vol. I., 3rd edition. Cambridge University Press, Cambridge 1966.

[106] Perreault, W. D., und R. L. Spiro: An approach for improved interpretation of multivariate analysis. Decision Sci. **9** (1978), 402–413.

[107] PP Statistik-2 Programmpaket für ökonomische und mathematische Statistik. VEB Robotron Zentrum für Forschung und Technik, Dresden 1983.

[108] Rao, C. R.: Lineare statistische Methoden und ihre Anwendungen. Akademie-Verlag, Berlin 1973.

[109] Rao, C. R., und S. K. Mitra: Generalized inverse of matrices and its applications. Wiley, New York 1971.

[110] Rao, C. R., und P. Slater: Multivariate analysis applied to differencies between neurotic groups. Br. J. Psych., Stat. Sect. **2** (1949), 17–29.

[111] Rasch, D., G. Enderlein und G. Herrendörfer: Biometrie-Verfahren, Tabellen, Angewandte Statistik. Dt. Landwirtschaftsverlag, Berlin 1973.

[112] Rasch, D., G. Herrendörfer, J. Bock und K. Busch: Verfahrensbibliothek Versuchsplanung und -auswertung, Band 2. Dt. Landwirtschaftsverlag, Berlin 1978.

[113] Reissmüller, S.: Zur Benennung kanonischer Dimensionen. Literaturarbeit, Karl-Marx-Universität Leipzig, Sektion Psychologie, Leipzig 1981.

[114] Reynolds, T. J., und E. F. Jackofsky: Interpreting canonical analysis: The use of orthogonal transformations. Educ. Psych. Measurement **41** (1981), 661–671.

[115] Robert, P., und Y. Escoufier: A unifying tool for linear multivariate statistical methods: The RV-coefficient. J. Roy. Stat. Soc., Ser. C **25** (1976), 257–265.

[116] Röhr, M.: Mehrdimensionale Kovarianzanalyse. In: Vorwerg, M. (Hrsg.): Zur psychologischen Persönlichkeitsforschung, Band 3 Dt. Verlag d. Wissenschaften, Berlin 1980, S. 123–143.

[117] —: Kanonische Korrelationsanalyse — Theorie, Methodik und Anwendungen. Dissertation, Karl-Marx-Universität Leipzig, Sektion Psychologie, Leipzig 1983.

[118] —: Zur Stabilität partieller und semipartieller kanonischer Korrelationskoeffizienten. Psych. Beitr. **27** (1985), 120–126.

[119] —: On the rotation of canonical solutions. Biom. J. **27** (1985), 89–95.

[120] Roskam, E. E.: A program for computing canonical correlations on IBM 1620. Educ. Psych. Measurement **26** (1966), 193–198.

[121] Roy, S. N., und J. Whittlesey: Canonical partial correlations. Ann. Math. Stat. **23** (1952), 642.

[122] Rozeboom, W. W.: Linear correlations between sets of variables. Psychometrika **30** (1965), 57–71.

[123] SAS Programmer's guide. SAS Inst. Inc., Cary 1981.

[124] Schladebach, G.: Über den Zusammenhang fachunspezifischer und fachspezifischer Fähigkeiten im schlußfolgernden Denken. Dissertation, Karl-Marx-Universität Leipzig, Sektion Psychologie, Leipzig 1982.

[125] Schmidt, H.: Geometrische Probleme der kanonischen Korrelationsanalyse. Diplomarbeit, Karl-Marx-Universität Leipzig, Sektion Mathematik, Leipzig 1981.

[126] Schröder, H.: Fähigkeitsstruktur von Sozialverhalten. In: Vorwerg, M., und H. Schröder (Hrsg.): Persönlichkeitspsychologische Grundlagen interpersonalen Verhaltens. Karl-Marx-Universität Leipzig 1980.

[127] —: Analyse multivariater Wechselbeziehungen zwischen Persönlichkeitsvariablen und Dimensionen subjektiver Belastungsbedingungen. In: VORWERG, M. (Hrsg.): Zur psychologischen Persönlichkeitsforschung, Band 5, Dt. Verlag d. Wissenschaften, Berlin 1982, S. 95–106.

[128] —: Persönlichkeitspsychologische Komponenten des Streßverhaltens. Wiss. Z. d. Karl-Marx-Univ. Leipzig **33** (1984), 560–568.

[129] SIEBER, M., und P. M. BENTLER: Zusammenhänge zwischen Persönlichkeitsmerkmalen und späterem Konsum legaler und illegaler Drogen bei jungen Männern. Eine Längsschnittuntersuchung. Z. exp. angew. Psych. **29** (1982), 649–668.

[130] SUITS, D. B.: Use of dummy variables in regression equations. J. Am. Stat. Ass. **52** (1957), 548–551.

[131] STEWART, D., und W. LOVE: A general canonical correlation index. Psych. Bull. **70** (1968), 160–163.

[132] TATHAM, R. L., und R. J. DORNOFF: The significance and interpretation of canonical analysis. Decision Sci. **4** (1973), 343–349.

[133] THOMSON, G. H.: The maximum correlation of two weighted batteries. Br. J. Psych., Stat. Sect. **1** (1948), 27–34.

[134] THORNDIKE, R. M.: Studying canonical analysis: Comments on Barcikowski and Stevens. Multiv. Beh. Res. **11** (1976), 249–253.

[135] —: Canonical analysis and predictor selection. Multiv. Beh. Res. **12** (1977), 75–87.

[136] —: Correlational procedures for research. Gardner Press, New York 1978.

[137] THORNDIKE, R. M., und D. J. WEISS: A study of the stability of canonical correlations and canonical components. Educ. Psych. Measurement **33** (1973), 123–134.

[138] —: An empirical investigation of step-down canonical correlation with cross-validation. Multiv. Beh. Res. **18** (1983), 183–196.

[139] THURSTONE, L. L.: An analytical method for simple structure. Psychometrika **19** (1954), 173–182.

[140] THURSTONE, L. L., und T. G. THURSTONE: Factorial studies of intelligence. Psychometrika Monogr. **2** (1941).

[141] TIMM, N. H.: Multivariate analysis with applications in education and psychology. Brooks and Cole, Monterey 1975.

[142] TIMM, N. H., und J. E. CARLSON: Part and bipartial canonical correlation analysis. Psychometrika **41** (1976), 159–176.

[143] TUCKER, L. R.: An inter-battery method of factor analysis. Psychometrika **23** (1958), 111–136.

[144] TUCKER, L. R., L. G. COOPER und W. MEREDITH: Obtaining squared multiple correlations from a correlation matrix which may be singular. Psychometrika **37** (1972), 143–148.

[145] TYLER, D. E.: A counterexample to Miller and Farr's algorithm for the index of redundancy. Multiv. Beh. Res. **17** (1982), 131–135.

[146] ÜBERLA, K.: Faktorenanalyse. Eine systematische Einführung für Psychologen, Mediziner, Wirtschafts- und Sozialwissenschaftler. Springer-Verlag, Berlin 1968.

[147] VAN DE GEER, J. P.: Introduction to multivariate analysis for the social sciences. Freeman, San Francisco 1971.

[148] van den Wollenberg, A. L.: Redundancy analysis: An alternative for canonical correlation analysis. Psychometrika **42** (1977), 207–219.

[149] van der Waerden, B. L.: Mathematische Statistik. Springer-Verlag, Berlin 1957.

[150] Veldman, D. J.: Fortran programming for the behavioral sciences. Holt, Rinehart and Winston, New York 1967.

[151] Weber, E.: Grundriß der biologischen Statistik. 7. Auflage. Gustav-Fischer-Verlag, Jena 1972.

[152] —: Einführung in die Faktorenanalyse. Gustav-Fischer-Verlag, Jena 1974.

[153] Wechsler, D.: Wechsler intelligence scale for children. The Psychological Corp., New York 1949.

[154] Witte, E. H., und H. Horstmann: Kanonische Korrelationsanalyse: ihre Ähnlichkeit zu anderen Verfahren und zwei Anwendungen aus dem Bereich Graphometrie-Persönlichkeit. Psych. Beitr. **18** (1976), 553–570.

[155] Wolf, G., und B. Cartwright: Rules for coding dummy variables in multiple regression. Psych. Bull. **81** (1974), 173–179.

[156] Wood, D. A., und J. A. Erskine: Strategies in canonical correlation with applications to behavioral data. Educ. Psych. Measurement **36** (1976), 861–878.

13. BASIC-Programmsegmente

13.1. Allgemeine Bemerkungen

Es gibt einige für *alle* Programmsegmente zutreffende Festlegungen:
Durch die Option-Anweisung

```
OPTION BASE 1
```

wird die untere Grenze für alle im Programm verwendeten Felder mit 1 festgelegt.
Die oberen Grenzen der einzelnen Dimensionen für die im Programm verwendeten Felder werden in der Dimension-Anweisung

```
DIM feldliste
```

ausgewiesen. Wird ein Feld verwendet, ohne daß mit einer Dimension-Anweisung der Umfang seiner Dimension(en) festgelegt wurde, gilt 10 als Standardwert für die obere(n) Grenze(n).

Da wir uns in Paragraph 6.2 auf $p, q \leqq 10$ beschränkt hatten, kann die Dimension-Anweisung in allen Segmenten (bis auf DATEN) entfallen.

Durch die Open-Anweisung

```
OPEN dateispezifikation FOR INPUT
AS FILE # kanal
```

wird eine existierende sequentielle Datei (Eingabedatei) eröffnet und mit einem Kanal verbunden. Anschließend ist der Zugriff auf die Daten der Datei möglich (nur Lesen).
Durch die Open-Anweisung

```
OPEN dateispezifikation FOR OUTPUT
AS FILE # kanal
```

wird eine neue sequentielle Datei (Ausgabedatei) erzeugt und mit einem Kanal verbunden. Es ist nur das Schreiben von Daten in die Datei möglich.

Durch die Close-Anweisung

```
CLOSE # kanal
```

wird eine Datei geschlossen und vom Kanal abgetrennt. Danach kann auf die Daten der Datei nicht mehr zugegriffen werden.
Die Anweisung

```
PRINT CHR$(OCT("33"))
+ "[2J" + CHR$(OCT("33")) + "[H"
```

bewirkt das Löschen des Bildschirmwiederholspeichers und das Setzen des Kursors auf die Home-Position.
Zu den *einzelnen* Programmsegmenten sind folgende Bemerkungen zu machen:

DATEN

Aus einer Eingangswerte-Datei mit Originaldaten wird eine Gesamt- oder eine partitionierte Resultatdaten-Matrix berechnet (Programmzeilen 260 bis 340) und ausgegeben (355–515). Die Zahl der Wertesätze in der Eingangswerte-Datei wird mitbestimmt (230–250). Die Resultatdaten entstehen wahlweise für die Datenmodelle Abweichungsvariablen (Abweichungsquadrate bzw. -produkte, Varianzen bzw. Kovarianzen) oder Standardvariablen (Korrelationen). Die Standardabweichungen der Originalvariablen können in Resultatdatenvektoren ausgegeben werden. Sie müssen beispielsweise abgespeichert werden, wenn Ladungen beim Datenmodell Abweichungsvariablen berechnet werden sollen. Beim Datenmodell Standardvariablen ist (für Faktoranalysen) eine Modifikation der Hauptdiagonalelemente der Resultatdaten-Matrizen möglich.
Achtung! Nutzereingaben (z. B. 190) werden nicht auf Richtigkeit bzw. Zulässigkeit überprüft.

MAPRO 2

Zu einer (rechteckigen) Eingangsmatrix $\boldsymbol{V}$ wird wahlweise das Gramsche Matrixprodukt $\boldsymbol{V}^T\boldsymbol{V}$ (250–275) oder $\boldsymbol{V}\boldsymbol{V}^T$ (285–310) berechnet und das Ergebnis in Form einer oberen Dreiecksmatrix ausgegeben (330–345). Es ist möglich, die Spaltenzahl von $\boldsymbol{V}$ für die Berechnung zu modifizieren (205–215). Weiterhin ist es möglich, bei entsprechender Verkettbarkeit aus einer symmetrischen Eingangsmatrix $\boldsymbol{V}$ und einer (rechteckigen) Eingangsmatrix $\boldsymbol{X}$ das Matrixprodukt $\boldsymbol{VX}$ (455–480) oder $\boldsymbol{XV}$ (520–545) zu errechnen und auszugeben (560–600). Das zuletzt genannte Produkt wird für Schritt 7 in Abschnitt 6.2.1 benötigt.

CHOLE

Eine symmetrische Resultatdaten-Matrix $\boldsymbol{W}$ wird auf positive Definitheit geprüft (300—322). Ist diese Eigenschaft gegeben, wird nach dem Cholesky-Verfahren die Linksinverse $\boldsymbol{L}1$ berechnet (600—618) und nach Transponierung als Rechtsinverse $\boldsymbol{R}1$ ausgegeben (700—720). Abschließend wird die inverse Matrix $\boldsymbol{W}^{-1}$ ermittelt und ausgegeben (800—828).

EIGMAT

Es werden wahlweise die symmetrischen Matrizen der zu einfachen Eigenwertproblemen transformierten verallgemeinerten Eigenwertprobleme der kanonischen Korrelations- und der Redundanzanalyse berechnet (380—680) und ausgegeben (700—740). Für das Modell der kanonischen Korrelation ist Voraussetzung, daß CHOLE zweimal (XX-Teilmatrix, YY-Teilmatrix) vorab angewendet wurde. Beim Modell der Redundanzvariablen reicht i. allg. die einmalige Benutzung von Chole (entweder XX- oder YY-Teilmatrix) aus.
Liegt eine Eingabedatei mit einer passenden Einheitsmatrix $\boldsymbol{I}$ für $\boldsymbol{B}$ vor, kann die Eigenmatrix der Redundanzanalyse auch über den Zweig „kanonische Korrelation" mit $\boldsymbol{B} = \boldsymbol{I}$ bestimmt werden.

EIGEN

Nach dem Jacobi-Verfahren werden die Eigenwerte und -vektoren einer symmetrischen Matrix $\boldsymbol{A}$ berechnet (270—590). Der Algorithmus ist eine BASIC-Anpassung der Subroutine VVPRO von Lebart/Morineau/Fénelon [84]. Für die kanonische Korrelationsanalyse und die Redundanzanalyse ist eine Rücktransformation der Eigenvektoren auf die ursprünglichen verallgemeinerten Eigenwertprobleme erforderlich (670—800). Für die Komponentenanalyse werden die Eigenvektoren passend normiert (810—840). Der Resultatdaten-Vektor der Eigenwerte (860—880) und die Resultatdaten-Matrix der Eigenvektoren (900—930) werden ausgegeben. Da die Eigenwertprobleme der Hauptkomponenten- und Interbereich-Faktoranalyse einfach sind, können die erhaltenen Eigenvektoren dort direkt verwendet werden.

LADUNG

Es werden Ladungen berechnet (340—530); im Fall der kanonischen Korrelationsanalyse wahlweise Intra- (440—530) und Interbereichsladungen (790 bis 850). Die Redundanz-Intrabereichsladungen können formal wie kanonische Intrabereichs- oder Komponentenladungen ermittelt werden. Für die beiden Arten von Resultatdaten-Matrizen unter dem Datenmodell Abweichungsvariablen erfolgt eine Anpassung der Werte der Ladungen (570—670). Dafür ist zu sichern, daß die Resultatdaten-Vektoren der Standardabweichungen bereitstehen. Die Ausgabe der berechneten Ladungen wird in (690—730) realisiert.
Achtung! Wird LADUNG verwendet, ohne daß DATEN vorher benutzt wurde, ist die Variable $N\%$ mit der Anzahl der Wertesätze zu belegen.

MOORE

Erweist sich bei CHOLE eine symmetrische Resultatdaten-Matrix $\boldsymbol{A}$ der Ordnung M als nicht positiv definit, ist möglicherweise die verallgemeinerte inverse Matrix $\boldsymbol{A}^+$ zu berechnen. Dazu wird der Rang R von $\boldsymbol{A}$ über die Zahl der Nichtnull-Eigenwerte bestimmt, die sich unter Verwendung von EIGEN ergeben. Mittels LADUNG ermittelt man den Faktor $\boldsymbol{F}$ von $\boldsymbol{A}$ in Form einer $M \times R$-Matrix.
$\boldsymbol{A}^+$ wird berechnet (300–360) und als obere Dreiecksmatrix ausgegeben (380–420).

DRUCK

Sämtliche Ergebnisse liegen zunächst in sequentiellen Ausgabedateien unter der Bezeichnung „*dateispezifikation*“, d. h. „*dateiname*.DAT“, vor. Es handelt sich entweder um Rechteckmatrizen (mit den Sonderfällen Vektoren und quadratische Matrizen) oder um symmetrische Matrizen. In der Randzeile bzw. -spalte werden die Indizes der entsprechenden Matrixelemente angegeben. Die Elemente selbst werden im E-Format, d. h. in Exponentialdarstellung, mit fünfstelliger Mantisse, ausgedruckt. Durch die Anweisung

```
PRINT #1 : CHR$(OCT("14"))
```

wird auf dem Drucker ein Seitenvorschub bewirkt. Die Eingabeaufforderung (170–175) ermöglicht dem Nutzer, eine Bezeichnung für den Inhalt der auszugebenden Matrix festzulegen. Diese wird als Überschrift (260) vor der Matrix ausgedruckt.

13.2. /DATEN

```
100 REM     BAUSTEIN DATENMATRIX
105 REM     *   EINGABE DER DATEN
110 REM     *   BERECHNUNG EINER INSGESAMT ODER EINER PARTITIONIERTEN
115 REM         DATENMATRIX FUER VERSCHIEDENE DATENMODELLE
120 OPTION BASE 1
125 DIM R(20,20),Y1(20),X1(20)
130 COMMON N%
133 PRINT CHR¤(OCT("33"))+"[2J"+CHR¤(OCT("33"))+"[H"
135 PRINT "PROGRAMMSEGMENT" \ PRINT "BERECHNUNG VON DATENMATRIZEN"
140 REM      ***   EINGABE DER PARAMETER   ***
145 PRINT "EINGABE ZAHL DER X-VARIABLEN" \ INPUT P
150 PRINT "DATENMATRIX PARTITIONIERT ? [Y/N]" \ LINPUT P¤
155 IF P¤<>"Y" THEN V=P \ GOTO 165
160 PRINT "EINGABE ZAHL DER Y-VARIABLEN" \ INPUT Q \ V=P+Q
165 PRINT \ PRINT "ANGEBOT ART DER RESULTATDATEN"
170 PRINT "   CODE       DATEI SOLL ENTHALTEN:"
175 PRINT "      1       ABWEICHUNGSQUADRATE, -PRODUKTE"
180 PRINT "      2       VARIANZEN, KOVARIANZEN"
185 PRINT "      3       KORRELATIONEN" \ PRINT
190 PRINT "EINGABE DATENCODE [1,2,3]" \ INPUT MO
195 REM      ***   EINGABE VON DATEN    ***
200 N%=0%
205 FOR I=1 TO V \ Y1(I)=0.0
210     FOR J=I TO V \ R(I,J)=0.0 \ R(J,I)=R(I,J) \ NEXT J
215 NEXT I
220 PRINT "EINGABE NAME DER EINGANGSWERTE-DATEI" \ LINPUT A¤
225 OPEN A¤ FOR INPUT AS FILE #1
230 IF END#1 THEN 255 \ N%=N%+1
235 FOR K=1 TO V \ INPUT#1: X1(K) \ NEXT K
240 FOR I=1 TO V \ Y1(I)=Y1(I)+X1(I)
245     FOR J=I TO V \ R(I,J)=R(I,J)+X1(I)*X1(J) \ R(J,I)=R(I,J) \ NEXT J
250 NEXT I \ GOTO 230
255 CLOSE #1
260 REM      ***   BERECHNUNG ABW.-QUADRATE, -PRODUKTE, VARIANZEN
265 REM            KOVARIANZEN, KORRELATIONEN    ***
270 FOR I=1 TO V
275     FOR J=I TO V \ R(I,J)=R(I,J)-Y1(I)*Y1(J)/N% \ R(J,I)=R(I,J)
280     NEXT J
285 NEXT I
290 IF MO<>1 GOTO 300
295 FOR I=1 TO V \ X1(I)=SQR(R(I,I)/(N%-1)) \ NEXT I \ GOTO 350
300 FOR I=1 TO V
305     FOR J=I TO V \ R(I,J)=R(I,J)/(N%-1) \ R(J,I)=R(I,J) \ NEXT J
310 X1(I)=SQR(R(I,I))
315 NEXT I
320 IF MO=2 GOTO 350
325 FOR I=1 TO V
330     FOR J=I TO V \ R(I,J)=R(I,J)/(X1(I)*X1(J)) \ R(J,I)=R(I,J)
```

```
335       NEXT J
340 NEXT I
345 REM      ***   AUSGABE DER RESULTATMATRIX   ***
350 IF P¤="Y" GOTO 365
355 REM       *   AUSGABE INSGESAMT-MATRIX
360 PRINT "EINGABE FILENAME DATENMATRIX" \ LINPUT A¤ \ GOTO 375
365 REM       *   AUSGABE PARTITIONIERTE MATRIX
370 PRINT "EINGABE FILENAME XX-TEILMATRIX" \ LINPUT A¤
375 OPEN A¤ FOR OUTPUT AS FILE #4
380 IF MO<>3 GOTO 405
385 PRINT "HAUPTDIAGONALE MODIFIZIERT ? [Y/N]" \ LINPUT H¤
390 IF H¤="N" THEN 405
395 PRINT "EINGABE NEUE HAUPTDIAGONALELEMENTE"
400 FOR I=1 TO P \ PRINT I;": "; \ INPUT R(I,I) \ NEXT I
405 FOR I=1 TO P
410      FOR J=I TO P \ PRINT#4: R(I,J) \ NEXT J
415 NEXT I \ CLOSE #4
420 IF P¤><"Y" THEN 525
425 PRINT "EINGABE FILENAME XY-TEILMATRIX" \ LINPUT A¤
430 OPEN A¤ FOR OUTPUT AS FILE #5
435 FOR I=1 TO P
440      FOR J=1 TO Q \ J1=P+J \ PRINT#5: R(I,J1) \ NEXT J
445 NEXT I \ CLOSE #5
450 PRINT "EINGABE FILENAME YX-TEILMATRIX" \ LINPUT A¤
455 OPEN A¤ FOR OUTPUT AS FILE #7
460 FOR I=1 TO Q \ I1=I+P
465      FOR J=1 TO P \ PRINT #7: R(I1,J) \ NEXT J
470 NEXT I \ CLOSE #7
475 PRINT "EINGABE FILENAME YY-TEILMATRIX" \ LINPUT A¤
480 OPEN A¤ FOR OUTPUT AS FILE #6
485 IF MO<>3 GOTO 505
490 IF H¤="N" THEN 505
495 PRINT "EINGABE NEUE HAUPTDIAGONALELEMENTE"
500 FOR I=1 TO Q \ PRINT I;": "; \ INPUT R(P+I,P+I) \ NEXT I
505 FOR I=1 TO Q \ I1=P+I
510      FOR J=I TO Q \ J1=P+J \ PRINT#6: R(I1,J1) \ NEXT J
515 NEXT I \ CLOSE #6
520 REM       *   AUSGABE DER STANDARDABWEICHUNGEN
525 PRINT "AUSGABE STANDARDABWEICHUNGEN ? [Y/N]" \ LINPUT A¤
530 IF A¤><"Y" THEN 575
535 PRINT "EINGABE FILENAME X-STANDARDABWEICHUNGEN" \ LINPUT A¤
540 OPEN A¤ FOR OUTPUT AS FILE #2
545 FOR I=1 TO P \ PRINT#2: X1(I) \ NEXT I \ CLOSE #2
550 IF P¤><"Y" THEN 575
555 PRINT "EINGABE FILENAME Y-STANDARDABWEICHUNGEN" \ LINPUT A¤
560 OPEN A¤ FOR OUTPUT AS FILE #7
565 FOR I=1 TO Q \ I1=P+I \ PRINT#7: X1(I1) \ NEXT I \ CLOSE #7
575 PRINT "WIEDERSTART PROGRAMMTEIL *MRDATEN* ? [Y/N]" \ LINPUT A¤
580 IF A¤="Y" THEN 145
585 PRINT "START ANDERER PROGRAMMTEIL ? [Y/N]" \ LINPUT A¤
590 IF A¤><"Y" THEN STOP
595 PRINT "EINGABE FILENAME PROGRAMMTEIL" \ LINPUT A¤
600 CHAIN A¤
```

13.3. MAPRO 2

```
100 REM      BAUSTEIN   ZWEIGLIEDRIGE MATRIXPRODUKTE
105 REM      *   BERECHNUNG GRAMSCHE PRODUKTE
110 REM      *   PRODUKT SYMMETRISCHE MATRIX * RECHTECKMATRIX
115 OPTION BASE 1
120 DIM X(10,10),V(10,10),W(10,10)
125 COMMON N%
130 PRINT CHR$(OCT("33"))+"[2J"+CHR$(OCT("33"))+"[H"
135 PRINT "PROGRAMMSEGMENT" \ PRINT "ZWEIGLIEDRIGE MATRIXPRODUKTE"
140 PRINT "GRAMSCHES PRODUKT GEWUENSCHT [Y/N] ?" \ LINPUT A$
145 IF A$<>"Y" GOTO 360
150 REM      ***   GRAMSCHE MATRIXPRODUKTE   ***
155 REM      ***   EINGABE PARAMETER UND DATEN    ***
160 PRINT "EINGABE ZEILENZAHL N DER MATRIX" \ INPUT N
165 PRINT "MATRIX QUADRATISCH ? [Y/N]" \ LINPUT A$
170 IF A$="Y" THEN P=N \ GOTO 180
175 PRINT "EINGABE SPALTENZAHL P DER MATRIX" \ INPUT P
180 PRINT "EINGABE FILENAME MATRIX" \ LINPUT A$
185 OPEN A$ FOR INPUT AS FILE #2
190 FOR I=1 TO N
195      FOR J=1 TO P \ INPUT #2: V(I,J) \ NEXT J
200 NEXT I \ CLOSE #2
205 PRINT "ALLE SPALTEN DER MATRIX VERWENDEN ? [Y/N]" \ LINPUT A$
210 IF A$="Y" THEN M=P \ GOTO 220
215 PRINT "EINGABE SPALTENZAHL (EFFEKTIV) DER MATRIX" \ INPUT M
220 PRINT "ANGEBOT MATRIXPRODUKT" \ PRINT "   PRODUKT             CODE"
225 PRINT "(V-TRANSP.)*V         1"
230 PRINT "V*(V-TRANSP.)         2"
235 PRINT "EINGABE PRODUKTCODE [1,2]" \ INPUT C%
240 ON C% GOTO 245,280
245 REM      ***   PRODUKT (V-TRANSP.)*V    ***
250 FOR I-1 TO M
255      FOR J=I TO M
260      W(I,J)=0.0
265           FOR K=1 TO N \ W(I,J)=W(I,J)+V(K,I)*V(K,J) \ NEXT K
270      NEXT J
275 NEXT I \ GOTO 315
280 REM      ***   PRODUKT V*(V-TRANSP.)    ***
285 FOR I=1 TO N
290      FOR J= I TO N
295      W(I,J)=0.0
300           FOR K=1 TO M \ W(I,J)=W(I,J)+V(I,K)*V(J,K) \ NEXT K
305      NEXT J
310 NEXT I
315 REM      ***   AUSGABE OBERES DREIECK (EINSCHL. HAUPTDIAGONALE)    ***
320 IF C%=1 THEN N=M
325 PRINT "EINGABE FILENAME GRAMSCHE MATRIX" \ LINPUT B$
330 OPEN B$ FOR OUTPUT AS FILE #3
335 FOR I=1 TO N
```

```
340      FOR J=I TO N \ PRINT #3: W(I,J) \ NEXT J
345 NEXT I \ CLOSE #3 \ GOTO 605
350 REM      ***   MATRIXPRODUKTE SYMMETR. MATRIX UND RECHTECKMATRIX    ***
355 REM      ***   EINGABE PARAMETER UND DATEN    ***
360 PRINT "EINGABE ORDNUNG N DER SYMMETRISCHEN MATRIX" \ INPUT N
365 PRINT "EINGABE FILENAME DER MATRIX" \ LINPUT A¤
370 OPEN A¤ FOR INPUT AS FILE #1
375 FOR I=1 TO N
380      FOR J=I TO N \ INPUT #1: V(I,J) \ V(J,I)=V(I,J) \ NEXT J
385 NEXT I \ CLOSE #1
390 PRINT "ANGEBOT MATRIXPRODUKT"
395 PRINT "               PRODUKT              CODE"
400 PRINT "  SYMM. MATRIX * RECHTECKMATRIX      1"
405 PRINT "  RECHTECKMATRIX * SYMM. MATRIX      2"
410 PRINT "EINGABE PRODUKTCODE [1,2] " \ INPUT C%
415 ON C% GOTO 420,485
420 PRINT "EINGABE SPALTENZAHL P DER RECHTECKMATRIX" \ INPUT P
425 PRINT "EINGABE FILENAME RECHTECKMATRIX" \ LINPUT B¤
430 OPEN B¤ FOR INPUT AS FILE #4
435 FOR I=1 TO N
440      FOR J=1 TO P \ INPUT #4: X(I,J) \ NEXT J
445 NEXT I \ CLOSE #4
450 REM      *   PRODUKT SYMM. MATRIX * RECHTECKMATRIX
455 FOR I=1 TO N
460      FOR J=1 TO P
465      W(I,J)=0.0
470           FOR K=1 TO N \ W(I,J)=W(I,J)+V(I,K)*X(K,J) \ NEXT K
475      NEXT J
480 NEXT I \ GOTO 550
485 PRINT "EINGABE ZEILENZAHL P DER RECHTECKMATRIX" \ INPUT P
490 PRINT "EINGABE FILENAME RECHTECKMATRIX" \ LINPUT B¤
495 OPEN B¤ FOR INPUT AS FILE #6
500 FOR I=1 TO P
505      FOR J=1 TO N \ INPUT #6: X(I,J) \ NEXT J
510 NEXT I \ CLOSE #6
515 REM      *   PRODUKT RECHTECKMATRIX * SYMM. MATRIX
520 FOR I=1 TO P
525      FOR J=1 TO N
530      W(I,J)=0.0
535           FOR K=1 TO N \ W(I,J)=W(I,J)+X(I,K)*V(K,J) \ NEXT K
540      NEXT J
545 NEXT I
550 REM      ***   AUSGABE DES MATRIXPRODUKTS    ***
555 PRINT "EINGABE FILENAME PRODUKTMATRIX" \ LINPUT B¤
560 OPEN B¤ FOR OUTPUT AS FILE #5
565 IF C%=1 THEN 585
570 FOR I=1 TO P
575      FOR J=1 TO N \ PRINT #5: W(I,J) \ NEXT J
580 NEXT I \ GOTO 600
585 FOR I=1 TO N
590      FOR J=1 TO P \ PRINT #5: W(I,J) \ NEXT J
595 NEXT I
600 CLOSE #5
605 PRINT "WIEDERSTART PROGRAMMTEIL *MRMAPRO2* ? [Y/N]" \ LINPUT A¤
610 IF A¤="Y" GOTO 140
615 PRINT "START ANDERER PROGRAMMTEIL ? [Y/N]"
620 LINPUT A¤ \ IF A¤><"Y" THEN STOP
625 PRINT "EINGABE FILENAME PROGRAMMTEIL" \ LINPUT A¤
630 CHAIN A¤
```

13.4. MAPRO 3

```
100 REM     BAUSTEIN DREIGLIEDRIGES MATRIXPRODUKT
110 REM     *   (RECHTER FAKTOR-TRANSP.)*B*(RECHTER FAKTOR)
120 OPTION BASE 1
130 DIM Y(10,10),A1(10,10),R1(10,10),W(10,10)
140 COMMON N%
145 PRINT CHR$(OCT("33"))+"[2J"+CHR$(OCT("33"))+"[H"
150 PRINT "PROGRAMMSEGMENT" \ PRINT "VERALLG. GRAMSCHES MATRIXPRODUKT "
160 REM     ***   EINGABE PARAMETER UND DATEN    ***
170 PRINT "EINGABE MATRIXORDNUNG N VON B" \ INPUT N
180 PRINT "EINGABE FILENAME MATRIX B" \ LINPUT A$
190 OPEN A$ FOR INPUT AS FILE #1
200 FOR I=1 TO N
210     FOR J=I TO N \ INPUT#1: A1(I,J) \ A1(J,I)=A1(I,J) \ NEXT J
220 NEXT I \ CLOSE #1
230 PRINT "RECHTER FAKTOR QUADRATISCH ? [Y/N]" \ LINPUT Q$
240 IF Q$="Y" THEN M=N \ GOTO 260
250 PRINT "EINGABE SPALTENZAHL M RECHTER FAKTOR" \ INPUT M
260 PRINT "EINGABE FILENAME RECHTER FAKTOR " \ LINPUT A$
270 OPEN A$ FOR INPUT AS FILE #4
280 FOR I=1 TO N
290      FOR J=1 TO M \ INPUT#4: Y(I,J) \ NEXT J
300 NEXT I \ CLOSE #4
310 REM     ***   VERALLGEMEINERTES GRAMSCHES PRODUKT    ***
320 REM     *   ZWISCHENPRODUKT (RECHTER FAKTOR-TRANS.)*B
330 FOR I=1 TO M
340     FOR J=1 TO N
350     R1(I,J)=0.0
360         FOR K=1 TO N \ R1(I,J)=R1(I,J)+Y(K,I)*A1(K,J) \ NEXT K
370     NEXT J
380 NEXT I
390 REM     *   ENDPRODUKT
400 FOR I=1 TO M
410     FOR J=1 TO M
420     W(I,J)=0.0
430         FOR K=1 TO N \ W(I,J)=W(I,J)+R1(I,K)*Y(K,J) \ NEXT K
440     NEXT J
450 NEXT I
460 REM     ***   AUSGABE ENDPRODUKT-MATRIX    ***
470 PRINT "EINGABE FILENAME VERALLG. GRAMSCHE MATRIX" \ LINPUT A$
480 OPEN A$ FOR OUTPUT AS FILE #3
490 FOR I=1 TO M
500     FOR J=I TO M \ PRINT#3: W(I,J) \ NEXT J
510 NEXT I \ CLOSE #3
520 PRINT "WIEDERSTART PROGRAMMTEIL *MRMAPRO3* ? [Y/N]" \ LINPUT A$
530 IF A$="Y" THEN 170
540 PRINT "START ANDERER PROGRAMMTEIL ? [Y/N]" \ LINPUT A$
550 IF A$<>"Y" THEN STOP
560 PRINT "EINGABE FILENAME PROGRAMMTEIL" \ LINPUT A$
570 CHAIN A$
```

13.5. CHOLE

```
100 REM      BAUSTEIN CHOLESKY
105 REM      *   PRUEFUNG POSITIVE DEFINITHEIT
110 REM      *   CHOLESKY-ZERLEGUNG UND INVERTIERUNG EINER
115 REM          SYMMETRISCHEN (DATEN-)MATRIX
120 OPTION BASE 1
125 DIM A(10,10),A1(10,10),L(10,10),L1(10,10),R(10,10),R1(10,10),W(10,10)
130 COMMON N%
133 PRINT CHR¤(OCT("33"))+"[2J"+CHR¤(OCT("33"))+"[H"
135 PRINT "PROGRAMMSEGMENT" \ PRINT "INVERTIERUNG EINER MATRIX A"
140 REM      ***   EINGABE PARAMETER UND DATEN   ***
145 PRINT "EINGABE ORDNUNG N DER MATRIX A" \ INPUT N
150 PRINT "EINGABE FILENAME MATRIX A" \ LINPUT A¤
155 OPEN A¤ FOR INPUT AS FILE #3
160 FOR I=1 TO N
165     FOR J=I TO N
170     INPUT #3: A(I,J) \ W(I,J)=A(I,J) \ A(J,I)=A(I,J) \ W(J,I)=A(J,I)
175     NEXT J
180 NEXT I \ CLOSE #3 \ GOSUB 300
185 IF M¤="INDEF" THEN 230
190 PRINT "MATRIX A POSITIV DEFINIT" \ PRINT "CHOLESKY-ZERLEGUNG ? [Y/N]"
195 LINPUT A¤ \ IF A¤<>"Y" THEN 235
200 REM      *   WIEDERHERSTELLUNG VON W MIT DEN ELEMENTEN VON A
205 FOR I=1 TO N
210     FOR J=1 TO N \ W(I,J)=A(I,J) \ NEXT J
215 NEXT I
220 REM      ***   ZERLEGUNG UND INVERTIERUNG   ***
225 GOSUB 400\ GOSUB 500\ GOSUB 600\ GOSUB 700\ GOSUB 800\ GOTO 235
230 PRINT "ABBRUCH: MATRIX A NICHT POSITIV DEFINIT"
235 PRINT "WIEDERSTART PROGRAMMTEIL *MRCHOL* ? [Y/N]" \ LINPUT A¤
240 IF A¤="Y" THEN 145
245 PRINT "START ANDERER PROGRAMMTEIL ? [Y/N]" \ LINPUT A¤
250 IF A¤<>"Y" THEN STOP
255 PRINT "EINGABE FILENAME PROGRAMMTEIL" \ LINPUT A¤
260 CHAIN A¤
280 REM      ***   UNTERPROGRAMME   ***
300 REM      **   VORAUSSETZUNGSPRUEFUNG POSITIVE DEFINITHEIT   **
302 M¤="POSDEF"
304 IF W(1,1)<0 THEN 320
306 IF N=1 THEN 322
308 FOR J=1 TO  N-1
310     FOR I=J+1  TO N
312         FOR K=I TO N \ W(I,K)=W(I,K)-(W(J,I)*W(J,K))/W(J,J) \ NEXT K
314     NEXT  I
316 IF W(J+1,J+1)<=0 THEN 320
318 NEXT J \ GOTO 322
320 M¤="INDEF"
322 RETURN
400 REM      **   CHOLESKY-ZERLEGUNG RECHTSDREIECKSMATRIX R   **
```

```
402 FOR P=1 TO N
404 R(P,P)=SQR(W(P,P))
406 P1=P+1
408     FOR K=P1 TO N \ R(P,K)=W(P,K)/R(P,P) \ NEXT K
410     FOR I=P1 TO N
412         FOR K=I TO N \ W(I,K)=W(I,K)-R(P,I)*R(P,K) \ NEXT K
414     NEXT I
416 NEXT P
418 RETURN
500 REM     ** CHOLESKY TRANSPONIERUNG LINKSDREIECKSMATRIX L   **
502 FOR I=1 TO N
504     FOR J=I TO N \ L(J,I)=R(I,J) \ NEXT J
506 NEXT I
508 RETURN
600 REM     ** CHOLESKY INVERTIERUNG L-INVERSE   **
602 FOR I=1 TO N
604 I1=I-1
606     FOR K=1 TO I1
608     S=0.0
610         FOR J=K TO I1\ S=S+L(I,J)*L1(J,K)\ L1(I,K)=-S/L(I,I)\ NEXT J
612     NEXT K
614     L1(I,I)=1.0/L(I,I)
616 NEXT I
618 RETURN
700 REM     **  CHOLESKY INVERTIERUNG R-INVERSE   **
702 FOR I=1 TO N
704     FOR J=I TO N \ R1(I,J)=L1(J,I) \ NEXT J
706 NEXT I
708 REM     *   AUSGABE RECHTSINVERSE
710 PRINT "EINGABE FILENAME RECHTSINVERSE" \ LINPUT A$
712 OPEN A$ FOR OUTPUT AS FILE #2
714 FOR I=1 TO N
716     FOR J=1 TO N \ PRINT #2: R1(I,J) \ NEXT J
718 NEXT I \ CLOSE #2
720 RETURN
800 REM     **  CHOLESKY INVERTIERUNG   **
802 REM     *   (R-INVERSE)*(L-INVERSE)=A-INVERSE
804 FOR I=1 TO N
806      FOR J=I TO N
808      A1(I,J)=0.0
810          FOR K=1 TO N \ A1(I,J)=A1(I,J)+R1(I,K)*L1(K,J) \ NEXT K
812      NEXT J
814 NEXT I
816 REM     *   AUSGABE INVERSE VON A
818 PRINT "EINGABE FILENAME INVERSE MATRIX" \ LINPUT A$
820 OPEN A$ FOR OUTPUT AS FILE #10
822 FOR I=1 TO N
824     FOR J=I TO N \ PRINT #10: A1(I,J) \ NEXT J
826 NEXT I \ CLOSE #10
828 RETURN
```

13.6. EIGMAT

```
100 REM     BAUSTEIN EIGENSTRUKTURMATRIZEN
110 REM     KANONISCHE KORRELATION UND REDUNDANZANALYSE
120 REM     *   BERECHNUNG [L1*(X-TRANSP.)*B*X*R1]
130 OPTION BASE 1
140 DIM Y(10,10),A1(10,10),L1(10,10),R1(10,10),W(10,10)
150 COMMON N%
155 PRINT CHR$(OCT("33"))+"[2J"+CHR$(OCT("33"))+"[H"
160 PRINT "PROGRAMMSEGMENT"
170 PRINT "MATRIXPRODUKT [L1*(X-TRANSPONIERT)*B*X*R1]"
180 REM     ***   EINGABE PARAMETER UND DATEN    ***
190 PRINT "EINGABE MATRIXORDNUNG N VON B" \ INPUT N
200 PRINT "EINGABE MATRIXORDNUNG M VON R1" \ INPUT M
210 PRINT "EIGENSTRUKTURMATRIX REDUNDANZANALYSE ? [Y/N]" \ LINPUT R$
220 IF R$="Y" THEN 280
230 PRINT "EINGABE FILENAME MATRIX B" \ LINPUT A$
240 OPEN A$ FOR INPUT AS FILE #1
250 FOR I=1 TO N
260     FOR J=I TO N \ INPUT #1: A1(I,J) \ A1(J,I)=A1(I,J) \ NEXT J
270 NEXT I \ CLOSE #1
280 PRINT "EINGABE FILENAME MATRIX X" \ LINPUT A$
290 OPEN A$ FOR INPUT AS FILE #4
300 FOR I=1 TO N
310     FOR J=1 TO M \ INPUT #4: Y(I,J) \ NEXT J
320 NEXT I \ CLOSE #4
330 PRINT "EINGABE FILENAME RECHTSINVERSE R1" \ LINPUT A$
340 OPEN A$ FOR INPUT AS FILE #2
350 FOR I=1 TO M
360     FOR J=1 TO M \ INPUT #2: R1(I,J) \ NEXT J
370 NEXT I \ CLOSE #2
380 REM     ***   SCHRITTWEISE BERECHNUNG MATRIXPRODUKT    ***
390 REM     *   BERECHNUNG DES RECHTEN FAKTORS: X*R1
400 FOR I=1 TO N
410     FOR J=1 TO M
420     W(I,J)=0.0
430         FOR K=1 TO M \ W(I,J)=W(I,J)+Y(I,K)*R1(K,J) \ NEXT K
440     NEXT J
450 NEXT I
460 REM     *   TRANSPONIERUNG DES RECHTEN FAKTORS
470 FOR I=1 TO M
480     FOR J=1 TO N \ L1(I,J)=W(J,I) \ NEXT J
490 NEXT I
500 REM     *   UMSPEICHERN RECHTER FAKTOR FUER REDUNDANZ
510 IF R$<>"Y" THEN 550
520 FOR I=1 TO N
530     FOR J=1 TO M \ R1(I,J)=W(I,J) \ NEXT J
540 NEXT I \ GOTO 620
550 REM     *   MATRIXPRODUKT B*RECHTER FAKTOR FUER KANONISCHE ANALYSE
560 FOR I=1 TO N
```

```
570      FOR J=1 TO M
580      R1(I,J)=0.0
590          FOR K=1 TO N \ R1(I,J)=R1(I,J)+A1(I,K)*W(K,J) \ NEXT K
600      NEXT J
610 NEXT I
620 REM      *   BERECHNUNG DER MATRIX FUER EIGENSTRUKTUR
630 FOR I=1 TO M
640      FOR J=1 TO M
650      W(I,J)=0.0
660          FOR K=1 TO N \ W(I,J)=W(I,J)+L1(I,K)*R1(K,J) \ NEXT K
670      NEXT J
680 NEXT I
690 REM      ***   AUSGABE EIGENSTRUKTUR-MATRIX   ***
700 PRINT "EINGABE FILENAME EIGENMATRIX" \ LINPUT A$
710 OPEN A$ FOR OUTPUT AS FILE #3
720 FOR I=1 TO M
730      FOR J=I TO M \ PRINT #3: W(I,J) \ NEXT J
740 NEXT I \ CLOSE #3
750 PRINT "WIEDERSTART PROGRAMMTEIL *MREIGMAT* ? [Y/N]" \ LINPUT A$
760 IF A$="Y" THEN 190
770 PRINT "START ANDERER PROGRAMMTEIL ? [Y/N]" \ LINPUT A$
780 IF A$<>"Y" THEN STOP
790 PRINT "EINGABE FILENAME PROGRAMMTEIL" \ LINPUT A$
800 CHAIN A$
```

13.7. EIGEN

```
100 REM      BAUSTEIN   EINFACHES EIGENWERTPROBLEM
110 REM      *   EIGENWERTE UND -VEKTOREN NACH JACOBI
120 REM      *   RUECKTRANSFORMATION DER EIGENVEKTOREN
130 OPTION BASE 1
140 DIM A(10,10),W(10,10),R1(10,10),R(10,10),D(10)
150 COMMON N%
155 PRINT CHR$(OCT("33"))+"[2J"+CHR$(OCT("33"))+"[H"
160 PRINT "PROGRAMMSEGMENT"
170 PRINT "LOESUNG EINFACHES EIGENWERTPROBLEM FUER SYMMETRISCHE MATRIX A"
180 REM      ***    EINGABE PARAMETER UND DATEN     ***
190 PRINT "EINGABE MATRIXORDNUNG N VON A" \ INPUT N
200 PRINT "EINGABE FILENAME MATRIX A" \ LINPUT A$
210 OPEN A$ FOR INPUT AS FILE #7
220 FOR  I=1 TO N
230      FOR J=I TO N
240      INPUT #7: A(I,J) \ W(I,J)=A(I,J) \ A(J,I)=A(I,J) \ W(J,I)=W(I,J)
250      NEXT J
260 NEXT I \ CLOSE #7
270 REM      ***    BERECHNUNG EIGENVEKTOREN, -WERTE    ***
280 FOR L=1 TO N
290     FOR K=1 TO N \ W2=W2+W(L,K)*W(L,K) \ NEXT K
300 NEXT L
310 E=0.000001 \ E1=E*W2/N \ N9=N*(N-1)/2 \ K9=N9 \ N1=N-1
320 FOR K=1 TO N1 \ K1=K+1
330     FOR K2=K1 TO N \ W2=0.0 \ W3=0.0
340         FOR L=1 TO N \ W2=W2+W(L,K)*W(L,K2)
350         W3=W3+(W(L,K)+W(L,K2))*(W(L,K)-W(L,K2)) \ NEXT L
360     W4=W2*2 \ W5=ABS(W4)
370     IF(W5-E1)>=0 THEN 390
380     IF W3>=0 THEN  500
390     W6=ABS(W3)
400     IF(W5-W6)>0 THEN 420
410     T=W5/W6 \ C=1.0/SQR(1.0+T*T) \ S=T*C \ GOTO 430
420     A=W6/W5 \ S=1.0/SQR(1.0+A*A) \ C=A*S
430     C=SQR((1.0+C)/2.0) \ S=S/(2.0*C)
440     IF W3>=0 THEN 460
450     F=C \ C=S \ S=F
460     IF W4<0 THEN S=-S
470         FOR  L=1 TO  N \ F=W(L,K) \ W(L,K)=F*C+W(L,K2)*S
480         W(L,K2)=-F*S+W(L,K2)*C \ NEXT L
490     K9=N9 \ GOTO 510
500     K9=K9-1 \ IF K9<=0 THEN 530
510     NEXT K2
520 NEXT K \ GOTO 320
530 FOR K=1 TO N \ D(K)=0.0
540     FOR L=1 TO N \ D(K)=D(K)+W(L,K)^2 \ NEXT L
550     D(K)=SQR(D(K))
560 NEXT  K
```

```
570 FOR K=1 TO N
580      FOR L=1 TO N \ W(L,K)=W(L,K)/D(K) \ NEXT L
590 NEXT K
600 REM      ***   RUECKTRANSFORMATION EIGENVEKTOREN    ***
610 PRINT "ANGEBOT EIGENVEKTOR-TRANSFORMATION:" \ PRINT
620 PRINT "  1      KANONISCHE KORRELATIONSANALYSE/REDUNDANZANALYSE"
630 PRINT "  2      KOMPONENTENANALYSE"
640 PRINT "  3      HAUPTKOMPONENTENANALYSE/INTERBATTERIE-FAKTORANALYSE"
650 PRINT \ PRINT "EINGABE TRANSFORMATIONSCODE [1,2,3]" \ INPUT J3
660 ON J3 GOTO 670,820,850
670 REM      *   KANONISCHE GEWICHTE
680 PRINT "EINGABE FILENAME RECHTSINVERSE" \ LINPUT A$
690 OPEN A$ FOR INPUT AS FILE #3
700 FOR I=1 TO N
710      FOR J=1 TO N \ INPUT#3: R1(I,J) \ NEXT J
720 NEXT I \ CLOSE #3
730 FOR I=1 TO N
740      FOR J=1 TO N \ A(I,J)=0.0
750           FOR K=1 TO N \ A(I,J)=A(I,J)+R1(I,K)*W(K,J) \ NEXT K
760      NEXT J
770 NEXT I
780 FOR I=1 TO N
790      FOR J=1 TO N \ W(I,J)=A(I,J) \ NEXT J
800 NEXT I \ GOTO 850
810 REM      *   KOMPONENTENGEWICHTE
820 FOR J=1 TO N
830      FOR I=1 TO N \ W(I,J)=W(I,J)/SQR(D(J)) \ NEXT I
840 NEXT J
850 REM      ***   AUSGABE EIGENWERTE, -VEKTOREN    ***
860 PRINT "EINGABE FILENAME EIGENWERTE" \ LINPUT A$
870 OPEN A$ FOR OUTPUT AS FILE #1
880 FOR K=1 TO N \ PRINT#1: D(K) \ NEXT K \ CLOSE #1
890 PRINT "EINGABE FILENAME EIGENVEKTOREN" \ LINPUT A$
900 OPEN A$ FOR OUTPUT AS FILE #2
910 FOR I=1 TO N \
920      FOR J=1 TO N \ PRINT #2: W(I,J) \ NEXT J
930 NEXT I \ CLOSE #2
940 PRINT "WIEDERSTART PROGRAMMTEIL *MREIGEN* ? [Y/N]" \ LINPUT A$
950 IF A$="Y" THEN 190
960 PRINT "START ANDERER PROGRAMMTEIL ? [Y/N]" \ LINPUT A$
970 IF A$<>"Y" THEN STOP
980 PRINT "EINGABE FILENAME PROGRAMMTEIL" \ LINPUT A$
990 CHAIN A$
```

13.8. LADUNG

```
100 REM      BAUSTEIN LADUNG
110 REM      *   BERECHNUNG VON LADUNGEN
120 OPTION BASE 1
130 DIM A(10,10),W(10,10),R(10,10),D(10)
140 COMMON N%
145 PRINT CHR¤(OCT("33"))+"[2J"+CHR¤(OCT("33"))+"[H"
150 PRINT "PROGRAMMSEGMENT" \ PRINT "BERECHNUNG VON LADUNGEN"
160 REM      ***   EINGABE PARAMETER UND DATEN      ***
170 PRINT "EINGABE ORDNUNG N DER MATRIX DER EIGENVEKTOREN" \ INPUT N
180 PRINT "EINGABE FILENAME  EIGENVEKTOREN" \ LINPUT A¤
190 OPEN A¤ FOR INPUT AS FILE #1
200 FOR I=1 TO N
210     FOR J=1 TO N \ INPUT#1: A(I,J) \ NEXT J
220 NEXT I \ CLOSE #1
230 PRINT "ALLE LADUNGSVEKTOREN ? [Y/N]" \ LINPUT A¤
240 IF A¤="Y" THEN M=N \ GOTO 260
250 PRINT "EINGABE ZAHL M DER LADUNGSVEKTOREN" \ INPUT M
260 PRINT "ANGEBOT LADUNGSBERECHNUNG:" \ PRINT
270 PRINT "HAUPTKOMPONENTEN                   1"
280 PRINT "INTERBATTERIE-FAKTOREN             2"
290 PRINT "KANONISCHE KORRELATION             3"
300 PRINT "KOMPONENTEN                        4"
310 PRINT "EINGABE BERECHNUNGSCODE [1,2,3,4]" \ INPUT C
320 REM      ***   LADUNGSBERECHNUNG     ***
330 ON C GOTO 350,350,440,440
340 REM      *   HAUPTKOMPONENTEN-, TUCKER-LADUNGEN
350 PRINT "EINGABE  FILENAME EIGENWERTE" \ LINPUT A¤
360 OPEN A¤ FOR INPUT AS FILE #2
370 FOR K=1 TO N
380 INPUT #2: D(K) \ D(K)=SQR(D(K)) \ IF C=2 THEN D(K)=SQR(D(K))
390 NEXT K \ CLOSE #2
400 FOR I=1 TO N
410     FOR J=1 TO M \ W(I,J)=A(I,J)*D(J) \ NEXT J
420 NEXT I \ GOTO 550
430 REM      *   KANONISCHE BZW. KOMPONENTENLADUNGEN
440 PRINT "EINGABE FILENAME DATENMATRIX" \ LINPUT A¤
450 OPEN A¤ FOR INPUT AS FILE #3
460 FOR I=1 TO N
470     FOR J=I TO N \ INPUT #3: R(I,J) \ R(J,I)=R(I,J) \ NEXT J
480 NEXT I \ CLOSE #3
490 FOR I=1 TO N
500     FOR J=1 TO M \ W(I,J)=0.0
510         FOR K=1 TO N \ W(I,J)=W(I,J)+R(I,K)*A(K,J) \ NEXT K
520     NEXT J
530 NEXT I
540 REM      ***   DATENMODELL-ANPASSUNG DER LADUNGEN    ***
550 PRINT "LADUNGEN FUER STANDARDVARIABLEN ? [Y/N]" \ LINPUT A¤
560 IF A¤="Y" THEN 690
```

```
570 PRINT "EINGABE FILENAME STANDARDABWEICHUNGEN" \ LINPUT A¤
580 OPEN A¤ FOR INPUT AS FILE #6
590 FOR K=1 TO N \ INPUT#6: D(K) \ NEXT K \ CLOSE #6
600 FOR I=1 TO N
610     FOR J=1 TO M \ W(I,J)=W(I,J)/D(I) \ NEXT J
620 NEXT I
630 PRINT "LADUNGEN FUER ABWEICHUNGSQUADRATE, -PRODUKTE ? [Y/N]"
640 LINPUT A¤ \ IF A¤="N" THEN 690
650 FOR I=1 TO N
660     FOR J=1 TO M \ W(I,J)=W(I,J)/SQR(N%-1) \ NEXT J
670 NEXT I
680 REM     ***   AUSGABE VON LADUNGEN   ***
690 PRINT "EINGABE  FILENAME LADUNGEN" \ LINPUT A¤
700 OPEN A¤ FOR OUTPUT AS FILE #4
710 FOR I=1 TO N
720     FOR J=1 TO M \ PRINT #4: W(I,J) \ NEXT J
730 NEXT I \ CLOSE #4
740 REM     ***   KANONISCHE INTERBEREICHSLADUNGEN   ***
750 IF K¤="INTER" THEN 860
760 IF C<>3 THEN 860
770 PRINT "INTERBEREICHSLADUNGEN GEWUENSCHT ? [Y/N]" \ LINPUT A¤
780 IF A¤<>"Y" THEN 860
790 PRINT "EINGABE FILENAME EIGENWERTE" \ LINPUT A¤
800 OPEN A¤ FOR INPUT AS FILE #5
810 FOR K=1 TO N \ INPUT #5: D(K) \ D(K)=SQR(D(K)) \ NEXT K \ CLOSE #5
820 FOR J=1 TO M
830     FOR I=1 TO N \ W(I,J)=W(I,J)*D(J) \ NEXT I
840 NEXT J
850 K¤="INTER" \ GOTO 690
860 PRINT "WIEDERSTART PROGRAMMTEIL *MRLAD* ? [Y/N]" \ LINPUT A¤
870 IF A¤="Y" THEN K¤="" \ GOTO 170
880 PRINT "START ANDERER PROGRAMMTEIL ? [Y/N]" \ LINPUT A¤
890 IF A¤><"Y" THEN STOP
900 PRINT "EINGABE FILENAME PROGRAMMTEIL" \ LINPUT A¤
910 CHAIN A¤
```

13.9. MOORE

```
100 REM      BAUSTEIN MOORE-PENROSE-INVERSE
110 REM      *    BERECHNUNG DER VERALLGEMEINERTEN INVERSEN EINER
120 REM           SYMMETRISCHEN MATRIX
130 REM      *    RANGBESTIMMUNG MITTELS *MREIGEN*
140 REM      *    FAKTORISIERUNG MITTELS *MRLAD*
150 OPTION BASE 1
160 DIM F(10,10),D(10),V(10,10),W(10,10)
170 COMMON N%
175 PRINT CHR¤(OCT("33"))+"[2J"+CHR¤(OCT("33"))+"[H"
180 PRINT "PROGRAMMSEGMENT" \ PRINT "MOORE-PENROSE-INVERSE"
190 REM      ***   EINGABE PARAMETER UND DATEN    ***
200 PRINT "EINGABE ORDNUNG M AUSGANGSMATRIX A" \ INPUT M
210 PRINT "EINGABE RANG R VON A" \ INPUT R
220 PRINT "EINGABE FILENAME FAKTOR F VON A" \ LINPUT A¤
230 OPEN A¤ FOR INPUT AS FILE #1
240 FOR I=1 TO M
250     FOR J=1 TO R \ INPUT #1:F(I,J) \ NEXT J
260 NEXT I \ CLOSE #1
270 PRINT "EINGABE FILENAME EIGENWERTE VON A" \ LINPUT A¤
280 OPEN A¤ FOR INPUT AS FILE #3
290 FOR I=1 TO R \ INPUT #3: D(I) \ D(I)=1.0/D(I) \ NEXT I \ CLOSE #3
300 REM      *   BERECHNUNG LINKER FAKTOR
310 FOR I=1 TO M
320     FOR J=1 TO R \ V(I,J)=F(I,J)*D(J) \ NEXT J
330 NEXT I
350 REM      ***   BERECHNUNG VERALLG. INVERSE   ***
360 GOSUB 500
370 REM      ***   AUSGABE VERALLG. INVERSE   ***
380 PRINT "EINGABE FILENAME MOORE-PENROSE-INVERSE" \ LINPUT A¤
390 OPEN A¤ FOR OUTPUT AS FILE #2
400 FOR I=1 TO M
410     FOR J=I TO M \ PRINT #2: W(I,J) \ NEXT J
420 NEXT I \ CLOSE #2
430 PRINT "WIEDERSTART PROGRAMMTEIL *MRMOORE* ? [Y/N]" \ LINPUT A¤
440 IF A¤="Y" THEN 200
450 PRINT "START ANDERER PROGRAMMTEIL ? [Y/N]" \ LINPUT A¤
460 IF A¤><"Y" THEN STOP
470 PRINT "EINGABE FILENAME PROGRAMMTEIL" \ LINPUT A¤
480 CHAIN A¤
490 REM      ***   UNTERPROGRAMM   ***
500 REM      **   GRAMSCHES PRODUKT V*V-TRANSP.   **
502 FOR I=1 TO M
504     FOR J= I TO M
506     W(I,J)=0.0
508         FOR K=1 TO R \ W(I,J)=W(I,J)+V(I,K)*V(J,K) \ NEXT K
510     NEXT J
512 NEXT I
514 RETURN
```

13.10. DRUCK

```
100 REM     BAUSTEIN MATRIXDRUCK
105 REM     *   DRUCKEN EINER SYMMETRISCHEN ODER RECHTECK-
110 REM         RESULTATDATENMATRIX
115 OPTION BASE 1
120 DIM R(10,10)
125 COMMON N%
130 PRINT CHR¤(OCT("33"))+"[2J"+CHR¤(OCT("33"))+"[H"
135 PRINT "PROGRAMMSEGMENT" \ PRINT "DRUCKEN EINER MATRIX"
140 OPEN "LP:" FOR OUTPUT AS FILE #1
145 F¤="+" \ FOR I=1 TO 6 \ F¤=F¤+F¤ \ NEXT I
150 F1¤="          ##    ##"
155 F2¤="## "
160 F3¤="    ##.###^^^^  ##.###^^^^ "
165 REM     ***   EINGABE PARAMETER UND DATEN    ***
170 PRINT "EINGABE ZEICHENKETTE MATRIXINHALT"
175 PRINT "[MAXIMAL 64 ZEICHEN]" \ LINPUT U¤
180 PRINT "AUSGABE SYMMETRISCHE MATRIX ? [Y/N] " \ LINPUT S¤
185 IF S¤<>"Y" THEN 220
190 PRINT "EINGABE ORDNUNG SYMMETRISCHE MATRIX" \ INPUT I9
195 PRINT "EINGABE FILENAME SYMMETRISCHE MATRIX" \ LINPUT A¤
200 OPEN A¤ FOR INPUT AS FILE #3
205 FOR I=1 TO I9
210     FOR J=I TO I9 \ INPUT #3: R(I,J) \ R(J,I)=R(I,J) \ NEXT J
215 NEXT I \ CLOSE #3 \ GOTO 255
220 PRINT "EINGABE ZEILENZAHL RECHTECKMATRIX" \ INPUT I8
225 PRINT "EINGABE SPALTENZAHL RECHTECKMATRIX" \ INPUT I9
230 PRINT "EINGABE FILENAME RECHTECKMATRIX" \ LINPUT A¤
235 OPEN A¤ FOR INPUT AS FILE #2
240 FOR I=1 TO I8
245     FOR J=1 TO I9 \ INPUT #2: R(I,J) \ NEXT J
250 NEXT I \ CLOSE #2
255 REM     ***   MATRIXDRUCK    ***
260 PRINT#1: CHR¤(OCT("14"))+"MATRIX:" \ PRINT#1: U¤
265 PRINT#1: SEG¤(F¤,1,LEN(U¤)) \ PRINT#1
270 J9=5
275 J8=J9-4
280 IF I9>J9 THEN 320
285 REM     *   KEINE ZERLEGUNG GESAMTMATRIX
290 J1=J8 \ J2=I9 \ GOSUB 700
295 IF S¤="Y" THEN 310
300 REM     *   RECHTECK 1. TEIL BZW. REST
305 I1=1 \ I2=I8 \ GOSUB 800 \ GOTO 360
310 REM     *   UNTERES DREIECK 1. TEIL BZW. REST
315 I1=J8 \ I2=I9 \ GOSUB 900 \ GOTO 360
320 REM     *   GESAMTMATRIX IN 2 TEILE ZERLEGEN
325 J1=J8 \ J2=J9 \ GOSUB 700
330 IF S¤="Y" THEN 345
335 REM     *   RECHTECK FUENF SPALTEN
```

```
340 I1=1 \ I2=I8 \ GOSUB 800 \ J9=J9+5 \ GOTO 275
345 REM      *   UNTERES DREIECK 1. TEIL MIT RECHTECK FUENF SPALTEN
350 I1=J8 \ I2=J9 \ GOSUB 900
355 I1=J9+1 \ I2=I9 \ GOSUB 800 \ J9=J9+5 \ GOTO 275
360 FOR I=1 TO 5 \ PRINT#1 \ NEXT I
365 PRINT "WIEDERSTART PROGRAMMTEIL *MRDRUCK* ? [Y/N]" \ LINPUT A%
370 IF A%="Y" THEN 170
375 CLOSE #1
380 PRINT "START ANDERER PROGRAMMTEIL ? [Y/N]" \ LINPUT A%
385 IF A%<>"Y" THEN STOP
390 PRINT "EINGABE FILENAME PROGRAMMTEIL" \ LINPUT A%
395 CHAIN A%
400 REM      ***   UNTERPROGRAMME    ***
700 REM      **    DRUCKEN KOPFLEISTE    **
702 FOR  J=J1 TO J2 \ PRINT#1: USING F1%,J, \ NEXT J
704 PRINT#1
706 RETURN
800 REM      **    DRUCKEN RECHTECK    **
802 FOR I=I1 TO I2
804 PRINT#1: USING F2%,I,
806      FOR J=J1 TO J2 \ PRINT#1: USING F3%,R(I,J), \ NEXT J
808 PRINT#1
810 NEXT I
812 RETURN
900 REM      **    DRUCKEN UNTERES DREIECK    **
902 FOR I=I1 TO I2
904 PRINT#1: USING F2%,I,
906      FOR J=I1 TO I \ PRINT#1: USING F3%,R(I,J), \ NEXT J
908 PRINT#1
910 NEXT I
912 RETURN
```

14. Sachverzeichnis

Das Buch wendet sich in erster Linie an Anwender statistischer Methoden, die im Umgang mit der einfachen und multiplen Korrelationsanalyse Erfahrung besitzen und für praktische Auswertungen eine darüber hinausgehende Korrelationsrechnung benötigen. Diese soll Zusammenhänge zwischen zwei komplexen Sachverhalten, wie sie z. B. in der Medizin, der Psychologie, den Biowissenschaften, der Soziologie, der Ökonomie, der Pädagogik und den Agrarwissenschaften häufig auftreten, abbilden.
Ein allgemeiner an (multivariater) statistischer Datenanalyse interessierter Leser findet Ausführungen, die die Universalität der multivariaten Korrelationsrechnung als statistisches Analysekonzept belegen.

In den vier Teilen des Buches werden

- die theoretischen Grundlagen der kanonischen Korrelationsanalyse zusammenfassend dargestellt;
- die methodischen Probleme bei ihrer Anwendung aufgezeigt und die dazugehörigen Lösungen diskutiert;
- Einsatzmöglichkeiten der kanonischen Korrelation demonstriert;
- Listen von zugehörigen BASIC-Programmen angegeben.

ISBN 3-05-500226-1

FSC
www.fsc.org
MIX
Papier | Fördert gute Waldnutzung
FSC® C083411

Kolibri 360 GmbH
Ferdinand-Jühlke-Straße 7
99095 Erfurt, Deutschland
produktsicherheit@kolibri360.de